计算机专业“十四五”精品教材

HTML+CSS+JavaScript 网页制作案例教程

主　编　何历怀　谢东迅　李文璇
副主编　段淑敏　张　蕾　刘天星

哈爾濱工程大學出版社
Harbin Engineering University Press

内容简介

本书全面介绍了使用 HTML、CSS、JavaScript 进行网页设计制作的知识和技巧。本书共 13 章，主要包括从零开始构建 HTML 5 Web 页面、使用 HTML 5 结构元素构建网站、基于 HTML 5 的表单、HTML 5 的绘图技术、HTML 5 处理视频和音频、HTML 5 与文件、CSS 3 样式入门、使用 CSS 3 选择器、CSS 3 边框和背景样式、CSS 3 布局样式、JavaScript 语言基本概念、浏览器对象模型与窗口内置对象、表单。

本书既可作为应用型本科、职业院校网页设计与制作课程的教材，以及网页平面设计的培训教材，也可作为网页制作、美工设计、网站开发、网页编程等行业人员阅读和参考用书。

图书在版编目（CIP）数据

HTML+CSS+JavaScript 网页制作案例教程 / 何历怀，谢东迅，李文璇主编. -- 哈尔滨 ：哈尔滨工程大学出版社，2021.8

ISBN 978-7-5661-3236-9

Ⅰ. ①H… Ⅱ. ①何… ②谢… ③李… Ⅲ. ①网页制作工具一教材 Ⅳ. ①TP393.092

中国版本图书馆 CIP 数据核字（2021）第 164727 号

HTML+CSS+JavaScript 网页制作案例教程
HTML+CSS+JavaScrip WANGYE ZHIZUO ANLI JIAOCHENG

责任编辑 张林峰
封面设计 赵俊红

出版发行 哈尔滨工程大学出版社
社　　址 哈尔滨市南岗区南通大街 145 号
邮政编码 150001
发行电话 0451-82519328
传　　真 0451-82519699
经　　销 新华书店
印　　刷 唐山唐文印刷有限公司
开　　本 787 mm×1 092 mm 1/16
印　　张 20
字　　数 512 千字
版　　次 2021 年 8 月第 1 版
印　　次 2021 年 8 月第 1 次印刷
定　　价 59.80 元
http://www.hrbeupress.com
E-mail：heupress@hrbeu.edu.cn

前　言

当今，是网络应用更加普及和不断变革的时代，与应用密切相关的前端技术更是备受瞩目。其中，以 HTML 5 和 CSS 3 为代表的新一代技术尤其受到关注。

HTML 5 不仅仅是一次简单的技术升级，还代表了未来 Web 的发展方向。HTML 5 解决了近十年来 HTML 4 出现的各种问题，废除了不合理的标记，革命性地增加了富有语义的标记，以及创造令人兴奋而更具交互性的网站和应用程序所需的特性，像本地绘图、离线缓存等。与 HTML 5 类似，CSS 3 帮助前端设计人员解决以前存在的问题，像更强大的选择器、允许边框图片、圆角、文本和块阴影以及动画等。在前端开发中，交互性的实现是离不开 JavaScript 脚本语言的。在 Web 开发领域，尤其是“富客户端”概念的出现，客户端 JavaScript 的运用就显得尤为重要。将 JavaScript 与 HTML 5、CSS 3 有机地结合在一起，可使 Web 开发者如虎添翼，开发出交互性强、更富动感、更时尚灵活的客户端页面。

为了满足广大的 Web 应用开发者对前端技术开发的需求而编写本书。本书遵循最新的 HTML 5 和 CSS 3 规范，详细介绍它们的所有新功能和新特性，以及 JavaScript 语言的基础知识与应用。本书主要有以下几个特点。

（1）案例真实。本书的案例均来自真实项目，力求通过真实案例使读者更容易理解和掌握 HTML 5、CSS 3 和 JavaScript 以及三者之间的综合应用。本书难度适中，内容由浅入深，实用性强，覆盖面广。

（2）形式新颖。用准确的语言总结概念，用直观的图示演示过程，用详细的注释解释代码，用形象的比喻帮助记忆。

（3）内容丰富。本书涵盖了实际 Web 开发中所用到的 HTML 5 页面结构、表单元素、操作文件、绘图、音频视频操作、CSS 3 选择器、CSS 3 动画、背景和布局、JavaScript 语言基础、表单及应用、浏览器对象模型等。

（4）配套资源丰富。本书为实例配备了视频教学文件，读者可以通过视频文件更加直观地学习 HTML5 和 CSS 3 的使用知识。

（5）贴心小贴士。为了便于读者阅读，全书还穿插着一些注意、技巧、提示等小贴士。

本书共 13 章，主要包括从零开始构建 HTML 5 Web 页面、使用 HTML 5 结构元素构建网站、基于 HTML 5 的表单、HTML 5 的绘图技术、HTML 5 处理视频和音频、HTML 5 与文件、CSS 3 样式入门、使用 CSS 3 选择器、CSS 3 边框和背景样式、CSS 3 布局样式、JavaScript 语言基本概念、浏览器对象模型与窗口内置对象、表单。

本书由何历怀（铜仁职业技术学院）、谢东迅（湖南都市职业学院）和李文璇（广东华夏高级技工学校）担任主编，由段淑敏（开封大学）、张蕾和刘天星（福建工贸学校）担任副主编。本书的相关资料和售后服务可扫封底微信二维码或登录 www.bjzzwh.com 下载获得。

由于编者水平有限，书中难免有疏漏之处，恳请广大读者批评指正。

编 者

目　录

第12章 浏览器对象模型与窗口内置对象

第13章 表 单

第 1 章

从零开始构建 HTML 5 Web页面

学习目标

- 掌握 HTML 5 的基本语法
- 掌握 HTML 5 与 HTML 4 在页面标记上的变化
- 了解 HTML 5 中新增的元素
- 了解 HTML 5 中新增的属性

1.1 HTML 5新语法

在介绍 HTML 5 的新语法之前，假设读者已经熟悉 HTML 4 的基本语法。

HTML 4 已经出现很长一段时间了，其普及程度已经非常广泛，而且已经成为目前 Web 界的默认标准。与 HTML 4 相比，HTML 5 在语法上发生了很大的变化，而这些变化与其他开发语言中的语法变化有着根本的不同，因为 HTML 5 之前没有一个符合标准规范的 Web 浏览器。

最初的 HTML 是在 SGML（Standard Generalized Markup Language）语言的基础上发展的，但 SGML 语言非常复杂，没有一个完全支持它的语法分析器，因此导致 HTML 虽然遵从 SGML 的语法，但是在实现上各个浏览器的标准却不统一。

HTML 5 建立之初，解决浏览器的兼容性是它的重要目标之一，为此制定了一个统一的标准。可以这样理解，HTML 5 的语法是围绕 Web 标准这个目标，在现有 HTML 的语法基础上修改而来的。

随着 HTML 5 标准的出现，各种主流浏览器也陆续推出支持 HTML 5 的版本。接下来就学习 HTML 5 的新语法。

1.1.1 基本语法

HTML 5 的基本语法是为了最大限度地兼容 HTML 4 而设计的。例如，HTML 5 允许出现“没有 <li> 结束标记”的 HTML 错误代码，并明确规定了处理这种情况的方法。与此类似的还有引号的省略问题，以及带有逻辑值属性的使用。

本节将从三个方面详细介绍 HTML 5 的基本语法。

1. 省略引号语法

在 HTML 5 以前指定的属性值既可以使用双引号，也可以使用单引号，甚至省略引号。在 HTML 5 中规定，如果属性值不包含“<”“>”“=”，以及空字符串、单引号和双引号等字符时，可以省略引号。

下面给出一些正确处理属性值的示例：

```
<input name=keyword type="text" class="searchInput f14 input" />
<img width=16 height=25 align="absmiddle" src="bg.gif">
<ul id='indexliststr'>
```

其中，由于第一行的 class 属性值中包含了空格，因此在这里必须使用引号括起来。

2. 省略标记语法

HTML 5 继承了 HTML 4 中标记可以省略的特点，使页面结构更加灵活。HTML 5 将这种情况分为三类，分别是：省略开始和结束标记、省略结束标记和不允许写结束标记。

下面针对这三类情况进行详细介绍。

- *省略开始和结束标记*

当一个元素的开始标记和结束标记都可以省略时，属于这种情况。需要注意的是，即使省略了这些元素，它们仍然是隐式存在的。例如，在一个 HTML 页面中，body 元素可以省略不写，但是它仍然存在于文档结构中，可以使用代码 document.body 进行访问。

属于这类的元素有：html、head、body、colgroup、tbody。

- 省略结束标记

这类元素可以省略标记，HTML 5 会自动为其添加相应的结束标记。这类的元素有：li、dt、dd、p、rt、rp、optgroup、option、colgroup、thead、thbody、tfoot、tr、td、th。

- 不允许写结束标记

这类元素只能通过“< 元素名称 />”的形式使用，而不使用“</ 元素名称 >”形式作为结束标记。例如，“<br/>”就是正确的，而“
</br>”的写法是错误的。

属于这类的元素有：area、br、base、col、command、embed、hr、img、input、keygen、link、meta、param、source、trace、wbr。

3. 省略逻辑属性语法

在 HTML 5 中，有很多属性的值是逻辑值，例如 checked 和 disabled 等。这些属性的默认值为 false，如果不指定，表示不使用该属性。要将一个逻辑属性的值设置为 true，可以使用如下方法。

- 直接指定属性，不赋任何属性值。
- 将属性名称作为该属性的值。
- 使用空字符串作为该属性的值。

下面给出一些使用逻辑属性值的示例。

```
<input type="checkbox" checked/>
<input type="checkbox" checked=""/>
<input type="checkbox" checked="checked"/>
<input type="checkbox" />
```

在上述代码中，除了第 4 行之外，其他行都可以表示 checked 属性的值为 true。

1.1.2 页面标记的语法

上一节介绍的是从 HTML 4 中借鉴过来的基本语法，本节讲解 HTML 5 中页面标记在语法上的变化。

1. DOCTYPE 声明

在一个 HTML 文件中，DOCTYPE 声明是必不可少的，它位于文件的第一行。在 HTML 4 中，该声明的代码如下：

```
<!DOCTYPE html PUBLIC "-//W3C//DTD XHTML 1.0 Transitional//EN" "http://www.w3.org/TR/xhtml1/DTD/xhtml1-transitional.dtd">
```

在 HTML 5 中，无须指定复杂的版本声明字符串，只需要使用一个非常简短的 DOCTYPE 即可。具体代码如下：

```
<!DOCTYPE html>
```

这样读者就不用去记住复杂的版本声明字符串，而且这个声明将会适用于所有的 HTML。新的声明方式使 IE、Firefox、Chrome 等浏览器都进入标准模式。

2. 命名空间声明

HTML 5 无须像 HTML 4 那样为 html 元素添加命名空间声明。例如，如下代码：

```
<html xmlns="http://www.w3.org/1999/xhtml" lang="zh-cn">
```

在 HTML 5 中可以直接写成：

```
<html lang="zh-cn">
```

3. 字符集编码声明

如下为 HTML 4 中使用 meta 元素指定页面字符集编码的代码。

```
<meta http-equiv="content-type" content="text/html; charset=utf-8" />
```

在 HTML 5 中，可以直接通过对 meta 元素添加 charset 属性的方式来指定字符集编码。上面代码的 HTML 5 形式如下：

```
<meta charset=" utf-8" />
```

提示　HTML 5兼容HTML 4的方式，但是在一个页面中只能使用一种。

4. 链接 CSS 和 JavaScript 文件

在 HTML 4 中，要链接外部的 CSS 和 JavaScript 文件时，都需要指定 type 属性。示例代码如下：

```
<link rel="stylesheet" type="text/css" href="stylesheet.css" />
<script type="text/javascript" src=” script.js"/>
```

而在 HTML 5 中实现同样的功能不需要 type 属性，代码更加简洁。示例如下：

```
<link rel="stylesheet" href="stylesheet.css"/>
<script src="script.js"/ >
```

1.1.3 第一个HTML 5页面

本节将使用 HTML 5 语法创建第一个页面，具体步骤如下：

Step 1 新建一个 HTML 页面，使用 HTML 5 的语法指定页面的 DOCTYPE 声明。代码如下：

```
<!DOCTYPE html>
```

Step 2 使用 html 标记的不带命名空间形式，并指定 lang 属性为 zh-cn。代码如下：

```
<html lang="zh-cn">
```

Step 3 指定当前页面的字符集编码为 utf-8，这也是 HTML 5 推荐的页面编码。代码如下：

```
<meta charset="utf-8" />
```

Step 4 使用 title 元素将页面的标题设置为“HTML 5 教程”。代码如下：

```
<title> HTML 5教程</title>
```

Step 5 使用 h1 元素定义一个文字为“HTML 5 教程”的标题。代码如下：

```
<h1>HTML 5教程</h1>
```

Step 6 使用 ul 元素创建一个列表，然后添加一些没有 li 结束标记的项。代码如下所示：

```
<ul>
    <li>1. HTML 5中最新的鲜为人知的酷特性
    <li>2. HTML 5新特性与技巧
    <li>3. 细谈HTML 5新增的元素
    <li>4. HTML 5技术概览
</ul>
```

Step 7 创建一条水平线，这里使用“<hr/>”形式，因为该元素不可写结束标记。代码如下：

```
<hr/>
```

Step 8 使用 h4 元素定义一个文字为“专题:HTML 5 下一代 Web 开发标准详解”的标题。代码如下：

```
<h4>专题: HTML 5 下一代Web开发标准详解</h4>
```

Step 9 创建一个段落，添加一个选中的订阅复选框。代码如下：

```
<p><input type="checkbox" checked/>订阅</p>
```

Step 10 使用换行标记进行换行，再添加一段文本。代码如下：

```
<br/>查看所有教程
```

Step 11 经过上面几步之后，第一个使用 HTML 5 新语法创建的网页就制作完成了。接下来需要打开支持 HTML 5 的浏览器进行测试，图 1-1 为 Chrome 浏览器的运行效果，图 1-2 为 Firefox 浏览器的运行效果。

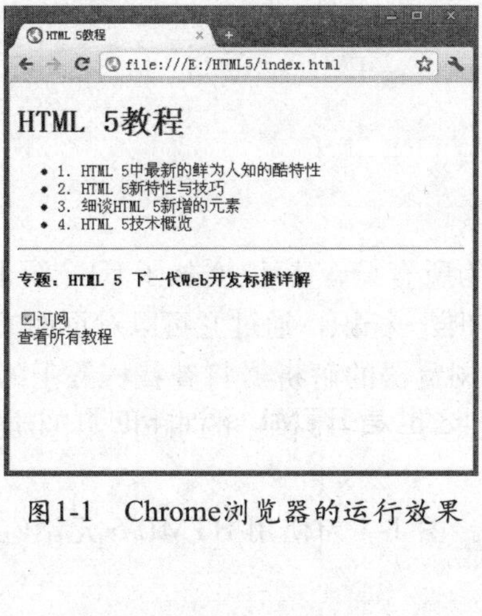

图1-1　Chrome浏览器的运行效果

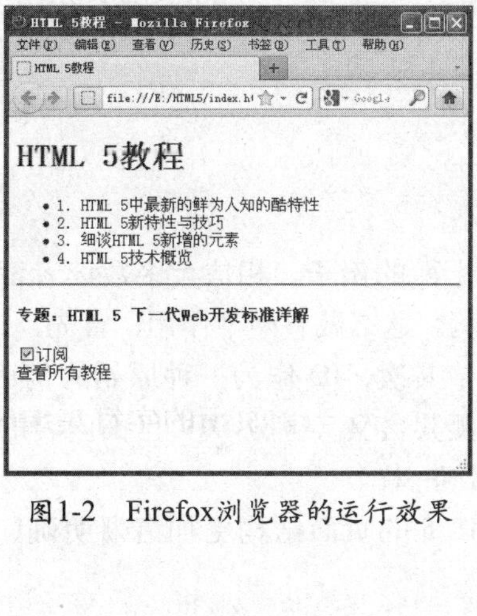

图1-2　Firefox浏览器的运行效果

1.2 HTML 5的页面结构

HTML 的主要任务是描述页面的结构。例如，在“<p></p>”标记之间的文本内容，HTML

将告诉浏览器这些文本是一个段落。

在 HTML 5 中，所有元素都是结构性的，而且它们的作用与块元素非常类似。为了帮助读者更好地理解 HTML 5，本节将介绍 HTML 5 中新增的页面结构元素。

1.2.1 结构元素

在 HTML 4 中是使用 DIV 来定义页面的结构的，例如，下面是一个页面的大致结构代码：

```
<html>
<head></head>
<body>
<div id="header">
  <h1>My Site</h1>
</div>
<div id="nav">
  <ul>
    <li>Home</li>
    <li>About</li>
    <li>Contact</li>
  </ul>
</div>
<div id="content">
  <h1>My Article</h1>
  <p>...</p>
</div>
<div id="sidebar">
  <h1> sidebar </h1>
  <p>...</p>
</div>
<div id="footer">
  <p>...</p>
</div>
</body>
</html>
```

对于上面的例子，相信大多数读者都很熟悉，为所有 DIV 标记增加了 ID，图 1-3 为此时的页面结构。这么做有两个作用，首先，ID 是页面的唯一标识，通过它可以对页面的特定部分定义样式；其次，ID 作为一种原始的伪语义结构，浏览器的解析器将查找标签上的 ID 属性，并尝试猜测其含义（区分 DIV 里面内容的级别），但这是一件很困难的事情，因为每个网站的 ID 可能都不一样。

HTML 5 的页面结构更加清晰明确、容易阅读。图 1-4 为使用 HTML 5 元素定义的页面结构。

这样，浏览器就能区分各个部分，页面的主要内容在 <article> 元素中，导航栏在 <nav> 元素中等。除了更清晰和更符合语义的标记外，它还增强了标记的互用性，比如搜索引擎能更精确地确定页面上什么内容比较重要，它可以忽略掉 <nav> 元素和 <footer> 里的内容，因为它们通常不包含页面的重要内容，从而提高了搜索引擎的效率。

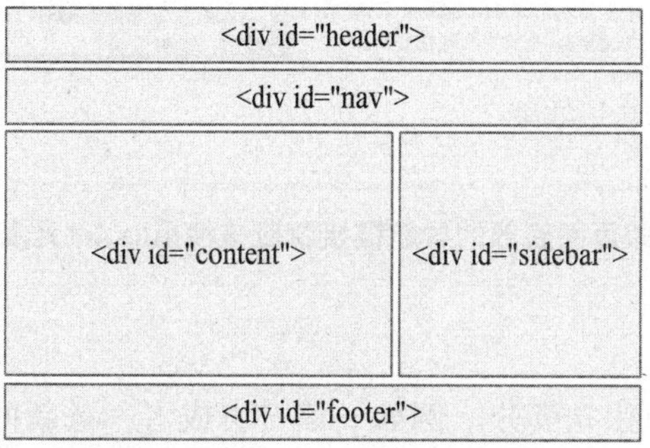

图1-3　HTML 4定义的页面结构

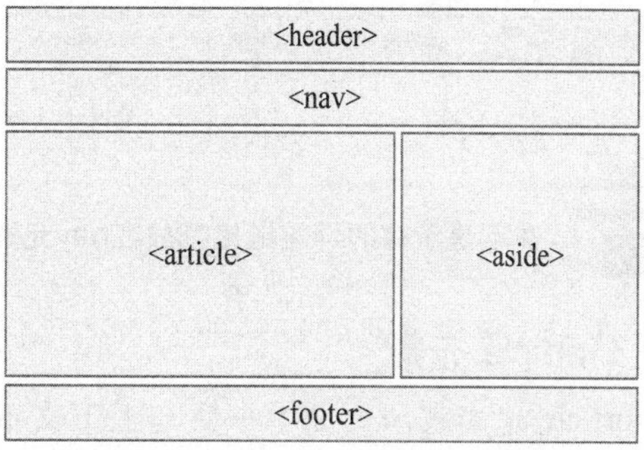

图1-4　HTML 5定义的页面结构

下面来看看 HTML 5 中的一些结构元素。

1. header 元素

header 元素表示一个页面或者一个区域的头部，该元素可以包含所有通常放在页面头部的内容。使用 header 元素可以替换原来使用的“<div id="header">”标记，例如一篇文章显示页面中的标题、Logo 图片、搜索表单或者其他相关内容。

示例代码：

```
<header><h1>发挥你的想象 HTML 5可以干什么</h1></header>
```

图 1-5 为作者博客首页中使用 header 元素的应用效果。

图1-5　header元素的应用效果

提示

header元素并非页面中的head元素。因此，在页面中可以为每个区域添加一个header元素（头部）。

2. nav 元素

nav 元素用在页面上显示一组导航链接，这些导航通常位于 header 元素的下方，可以链接到站点的其他页面或者当前页的其他部分。

示例代码：

```
<nav>
    <ul>
        <li><a href="#">首页</a></li>
        <li><a href="#">业内资讯</a></li>
        <li><a href="#">技术文档</a></li>
        <li><a href="#">资源下载</a></li>
    </ul>
</nav>
```

图 1-6 为某视频网站中使用 nav 元素的应用效果。

图1-6　nav元素的应用效果

技巧　并不是所有的导航链接都放在nav元素中，例如页面底部的导航链接就应该使用footer元素。

3. article 元素

article 元素表示页面中一块与上下文不相关的独立部分，例如一篇日志或者一条新闻等。article 元素通常使用多个 section 元素进行划分，一个页面中的 article 元素也可以出现多次。例如，在一个博客首页中，可能会用 10 个 article 元素表示 10 篇文章。

示例代码：

```
<article>
    <header>
        <h1>第1章</h1>
    </header>
    <section>
        <header>
            <h1>第1节</h1>
        </header>
    </section>
    <section>
        <header>
            <h1>第2节</h1>
        </header>
    </section>
</article>
<article>
    <header>
        <h1>第2章</h1>
    </header>
</article>
```

上述代码包含了两个 article 元素，其中，第 1 个 article 元素又包含了 1 个 header 元素和 2 个 section 元素。

图 1-7 为某网站使用 article 元素的应用效果。

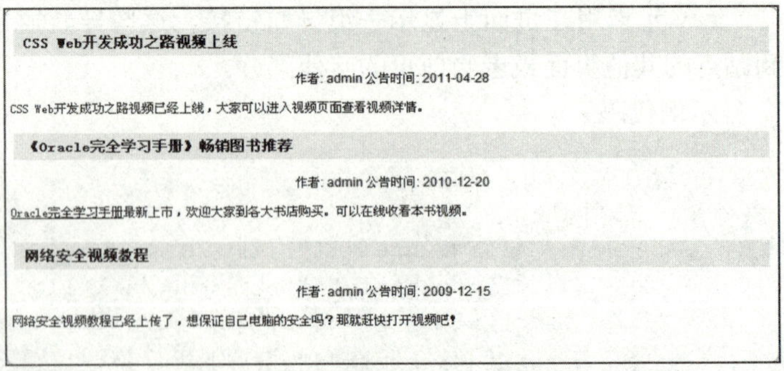

图1-7　article元素的应用效果

4. aside 元素

aside 元素表现的是与文档主要内容有关的附属信息部分。它可以包含当前页面相关的其他引用、备注、注释，甚至侧边栏和广告等其他类似的有别于主要内容的部分。

示例代码如下：

```
<article>
    <header>
        <h1>文章标题</h1>
    </header>
    <section>文章主要内容</section>
    <aside>其他相关文章</aside>
</article>
<aside>
   右侧管理菜单
</aside>
```

图 1-8 为 aside 元素在一些网站中的应用效果。

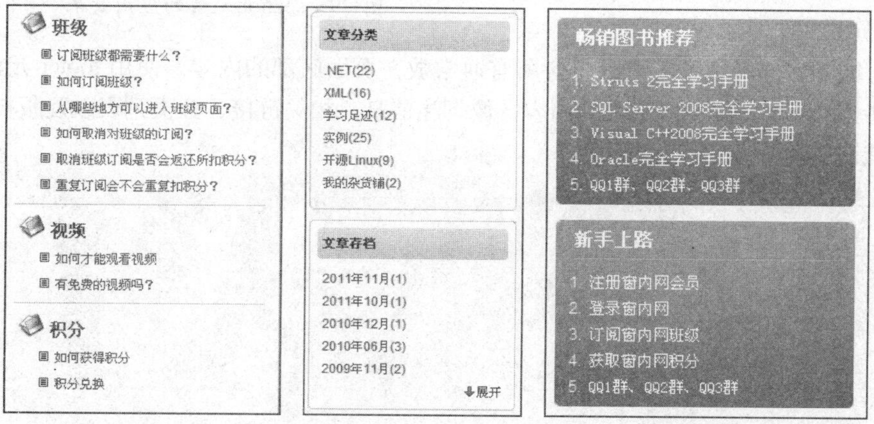

图1-8 aside元素的应用效果

5. section 元素

section 元素用于将页面上的内容划分为独立的区域。一个 section 元素通常是一个有主题的内容组，前面有一个 header 元素，后面跟一个 footer 元素，如果需要，section 也可以嵌套使用。

示例代码如下：

```
<article>
    <header>
        <h1>第1章</h1>
    </header>
    <section>
        <header>
            <h1>第1节</h1>
        </header>
        <p>第1节的内容</p>
        <footer>
            第1节的其他信息
        </footer>
    </section>
</article>
```

图 1-9 为某技术博客中使用 section 元素的应用效果。

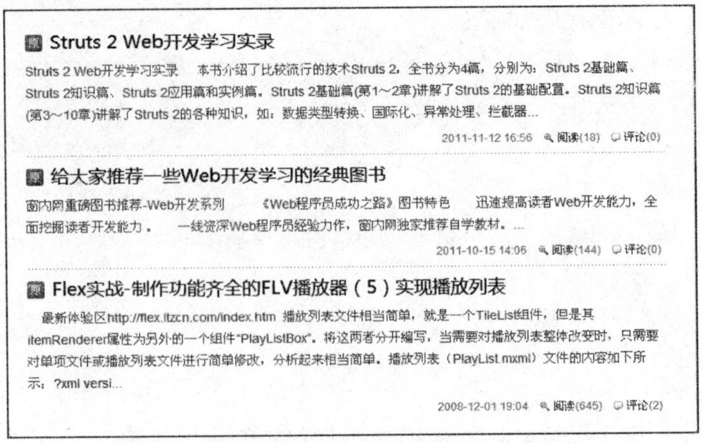

图1-9　section元素的应用效果

> 注意
>
> section元素是划分内容标识，而不是容器。因此，如果希望放置一些内容并定义样式，那么应该使用div而不是section元素。

6. footer 元素

footer 元素用于表示一个页面或者一个区域的底部，该元素可以包含所有通常放在页面底部的内容。使用 footer 元素替换原来在 "<div id="footer">" 标记内定义的内容，像脚注信息、相关链接、分页列表以及版权信息等。

示例代码如下：

```
<article>
    文章内容
    <footer>
        文章的分页列表
    </footer>
</article>
<footer>
   页面的脚注
</footer>
```

图 1-10 为某网站中使用 footer 元素的应用效果。

图1-10　footer元素的应用效果

上面介绍了 HTML 5 中新增的页面结构元素，下面对本节开始的页面进行重写。采用了 HTML 5 元素后的代码如下：

```
<!DOCTYPE html>
<html>
<head></head>
<body>
<header>
  <h1>My Site</h1>
</header>
<nav>
  <ul>
    <li>Home</li>
    <li>About</li>
    <li>Contact</li>
```

```
    </ul>
  </nav>
  <article>
    <h1>My Article</h1>
    <section>
      <p>...</p>
    </section>
  </article>
  <aside>
    <h1> sidebar </h1>
    <p>...</p>
  </aside>
  <footer>
    <p>...</p>
  </footer>
  </body>
  </html>
```

从上面的代码中可以清晰地分辨出页面的头部、底部、导航部分、主要内容部分以及侧边栏部分。这也是使用HTML 5结构元素定义页面的主要原因。图1-11为使用这些元素定义的产品展示页运行效果。

图1-11　产品展示页运行效果

1.2.2 页面元素

上节学习了HTML 5中用于控制页面结构的元素。本节将讲解HTML 5的这些元素如何使页面更加具有表现力，例如绘图元素和视频元素等。

1. audio 元素

HTML 5提供了audio元素，解决了以往必须依靠第三方插件才能播放音频文件的问题。

示例代码：

```
<audio controls="controls" autoplay="autoplay">
    <source src="file.ogg" />
    <source src="file.mp3" />
</audio>
```

2. figure 元素

figure 元素表示文档中一个独立的流，一般是指一个单独的单元。可以使用 figcaption 为 figure 元素组添加标题。

示例代码：

```
<figure>
  <figcaption>HTTP</figcaption>
  <p>HTTP的全称为HyperText Transfer Protocol，中文为超文本传输协议</p>
</figure>
```

3. video 元素

和 audio 元素一样，HTML 5 也提供了 video 元素对播放视频文件的支持。

示例代码：

```
<source src="cohagenPhoneCall.ogv" type="video/ogg"; codecs='vorbis, theora'" />
<source src="cohagenPhoneCall.mp4" type="video/mp4; 'codecs='avc1.42E01E, mp4a.40.2'" />
</video>
```

4. canvas 元素

canvas 元素表示图形，例如绘制的圆形、图表或其他图像等。下面的代码会显示一个红色的矩形：

```
<canvas id="myCanvas"></canvas>
<script type="text/javascript">
var canvas=document.getElementById('myCanvas');
var ctx=canvas.getContext('2d');
ctx.fillStyle='#FF0000';
ctx.fillRect(0,0,80,100);
</script>
```

5. hgroup 元素

hgroup 元素用于将多个标题（主标题和副标题或者子标题）组成一个标题组。

示例代码：

```
<header>
  <hgroup>
    <h1>小鱼儿的个人网站</h1>
    <h2>在这里记录了我工作相关的内容</h2>
  </hgroup>
  <p>超越梦想一起飞，真心面对每一天</p>
</header>
```

6. mark 元素

mark 元素用于高亮显示那些需要在视觉上向用户突出其重要性的文字，包含在此元素里的字符串必须与用户当前的行为相关。例如，在博客中搜索“HTML 5 实例”关键字时出现的代码：

```
<h3>所有搜索结果 </h3>
<h6>本次搜索共用0.1秒，找到10条有关<mark>HTML 5实例</mark>的内容。</h6>
```

7. embed 元素

在 HTML 5 中使用 embed 元素可以嵌入多种媒体文件，格式可以是 MP3、MIDI 和 WAV 等。

示例代码：

```
<embed src="mountain.mp3"/>
<embed src="mouse.wav."/>
```

8. time 元素

time 元素可以使用很多格式表示一个时间或者日期，或者同时表示两者。

示例代码：

```
<time datetime="2011-12-25">2011年12月25日</time>
<time datetime="12/25/2011">今天圣诞节</time>
<time datetime="2011-12-25 19:30">2011年12月25日晚上7点30分</time>
```

9. wbr 元素

wbr 元素表示一个软换行，如果浏览器有足够宽度时不进行换行；当宽度不足时就通过此元素进行换行。

示例代码：

```
<p>HTML has been in continuous evolution since it was introduced<wbr> to the Internet<wbr> in the early 1990s. </p>
```

- progress 元素　表示 JavaScript 中运行进程的一个进度条。
- ruby、rt 和 rp 元素　用于表示 ruby 注释。
- details 元素　表示用户可以获取的细节信息。
- datalist 元素　为用户提供一个可选的数据列表。
- keygen 元素　用于生成密钥。
- output 元素　用于表示不同类型的输出。
- meter 元素　表示用于测量类的内容，例如硬盘使用率。
- bdi 元素　表示双向文本格式及周围无环绕的独立文本。
- command 元素　表示一个命令按钮，例如提交按钮、单选或者复选按钮。

1.2.3 表单元素

HTML 5 提供了很多令开发人员兴奋的功能，这不仅表现在结构元素和页面元素上，HTML 5 还为表单提供了很多的元素，下面来了解一下。

为 input 元素增加了如下 type 类型：

- tel　用于输入电话号码格式的文本输入框。
- search　用于在文本状态或搜索状态输入的文本输入框。
- url　用于输入 URL 地址的文本输入框。
- email　用于输入 Email 地址的文本输入框。
- datetime-local　用于输入本地时间的日期和时间选择器。
- datetime　用于输入 UTC 时间的日期和时间选择器。
- date　用于选择日期的日期和时间选择器。

- month 用于选择月份的日期和时间选择器。
- week 用于选择周和年的日期和时间选择器。
- time 用于选择时间的日期和时间选择器。
- number 用于输入数值的文本输入框。
- range 用于输入一定范围内的数字值的文本输入框。
- color 用于输入颜色值的文本输入框。

下面的代码演示了如何使用 input 的新 type 类型。

```
<p>
    <label>Email:</label> <input type="email" name="html5email"><br/>
    <label>URL:</label> <input type="url" name="html5url"><br/>
    <label>Number:</label> <input type="number" name="html5number"
min="1" max="10" step="1" value="1"><br/>
    <label>Range:</label> <input type="range" name="html5range" min="-
100" max="100" value="0" step="10"><br/>
    <label>Time:</label> <input type="time" step="900"
name="html5time"><br/>
    <label>Date:</label> <input type="date" name="html5date"><br/>
    <label>Month:</label> <input type="month" name="html5month"><br/>
    <label>Week:</label> <input type="week" name="html5week"><br/>
    <label>DateTime:</label><input type="datetime"
name="html5datetime">
</p>
```

新增表单相关的属性主要包括：

- autofocus 属性 使元素在页面打开时自动获得焦点。
- placeholder 属性 为元素提供一个占位符，提示用户可以输入的内容。
- form 属性 为元素指定一个属于的表单，然后可以将该元素放到表单外的任何位置。
- required 属性 指定一个元素在提交时必须有内容，即必选项。
- novalidate 属性 用于取消提交时进行的有关检查，适用于 input、button 和 form 元素。

下面是使用常用属性构建一个表单的代码。

```
<label>邮箱:
  <input type=email form="UserForm" name="email" placeholder="name@domain.
com">
</label>
<form id="UserForm">
  <fieldset>
    <legend>表单新增属性</legend>
    <p>
      <label>自动获得焦点:</label>
      <input type="text" name="html5autofocus" autofocus="true">
      <small>Works in Opera, Chrome & Safari</small> </p>
    <p>
      <label>占位符:</label>
      <input type="text" name="html5placeholder" placeholder="name@domain.com">
```

```
        <small>Works in Chrome & Safari</small> </p>
      <p>
        <label>必选项:</label>
        <input type="text" name="html5requied" required="true">
        <small>Works in Opera & Chrome</small> </p>
    </fieldset>
    <div>
      <button>Submit</button>
    </div>
</form>
```

图 1-12 为上述代码在 Chrome 浏览器上运行的效果。

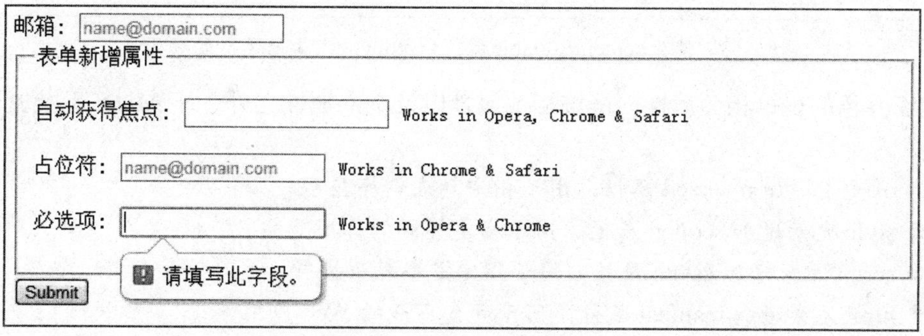

图1-12　表单运行的效果

1.2.4 其他属性

与链接相关的属性主要有：

- 为 a 和 area 元素增加了 media 属性，该属性规定目标 URL 优化哪些类型的设备。
- 为 area 元素增加了 hreflang 与 rel 属性，以保持与 a 元素和 link 元素的一致。
- 为 link 元素增加了 sizcs 属性，该属性可以与 icon 元素结合使用，指定关联图标的大小。
- 为 base 元素增加了 target 属性，主要目的是与 a 元素保持一致。

在 HTML 5 中的一些全局属性，也就是指可以对任何元素都使用的属性。这些全局属性分别是：

- contentEditable 属性　允许用户在页面中编辑元素中的内容，必须应用到可获得鼠标焦点的元素。
- designMode 属性　此属性用于指定整个页面是否可编辑。当页面可编辑时，页面上任何支持 contentEditable 属性的元素都变成了可编辑状态。此属性有 on 和 off 两个属性，而且必须在 JavaScript 中才可以修改。
- hidden 属性　与 input 元素的 hidden 属性功能相同，使页面上的元素不可见。
- spellcheck 属性　用于指定是否对 input 和 textarea 两个文本框的内容进行拼写和语法检查，有 true 和 false（默认）两个值。
- draggable 和 dropzone 属性　定义可以使用拖放 API 的元素。

下面的代码是使用 contentEditable 属性和 spellcheck 属性创建的一个示例，运行效果如图 1-13 所示。

```
<ul>
    <li  contentEditable=” true” >这是一个可编辑项，可以在这里自由添加内容，HTML</
li>
    <li>这是一个不可编辑项</li>
</ul>
<textarea spellcheck="true"> </textarea>
```

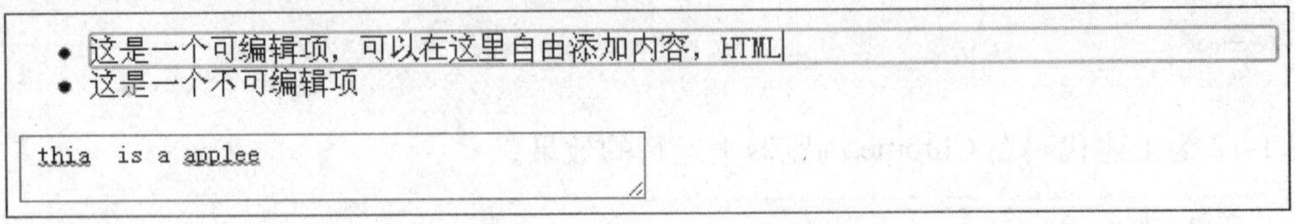

图1-13　使用contentEditable属性和spellcheck属性运行的效果

除上面介绍的表单相关属性、链接相关属性以及全局属性之外，HTML 5 还增加了下面的一些属性。

- 为 ol 元素增加 reversed 属性，用于指定列表倒序显示。
- 为 style 元素增加 scoped 属性，用于指定样式的作用范围。
- 为 script 元素增加 async 属性，用于指定是否异步执行。
- 为 html 元素增加 manfest 属性，用于开发离线的 Web 应用。

为 iframe 元素增加 sandbox、seamless 和 srcdoc 属性，用于提高页面安全性，防止不信任的 Web 页面执行某些操作。

1.3 设计页面的基本结构

学至此处，相信读者对 HTML 5 的语法以及 HTML 5 中新增的元素和属性有了一定的了解。接下来就使用 HTML 5 的语法和元素构建一个完整的 Web 页面。在创建之前，首先需要确定页面的基本结构。

选择目前主流的上、中、下结构，将页面划分为三个主要区域，在中间的内容区域中又主要分为左右两个子区域。图 1-14 为最终设计的页面基本结构。

根据图中的结构设计，在页面中添加如下 HTML 代码：

```
<div id="body">
  <div id="Header">Header</div>
  <div id="Main">Main</div>
  <div id="Right">Right</div>
  <div id="Footer">Footer</div>
</div>
```

在页面中，body 是一个主容器，里面包含 Header、Main、Right 和 Footer 四个子容器。图 1-15 为添加样式后页面的运行效果。

图1-14 页面主体框架结构

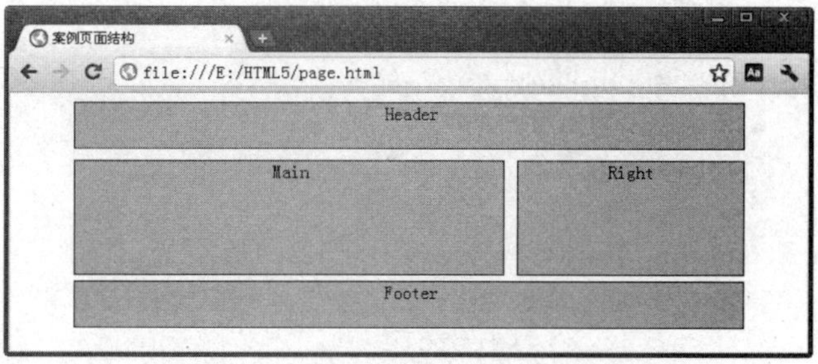

图1-15 应用样式后的页面结构

1.4 改善为符合HTML 5的结构

HTML 5 是通过一种设计来组织 Web 内容的语言，其目的是通过创建一种标准的、直观的标记语言来把 Web 设计和开发变得容易起来。为此，HTML 5 提供了各种用于划分页面结构和布局的元素，它们使用户创建的页面不仅能用来呈现内容，而且具有聚合能力，且用户体验好。

上一节分析了一个页面的基本结构，并使用传统的标记对其进行设计。本节将采用 HTML 5 语法对页面进行重构，并最终完成一个页面。

Step 1 看看上一节完成后的页面的完整源代码，如下所示：

```
<!DOCTYPE html PUBLIC "-//W3C//DTD XHTML 1.0 Transitional//EN" "http://www.w3.org/TR/xhtml1/DTD/xhtml1-transitional.dtd">
<html xmlns="http://www.w3.org/1999/xhtml">
<head>
  <meta http-equiv="Content-Type" content="text/html; charset=utf-8" />
  <title>案例页面结构</title>
</head>
<body>
<div id="body">
  <div id="Header">Header</div>
  <div id="Main">Main</div>
  <div id="Right">Right</div>
  <div id="Footer">Footer</div>
</div>
</body>
</html>
```

从上述的源代码中可以看出，通过为 DIV 标记的 id 属性赋不同的值来区分页面的各个区域。在 HTML 5 中提供了很多元素，用来从语义上将页面划分为不同的区域，例如 header 元素表示头部区域。

Step 2 下面为采用 HTML 5 元素重新划分页面结构的代码，其中展示了如何使用它们来创建格式良好的代码和优雅的页面设计。

```
<!doctype html>
<html lang="zh-cn">
<head>
<meta charset="utf-8">
<title>案例页面结构</title>
</head>
<body>
  <header></header>
  <nav></nav>
  <article></article>
  <aside></aside>
  <footer></footer>
</body>
</html>
```

可以看到，HTML 5 为每种不同的结构分别定义了元素，使用它们可以很直观地了解页面的布局情况。接下来，将对每个结构进行详细介绍，最终将页面构建完整。创建过程中会涉及 CSS 3 的知识，需要使用它们来控制页面的显示风格。

Step 3 在页面的 title 元素中为页面定义一个有意义的名称，代码如下：

```
<title>虫虫阅读网——最专业的少儿阅读导航  读后感</title>
```

Step 4 在 title 元素下创建 link 元素，为当前页面引用一个外部 CSS 样式表。代码如下：

```
<link rel="stylesheet" href="assets/main-stylesheet.css"/>
```

Step 5 在 header 元素中定义两个与页面有关的标题，并将它们放在 hgroup 元素中。再使用 p 元素为页面添加一个描述信息。代码如下：

```
<header>
  <hgroup>
    <h1>虫虫阅读网</h1>
    <h2>最专业的少儿阅读导航  读后感</h2>
  </hgroup>
   <p>虫虫阅读由中国少年儿童新闻出版总社主办，旨在通过这个平台，让更多的孩子爱上阅读，并分享读后感。</p>
</header>
```

上述代码可以理解为，在网页的头部共包含两个标题（一个主标题 h1 和一个副标题 h2）和一个段落（用 p 元素表示）。

Step 6 下面是 header 元素所需的样式代码，将它们添加到 main-stylesheet.css 文件中。

```
body>header {
  background: #666;   padding: 20px;    height:80px;
clear:both;
 }
header h1 {
  font-size: 50px; margin: 0px;         color: #005;}
header h2 {
```

```
    font-size: 15px; margin: 0px;        color: #EEE;
font-style: italic;
  }
  header p{
    color: #EEE;   font-size:10px;
  }
```

Step 7 nav 元素的作用是标识页面的导航链接。因此，这里为 nav 添加一个 ul 列表并定义一个导航菜单，代码如下：

```
  <nav>
    <ul>
      <li><a href="#">首页</a></li>
      <li><a href="#">图书</a></li>
      <li><a href="#">书评</a></li>
      <li><a href="#">阅读推广</a></li>
      <li><a href="#">在线阅读</a></li>
      <li><a href="#">图书漂流</a></li>
    </ul>
  </nav>
```

Step 8 HTML 5 提供了一种更加高效的将页面结构与表现分离的方法。例如，只要在 nav 元素中定义导航菜单的链接名称和链接地址即可。具体如何显示的则交给 CSS 来处理，下面为这里所需的代码：

```
  nav {
       height:25px;  background: #000;  color: #fff;  font-weight: bold;
clear:both;
  }
  nav ul {
    list-style: none;  padding: 0px;    display: block;
clear: right; background-color: #99f;    padding-left: 4px;
height: 24px;
  }
  nav ul li {
    display: inline;padding: 0px 20px 5px 10px;height: 24px;border-right: 1px
solid #ccc;
  }
  nav ul li a {
    color: #006;  text-decoration: none;font-size: 13px;
font-weight: bold;
  }
  nav ul li a:hover {
    color: #fff;
  }
```

Step 9 转到 footer 元素，在这里为页面添加页脚和底部版权信息。代码如下：

```
  <footer>
```

```
  <p> 关于我们 | 广告服务 | 联系我们 | 人才招聘 | 网站地图<br/>
    &copy; 2011 少年网. All rights reserved.</p>
</footer>
```

Step 10 如下是 footer 元素对应的 CSS 样式代码。

```
body>footer {
  color:#fff; clear:both;  background-color: #AAA;
}
footer p {
  text-align: center; font-size: 12px; color: #005;
}
```

Step 11 在浏览器中打开即可看到包含 header、nav 和 footer 元素的运行效果，如图 1-16 所示。

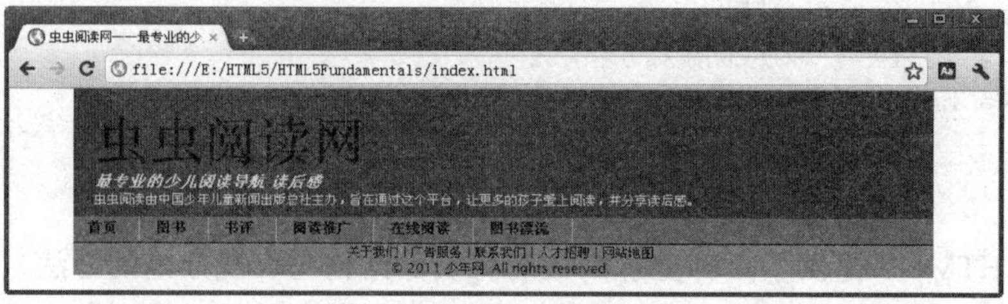

图1-16　改善结构的运行效果

Step 12 找到页面的 article 元素，它是页面的主体结构，里面定义了需要显示的实际内容。article 元素可以出现多次；另外，除了内容部分，在 article 元素中通常还有自己的标题（header）和脚注（footer）。

在本实例中使用一个 article 元素来表示一本图书，并用 header 元素将图书名称作为标题，内容用 p 元素定义常用标签。这部分代码如下：

```
<article>
  <header>
    <h1> <a href="#" rel="bookmark">《夏洛的网》图书详细信息</a> </h1>
  </header>
   <p>常用的标签：《夏洛的网》(18)   儿童文学(8)   小说(6)   好书(5)   童话(4)   爱(3)
是谁(1)   校园生活(1) </p>
</article>
```

Step 13 由于 article 元素是独立于页面上下文的，其中又包含了 header、h1 和 p 这样的元素，因此，在 CSS 样式表中需要使用选择符定位到 article 元素。代码如下：

```
body>article {
    width:540px;   padding:10px;    float: left;
}
article > header h1 {
  font-size: 40px; float: left;        margin-left: 14px;
}
article > header h1 a {
```

```
    color: #000090;  text-decoration: none;
  }
  article p {
    clear: both; text-indent:20px;
  }
```

Step 14 在 article 元素中，使用 section 元素为图书主体添加一小节图书简介，代码如下所示：

```
    <section>
      <header>
        <h1>图书简介</h1>
      </header>
        <p>一只名叫威尔伯的小猪和一只叫<mark>夏洛</mark>的蜘蛛成为朋友。小猪未来的命运是成为圣诞节时的盘中大餐，这个悲凉的结果让威尔伯心惊胆寒。它也曾尝试过逃跑，但它毕竟是一只猪。看似渺小的<mark>夏洛</mark> 却说：“让我来帮你。”于是<mark>夏洛</mark>用它的网在猪棚中织出“王牌猪”“朱克曼的名猪”等字样，那些被人类视为奇迹的字让威尔伯的命运整个逆转，终于得到了比赛的特别奖和一个安享天命的未来。但就在这时，蜘蛛<mark>夏洛</mark>的生命却走到了尽头……</p>
        <figure><img src="assets/book.jpg" alt="夏洛的网封面图片" width="100" height="136" ><br/>
         <figcaption>《夏洛的网》封面图片</figcaption>
      </figure>
    </section>
```

在这里再次使用 header 元素来定义标题，不同的是这里定义的是小节的标题。另外，还使用了 mark 元素来突出显示“夏洛”两个字，使用 figure 元素定义了一个图书封面图片，使用 figcaption 元素定义图片的标题。

Step 15 如下所示为图书简介小节的 section 元素用到的样式代码：

```
  article > section header h1{
    font-size: 20px; margin-left: 25px;
  }
  article >  section figure {
    margin-bottom: 10px;  text-align: center;
  }
```

Step 16 将文件保存后在浏览器中运行，将看到如图 1-17 所示的效果。

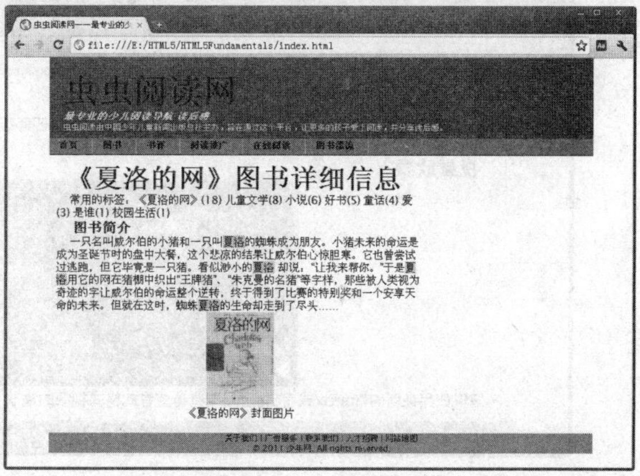

图1-17　运行效果

Step 17 使用 section 元素创建一个有关图书适合年龄段的小节，代码如下：

```
<section>
  <header>
    <h1>适合年龄段</h1>
  </header>
  <p>幻想童话阶段（小学一~二年级）、历史故事阶段（小学三~四年级）、知识与论理阶段（小学五~六年级）、自我探索阶段（初中生）</p>
</section>
```

Step 18 为图书主体添加一个视频小节，使用 HTML 5 中的 video 元素来播放视频内容。这部分代码如下：

```
<section>
  <header>
    <h1>视频欣赏</h1>
  </header>
  <p>
    <video src="assets/BigBuckBunny.ogv"  controls  loop>
  <div>
    <p>建议使用最新的Firefox或者Chrome浏览器查看此格式视频的播放。</p>
  </div>
  </video>
  </p>
</section>
```

在上述代码中，使用 section 元素重新创建一个新的结构，里面使用 video 元素显示视频。其中的 src 属性指定视频的地址，controls 属性用于显示视频控制栏，loop 属性表示循环播放。

Step 19 如下所示为 video 元素所需的 CSS 样式：

```
article > section video {
  height: 200px; margin-left: 180px;
}
```

Step 20 保存页面，在浏览器中运行，将会看到图 1-18 所示的运行效果。

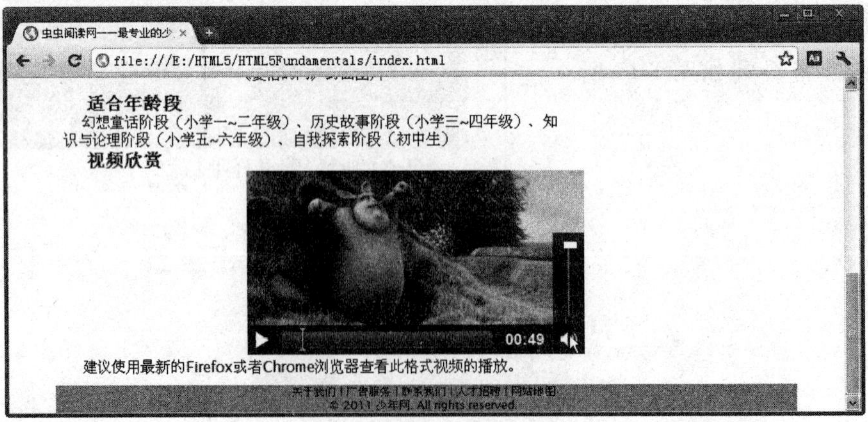

图1-18　运行效果

Step 21 经过上面的步骤，完成了页面中 article 元素的创建。下面对页面结构中的 aside 元素进行编辑，该元素通常用于存放与主体有关的附属内容。在本实例中，aside 元素又包含两个 section 元素，一个用于定义图书的其他信息，另一个用于定义作者简介。

如下所示为 aside 元素的最终代码：

```
<aside>
  <section>
    <header>
      <h1>其他信息</h1>
    </header>
    <ul>
      <li>作者：E.B.怀特</li>
      <li>译者：任溶溶</li>
      <li>ISBN：7532733416</li>
      <li>页数：181</li>
      <li>定价：17.00</li>
      <li>出版社：上海译文出版社</li>
      <li>装帧：平装</li>
      <li>出版时间：2004-05</li>
    </ul>
  </section>
  <section>
    <header>
      <h1>作者简介</h1>
    </header>
      <p>E.B.怀特(1899—1985)生于纽约蒙特弗农，毕业于康奈尔大学。多年来他为《纽约人》杂志担任专职撰稿人。怀特是一位颇有造诣的散文家、幽默作家、诗人和讽刺作家。对于几代美国儿童来说，他之所以出名是...</p>
  </section>
</aside>
```

Step 22 可以看到，aside 可以像 article 元素一样使用 section 元素和 header 元素。它所需的样式代码如下：

```
aside {
  width:200px; padding:20px;   float: left;     background: #ccc;
color: #000;  font-size:0.8em;
}
aside > section header h1{
  font-size: 20px;
}
aside p {
  width: 200px;  float: right; color: #000;
}
```

Step 23 到目前为止，本节为页面定义的 5 个结构元素的内容就都已经编辑完成了。图 1-19 为最终实例的运行效果。

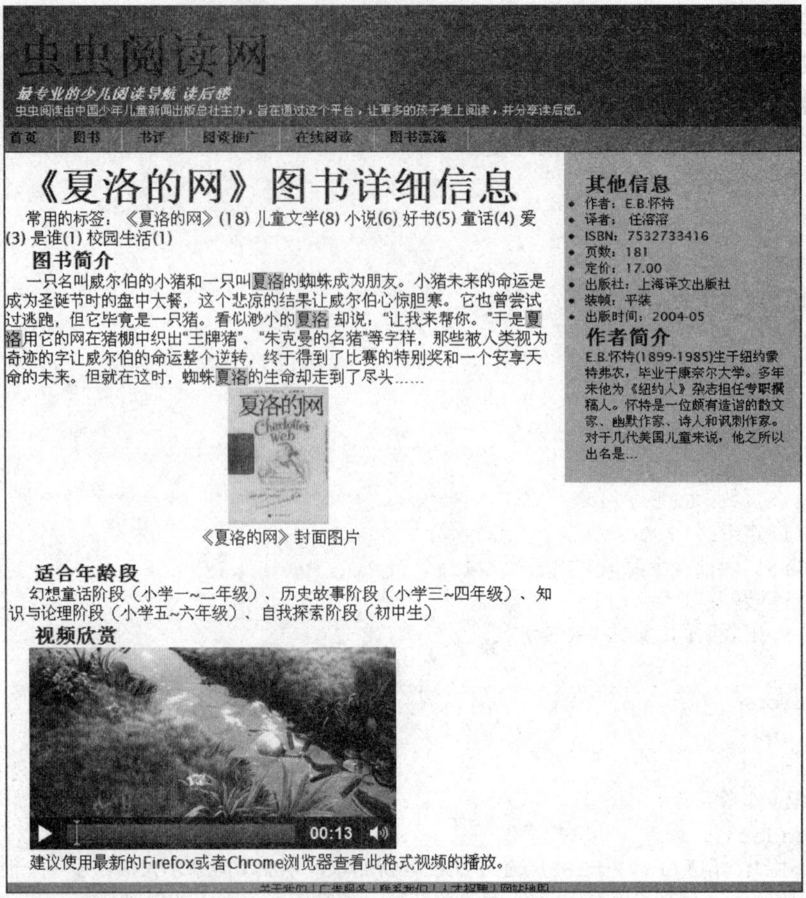

图1-19　运行效果

本章实例：设计一个文章评论列表

假设有一个博客网站，在查看博客文章页面中有一个发表评论的表单，用于记录读者对文章的看法或者意见。同时，在该页面中还会显示已经发表的所有评论。下面就使用 HTML 5 来设计一个博客文章的评论列表，最终运行效果如图 1-20 所示。

在文章页面中，评论仅仅占用一小块区域，因此在设计时应该考虑使用何种元素来表示。本案例使用 section 元素来标识，这是页面中的一个评论列表，然后通过嵌入 article 元素的方式显示一条评论。

如下所示为最终评论列表布局结构：

```
<section id="comments">
  <header>
    <h3>"Designing a blog with html5"文章的所有评论</h3>
  </header>
  <article class="comment">  </article>
```

```
    <article class="comment">  </article>
  </section>
```

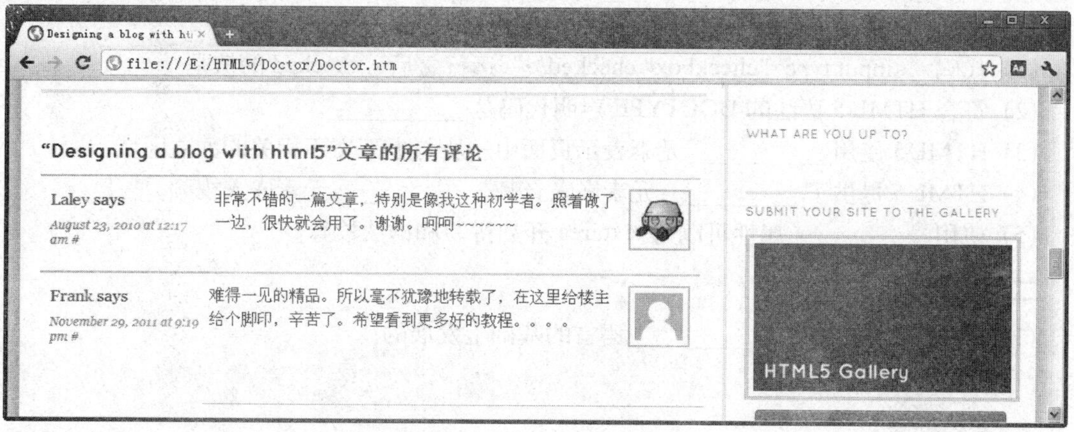

图1-20　评论列表运行效果

header元素表示评论的标题，此处用h3元素来定义。article元素中则是有关评论的具体内容，包括：发表评论的用户名称、用户邮箱地址、网站地址、评论内容以及头像图片。

如下所示为一条评论的布局代码：

```
    <article class="comment" >
        <div class="comment-meta"> <a href="#" rel="external nofollow"
class="url">Laley</a> says<img alt="" src="Doctor_files/3bf32e785ba583565ee897
5251f8b0cd.jpeg" class="avatar avatar-48 photo" height="48" width="48"><time
datetime=" 2009-06-30T15:00:21+00:00" pubdate="">August 23, 2010 at 12:17 am
<a class="permalink" href="#">#</a></time></div>
       <div class="comment-body">
          <p>非常不错的一篇文章，特别是像我这种初学者。照着做了一遍，很快就会用了。谢谢。呵
呵~~~~~~</p>
       </div>
    </article>
```

在评论列表中的所有评论都共享上面这个布局模板，只是内容上有所变化。

本章小结

读者在使用HTML 5构建网页之前需要在总体上对HTML 5有所了解，这包含HTML 5的语法、页面标记的变化以及结构元素、页面元素、表单元素和属性等。这也是本章的主要内容，本章通过两个案例演示了HTML 5的具体使用方法。

另外，在使用HTML 5时选择一款合适的浏览器也是非常重要的。本书使用Google Chrome 15作为主要浏览器进行测试。

课后练习

一、填空题

（1）代码“<input type="checkbox" checked/>”运行之后，checked 的值是 __________。

（2）符合 HTML 5 语法的 DOCTYPE 声明代码是 __________。

（3）HTML 5 使用 __________ 元素表示页面中一块与上下文不相关的独立区域。

（4）HTML 5 提供了 __________ 元素嵌入音频，__________ 元素嵌入视频。

（5）使用 __________ 属性可以为 textarea 开启拼写和语法检查。

二、选择题

（1）HTML 是在 SGML__________ 语言的基础上发展的。

A．HML

B．XML

C．TML

D．SGML

（2）在 HTML 5 中，不可以使用 __________ 的方法将逻辑值设置为 true。

A．将属性名称作为该属性的值

B．直接指定属性，不赋任何属性值

C．不指定属性名称，使用默认值

D．使用空字符串作为该属性的值

（3）下面的选项中不属于 HTML 5 语法的是 __________。

A．
</br>

B．bgcolor="#00BB00"

C．controls=3

D．<link rel="stylesheet" href="stylesheet.css"/>

（4）与 HTML 4 相比，HTML 5 要链接外部的 CSS 不需要使用 __________。

A．type 属性

B．src 属性

C．link 属性

D．rel 属性

三、简答题

（1）列举 HTML 5 在页面标记上的语法变化。

（2）HTML 5 在表单方面与 HTML 4 有什么区别？

（3）HTML 5 新建了哪些全局属性，它们的含义是什么？

（4）简述如何使用 HTML 5 来重构一个页面。

第 2 章

使用HTML 5结构元素构建网站

2

学习目标

- 掌握 HTML 5 根元素的使用
- 熟悉各种头部元素的用法
- 掌握 HTML 5 的页面交互元素
- 掌握 HTML 5 的页面节点元素
- 掌握 HTML 5 列表元素的使用
- 掌握控制文本层次语义的元素
- 熟悉各种公共属性的用法

2.1 html根元素

一个 HTML 文档中包含的任何内容都是 HTML 元素，这些元素的根是 html。html 是 HTML 文档的最外层元素，也称为 html 根元素，所有的其他元素都被包含在该元素内。

浏览器在遇到 html 根元素时，将它理解为 HTML 文档。在用法上，HTML 5 与 HTML 4.01 中的 html 根元素没有太大的区别，主要区别就是 xmlns 属性。该属性在 HTML 4.01 中是必须的，用于对 HTML 文档进行验证；而在 HTML 5 中该属性可以忽略，或者认为该属性有一个默认值"http://www.w3.org/1999/xhtml"。

manifest 为 html 根元素的一个属性，用于指向一个保存文档缓存信息的 URL。另外，使用 lang 属性可以定义 HTML 文档使用的语言，这对搜索引擎和浏览器非常有帮助，默认值是 en。

根据 W3C 推荐标准应该通过 html 根元素的 lang 属性对页面中的主要语言进行声明。HTML 5 的示例代码如下：

```
<html lang="en">
</html>
```

在 HTML 4.01 中，采用如下方式在 html 根元素中对语言进行声明：

```
<html xmlns="http://www.w3.org/1999/xhtml" lang="en" xml:lang="en">
</html>
```

下面通过一个简单的例子来了解 html 根元素的具体使用方法。实例是一个完整的 HTML 5 代码，页面实现了显示一首古诗的效果，具体代码如下所示：

```
<!DOCTYPE HTML>
<html lang="en" manifest="index.maifest">
<head>
<meta charset="utf-8">
<title>春晓</title>
<style type="text/css">
body {
  text-align:center;
  padding-top:70px;
  color:#805231;
  font-family: "楷体_GB2312";
  background-image:url(imgs/ypz.jpg);
  background-position:center top;
  background-repeat:no-repeat;
}
p {
  font-size:26px;
}
</style>
</head>
```

```
<body>
<h1 style="font-size:30px; padding-bottom:20px;">春晓</h1>
<p>春眠不觉晓，</p>
<p>处处闻啼鸟。</p>
<p>夜来风雨声，</p>
<p>花落知多少。 </p>
</body>
</html>
```

上述代码使用了 html 根元素的 lang 属性和 manifest 属性，它包括 head 和 body 两个部分。在 head 部分定义了页面的标题、字符集以及样式，body 部分则定义了页面的具体内容。图 2-1 为在浏览器中查看页面的运行效果。

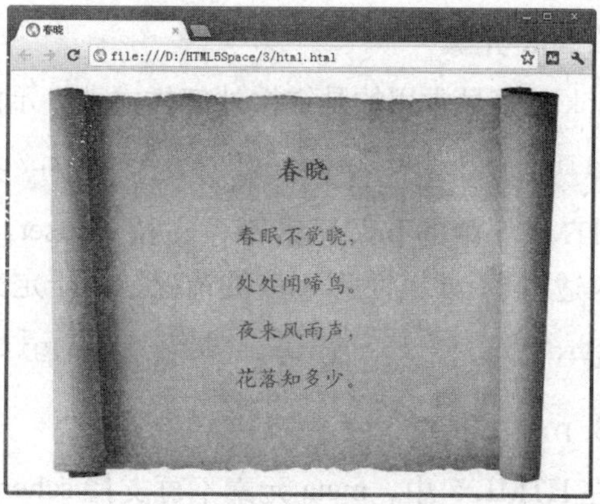

图2-1 页面的运行效果

2.2 文档头部元素

在 HTML 文档中，head 通常是 html 根元素的第一个元素。在 head 元素中包含的是对页面的设置，像标题、描述、收藏图片、样式和脚本等，这些内容不会显示到页面。因此，head 元素又可以称为 HTML 文档的头部元素。

表 2-1 中列出了头部元素中常用的元素及其功能。

表2-1 head常用元素及功能

元素名称	功 能
base	为页面上的所有链接定义默认地址或默认目标
link	定义文档与外部资源之间的关系，像链接外部样式表、链接外部图标
meta	定义页面的辅助信息，像针对搜索引擎的描述和关键词
script	定义客户端脚本，例如 JavaScript，也可以链接外部脚本文件
style	定义页面的样式信息
title	定义文档的标题

1. base 元素

在 HTML 5 中，建议把 base 作为 head 的第一个元素，这样 head 中的其他元素就可以使用 base 的信息。如下代码演示了 base 元素的使用方法：

```
<head>
<base href="http://www.itzcn.com/" target="_blank" />
</head>
<body>
<a href="index.html">窗内网首页</a>
</body>
```

这里默认将 URL 设置为 www.itzcn.com，因此窗内网首页的真实链接 URL 是 www.itzcn.com/index.html。

2. link 元素

link 元素最常用的是链接外部样式表，示例代码如下：

```
<link rel="stylesheet" type="text/css" href="menu.css" />
```

HTML 5 中的 link 元素不再支持 charset、rev 和 target 属性，同时新增了 sizes 属性。sizes 属性仅适用于 rel 属性为 icon 的情况，用于定义图标的尺寸，示例代码如下：

```
<link rel="icon" href="demo_icon.gif" type="image/gif" sizes="16x16" />
```

3. meta 元素

在 HTML 5 中，meta 元素不再支持 scheme 属性。另外，新增了一个 charset 属性，用于快速定义页面的字符集。

例如，在 HTML 4.01 中，meta 元素定义字符集的代码如下：

```
<meta http-equiv="content-type" content="text/html; charset=utf-8 ">
```

而在 HTML 5 中对应的代码如下：

```
<meta charset="utf-8">
```

使用 meta 元素还能完成很多功能，例如定义针对搜索引擎的关键词：

```
<meta name="keywords" content="HTML, CSS, XML, XHTML, JavaScript" />
```

定义对页面的描述：

```
<meta name="description" content="免费的Web技术教程" />
```

定义页面的最新版本：

```
<meta name="revised" content="somboy, 2012/12/12/" />
```

每 10 秒刷新一次页面：

```
<meta http-equiv="refresh" content="10" />
```

4. script 元素

script 元素通常用于定义一段 JavaScript 脚本，或者链接外部的脚本文件。例如，下面的示例弹出一个显示 Hello World 的对话框。

```
<script type=”text/javascript”>
alert(“Hello World!”);
</script>
```

在 HTML 5 中，type 属性是可选的，不再支持 xml 属性，而且新增了 async 属性。async 属性定义当脚本可用时是否立即异步执行。

下面的示例代码以异步方式向页面中输出“Hello World”字符串。

```
<script type="text/javascript" async="async">
document.write ("Hello World!");
</script>
```

5. style 元素

style 元素用于定义页面所用到的 CSS 样式代码。例如，下面的示例代码定义页面中的 p 元素的字体颜色为黑色，h1 元素的字体颜色为红色。

```
<style type="text/css">
h1 {color:red}
p {color:black}
</style>
```

在 HTML 5 中，为 style 元素增加了 scoped 属性，该属性可以为文档的指定部分定义样式，而不是整个文档。使用 scoped 属性后，规定的样式只能应用到 style 元素的父元素及其子元素。

6. title 元素

title 元素定义的标题将显示在浏览器的标题栏、收藏夹以及搜索引擎的结果中。HTML 4.01 与 HTML 5 中的 title 元素用法相同，但是要注意，一个文档中该元素只能出现一次。

示例如下：

```
<title>窗内网</title>
```

现在使用上面介绍的 6 个元素创建一个实例，通过该实例演示各个 head 子元素的具体用法。

Step 1 新建一个 HTML 文件，并搭建 HTML 5 的基本结构。

```
<!DOCTYPE HTML>
<html>
<head>
</head>
<body>
</body>
</html>
```

Step 2 向 body 元素中添加要显示的内容，如下所示为本实例中使用的代码。

```
<h1 id="titlename"></h1>
<p>青春不是年华，而是心境；青春不是桃面、丹唇、柔膝，而是深沉的意志，恢宏的想象，炙热的恋情；青春是生命的深泉在涌流。</p>
<p>青春气贯长虹，勇锐盖过怯弱，进取压倒苟安。如此锐气，二十后生而有之，六旬男子则更多见。年岁有加，并非垂老，理想丢弃，方堕暮年。</p>
```

Step 3 运行后将会看到图 2-2 所示的效果。接下来在 head 元素中使用 base 元素定义页面的默认 URL 为 www.izuowen.com。

```
<base href="http://www.izuowen.com/" target="_blank" />
```

Step 4 使用 meta 元素定义页面的字符集为 utf-8。

```
<meta charset="utf-8">
```

Step 5 使用 meta 元素为页面添加关键字、描述信息以及版权声明。

```
<meta name="keywords" content="小学语文,作文练习,古诗,散文,教学课件,国标教材,学习辅导" />
<meta name="description" content="小学语文,作文练习,古诗,散文,教学课件,国标教材,学习辅导"/>
<meta name="Copyright" content="汇智科技" />
```

Step 6 使用 link 元素为页面添加一个收藏图标。

```
<link rel="icon" href="imgs/logo.ico" type="image/gif" sizes="32x32" />
```

Step 7 使用 title 元素设置页面的标题为“青春”。

```
<title>青春</title>
```

Step 8 使用 style 元素为 body 中的内容定义显示样式代码。

```
<style type="text/css">
body {
  padding-top:50px;
  font-family: "黑体";
  background-image:url(imgs/back.jpg);
  background-position:center top;
  background-repeat:no-repeat;
}
p {
  font-size:16px;
  color:#000000;
  text-indent:10px;
}
h1 {
  font-size:30px;
  padding-bottom:20px;
  text-align:center;
  margin-bottom:70px;
}
</style>
```

Step 9 使用 script 元素编写一段 JavaScript 脚本，在页面加载完成后执行。

```
<script type="text/javascript">
window.onload = function(){
document.getElementById("titlename").innerHTML="青春感想";
}
</script>
```

Step 10 保存之后，再次在浏览器中查看，将会看到图 2-3 所示的运行效果。

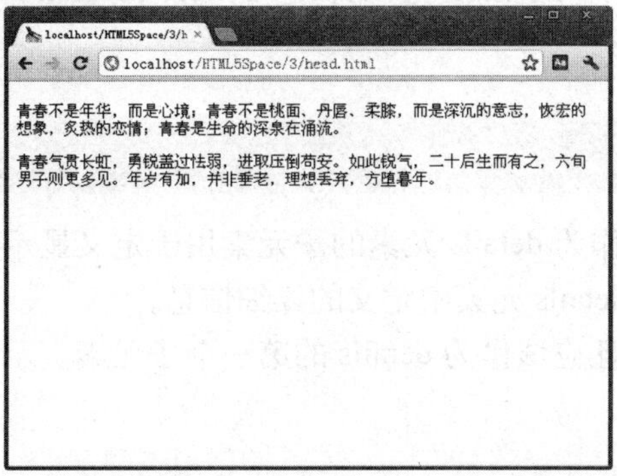

图2-2　未添加head子元素前的运行效果

图2-3　使用head子元素后的运行效果

2.3 页面交互

在 HTML 5 中，一个页面其实也是一个应用程序，表现最突出的是与用户的交互操作。HTML 5 为增强页面与用户的交互设置了很多元素，像 details、summary、menu 和 meter 等。本节将详细介绍这些交互元素。

2.3.1 details元素

details 元素提供了一种快捷、简化的方案，将页面上的部分区域进行展开或者收缩，而无须编写任何 JavaScript 代码。

summary 作为 details 的子元素，用于定义默认显示的内容，单击该元素将会展开或者收缩 details 内的其他元素。如果没有 summary 元素，浏览器将会显示一个默认的文字。

在 HTML 5 中使用 details 元素可以简化 Web 设计人员的工作。示例代码如下：

```
<details>
    <summary>显示列表</summary>
    <menu>
            <li>列表1</li>
            <li>列表2</li>
    </menu>
</details>
```

上述代码运行之后，默认会在浏览器中出现 summary 元素定义的“显示列表”文字，如图 2-4 所示。单击该文字可以控制下方 menu 元素的隐藏与显示，图 2-5 为显示时的效果。

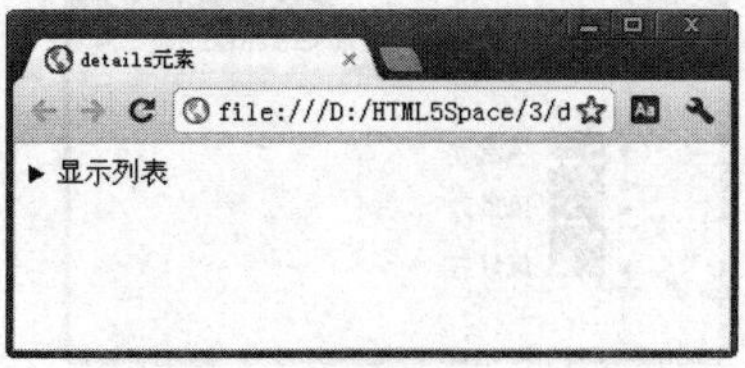

图2-4　默认运行效果

图2-5　单击summary后的运行效果

技巧 如果希望打开时就显示details元素的隐藏内容，可以使用open属性，此时默认的隐藏内容处于展开状态。

2.3.2 summary元素

如上节关于 details 元素的介绍，summary 元素作为 details 元素的子元素用于定义显示内容的一个简短信息或者摘要等。单击该元素可以显示 details 元素中定义的详细信息。

summary 元素通常与 details 元素一起使用，而且应该作为 details 的第一个子元素。示例代码如下：

```
<details>
<summary>页面说明</summary>
本页面生成于2011-03-07
</details>
```

运行效果如图 2-6 所示。

图2-6　summary元素的运行效果

2.3.3 menu元素

menu 元素是为 Web 应用程序增加的元素，适用于菜单、工具栏以及弹出菜单。menu 元素提供了如下属性：

- ausubmit 如果属性值为 true，当表单中的元素发生变化时自动提交。
- lable 为菜单定义一个可见标注。
- type 定义菜单类型，可选值有 context、toolbar 和 list，默认为 list，表示菜单中的选项。

当作为布局时，menu 元素可以与 li 元素一起使用，表示一个列表。示例代码如下：

```
<menu>
    <li><img src="8117068363343.jpg" ><span>风景一</span></li>
    <li><img src="09.jpg" ><sapn>风景二</sapn></li>
    <li><img src="51.jpg" ><span>风景三</span></li>
</menu>
```

上述代码的运行效果如图 2-7 所示。

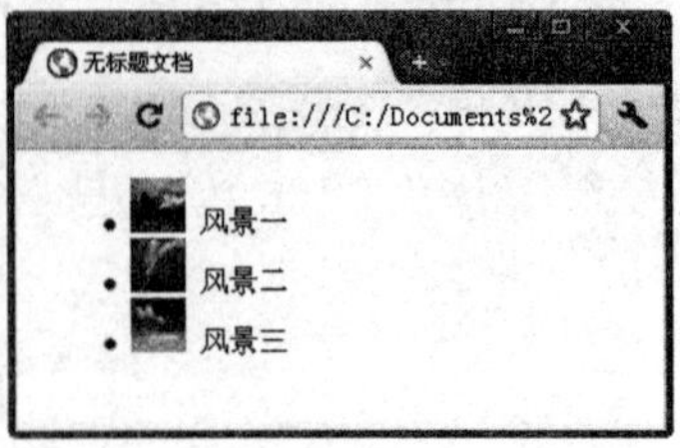

图2-7　menu元素的运行效果

2.3.4 command元素

command元素用来定义用户能够调用各种命令按钮，像单选按钮、复选框按钮和图片按钮等。command元素只有与menu元素结合使用时才有作用。下面列出了command元素具有的属性：

- checked 定义是否被选中，仅适用于type为radio或者checkbox的情况。
- disabled 定义命令是否可用。
- icon 定义作为命令来显示的图像的URL路径。
- label 定义命令上显示的文本。
- radiogroup 定义命令所属的组名，仅在type为radio时可用。
- type 定义命令的类型，可选值有checkbox、radio和command（默认值）。

下面是command元素最简单用法的示例代码：

```
<menu>
    <command onclick="alert('first command')"  label="Do 1st Command"/>
    <command onclick="alert('second command')" label="Do 2nd Command"/>
    <command onclick="alert('third command')"  label="Do 3rd Command"/>
</menu>
```

上面的代码创建的菜单包含三个文本命令按钮，单击它们将弹出一个对话框。如下是使用command元素实现工具栏的代码：

```
<menu type="toolbar">
 <command type="radio" radiogroup="alignment" checked="checked"
       label="Left" icon="icons/alL.png" onclick="setAlign('left')">
 <command type="radio" radiogroup="alignment"
       label="Center" icon="icons/alC.png" onclick="setAlign('center')">
 <command type="radio" radiogroup="alignment"
       label="Right" icon="icons/alR.png" onclick="setAlign('right')">
 <hr>
 <command type="command" disabled
       label="Publish" icon="icons/pub.png" onclick="publish()">
</menu>
```

2.3.5 progress元素

progress元素用于定义一个正在完成的进度条，提供了如下与进度条相关的属性：

- min 进度条的最小值。
- max 进度条的最大值。
- value 当前的进度值。

示例代码如下：

```
<h1>我的工作进展</h1>
<p><progress min="0" max="100" value="50"><span>50</span>%</progesss></p>
```

通过上面的示例可以得到图2-8所示的运行效果。

图2-8　progress元素的运行效果

提示　progress元素通常与JavaScript脚本结合使用，实现动态改变进度条的值。

2.3.6 meter元素

meter 元素用于表示指定范围内的数值。例如，磁盘使用量、投票人数和文档等级评分等。meter 元素支持如下属性：

- min　定义允许范围内的最小值，默认值为 0，且值不能小于 0。
- max　定义允许范围内的最大值，默认值为 1。如果该值小于 min，则将 min 作为最大值。
- value　定义需要显示在 min 和 max 之间的值，默认值为 0。
- low　定义范围内的下限值，必须小于或者等于 high 属性的值。如果该值小于 min，则使用 min 作为 low 的值。
- high　定义范围内的上限值。如果该属性值小于 low，则使用 low 作为 high 的值；如果该值大于 max，则使用 max 作为 high 的值。
- optimum　定义范围内的最佳值，必须在 min 和 max 之间。

例如对于考试成绩，范围为 0~100，分数低于 60 的被认为是不及格，高于 80 的被认为是优秀，100 是最理想的分数。下面的代码使用 meter 元素演示了不同成绩的表示方法：

```
<h1>成绩列表</h1>
<p>
祝红涛：<meter value="65" min="0" max="100" low="60" high="80" title="65分" optimum="100">65</meter><br/>
张均焘：<meter value="85" min="0" max="100" low="60" high="80" title="85分" optimum="100">85</meter><br/>
侯艳书：<meter value="30" min="0" max="100" low="60" high="80" title="30分" optimum="100">30</meter><br/>
李丽霞：<meter value="93" min="0" max="100" low="60" high="80" title="93分" optimum="100">93</meter>
</p>
```

运行上述代码将看到图 2-9 所示的效果。

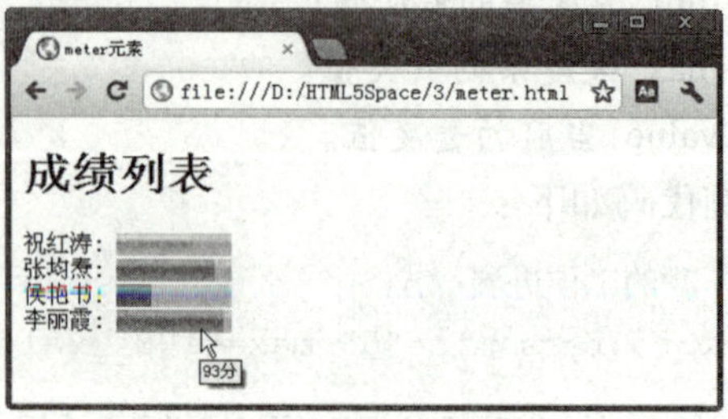

图2-9　meter元素的运行效果

2.4 页面节点

HTML 5 在页面区域的划分上增加了很多元素。使用这些元素可以更加清晰地对节点按内容或者段进行归类，像使用 nav 元素划分一组导航链接等。

2.4.1 section元素

section 元素用于将页面上的内容划分为独立的区域。一个 section 元素通常是一个有主题的内容组，前面有一个 header 元素，后面跟一个 footer 元素，如果需要，section 也可以嵌套使用。

在这里要注意，section 元素并非一个普通的容器元素。例如，当一个容器需要被定义样式或者通过脚本定义行为时，应该使用 div 而不是 section 元素。因此可以这样理解，section 元素中的内容可以单独存储到数据库中或者输出到外部文档中。

下面是 section 元素的示例代码：

```
<article>
  <header>
    <h1>第1章  使用Windows</h1>
  </header>
  <section>
    <header>
      <h1>第1节  安装Windows</h1>
    </header>
    <p>在安装之前首先需获取Windows的安装源。</p>
    <footer> 本节我们学习了如何安装Windows。 </footer>
  </section>
</article>
```

图 2-10 为打开之后的运行效果。

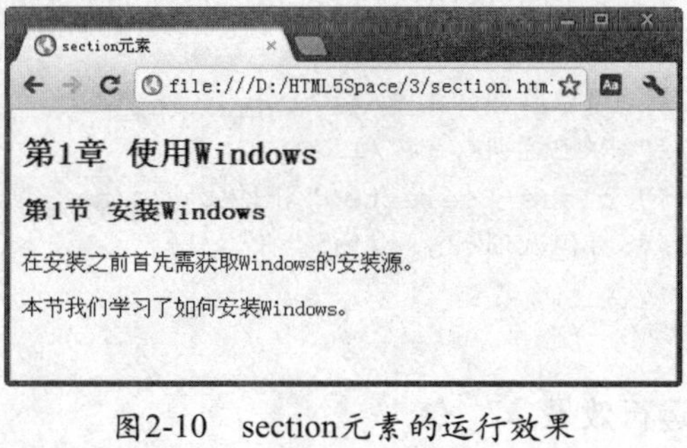

图2-10 section元素的运行效果

2.4.2 nav元素

nav 元素表示的就是它本身的含义，即一组导航链接。虽然 nav 元素的作用是包含一个无序的链接，但是它还有其他作用。例如，一段文字包含页面或页面某个部分的主要导航链接，都可以使用 nav 元素来表示。在这两种情况下，nav 元素应为最重要的导航预留。所以，建议读者避免在页脚的简短链接表中使用 nav 元素。

下面是使用 nav 元素创建导航链接的示例代码：

```
<nav>
  <ul>
    <li><a href="#">首页</a></li>
    <li><a href="#">图书</a></li>
    <li><a href="#">书评</a></li>
    <li><a href="#">阅读推广</a></li>
    <li><a href="#">在线阅读</a></li>
    <li><a href="#">图书漂流</a></li>
  </ul>
</nav>
```

图 2-11 为打开之后的运行效果。

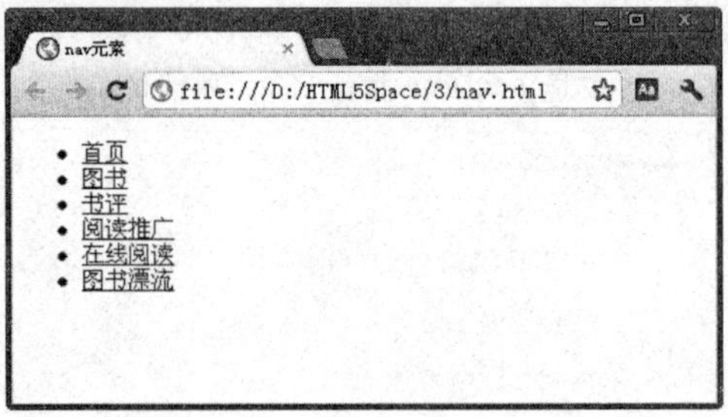

图2-11　nav元素的运行效果

nav 元素可以在页面中多次使用，主要适用于如下情况：

- 传统导航条　主流网站上不同层次的导航条，作用是将当前页面跳转到其他网站。
- 侧边栏导航　主流博客或者商品网站上的侧边栏导航，作用是将当前文章或者商品跳转到其他文章或者商品。
- 页内导航　作用是在本页面的几个主要组成部分之间进行跳转。
- 翻页操作　多个页面的前进、后退或者分页列表。

如下所示为使用 nav 元素作为传统导航条的代码：

```
<nav>
  <ul>
    <li><a href="#">入口页面</a></li>
    <li><a href="#">其他网页</a></li>
    <li><a href="#">灰色选项</a></li>
    <li><a href="#">黄色选项</a></li>
    <li><a href="#">绿色选项</a></li>
    <li><a href="#" class="selected">白色选项</a></li>
    <li><a href="#">红色选项</a></li>
  </ul>
</nav>
```

图 2-12 为上述代码的运行效果。

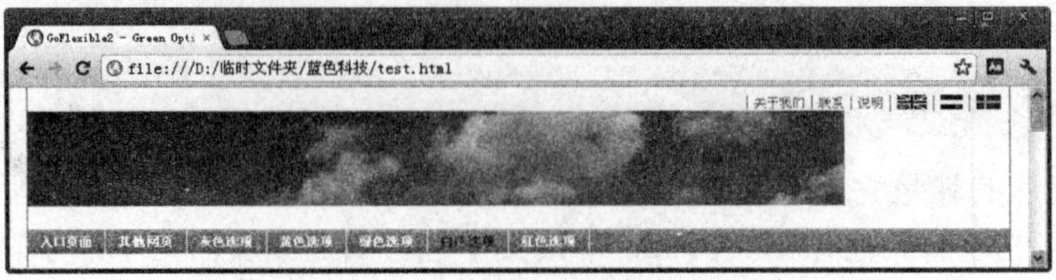

图2-12　nav元素实现的导航条效果

2.4.3 hgroup元素

hgroup 元素用于将多个标题（主标题和副标题或者子标题）组成一个标题组。hgroup 元素扮演着一个可以包含一个或者更多与标题相关容器的角色。

通常，将 hgroup 元素放在 header 元素中，如下是一个简单的示例：

```
<header>
  <hgroup>
    <h1>小鱼儿的个人网站</h1>
    <h2>在这里记录了我工作相关的内容</h2>
  </hgroup>
  <p>超越梦想一起飞，真心面对每一天</p>
</header>
```

图 2-13 为打开之后的运行效果。

图2-13　hgroup元素的运行效果

在使用 hgroup 元素时要注意以下几点：

- 如果只有一个标题元素（h1~h6 中的一个），不建议使用 hgroup 元素。
- 当出现一个或者一个以上的标题与元素时，推荐使用 hgroup 元素作为标题容器。
- 当一个标题有副标题、其他 section 或者 article 的元数据时，建议将 hgroup 元素和元数据放到一个单独的 header 元素容器中。

如下所示为使用 hgroup 元素作为标题容器的代码：

```
<hgroup>
  <figcaption class="left-nav-title"><font style=" font-size:16px;">标题组一</font></figcaption>
  <ul>
    <li class="left-nav-group"><a href="#">菜单链接 5-3</a></li>
    <li class="left-nav-group"><a href="#">菜单链接 5-4</a></li>
    <li class="left-nav-group"><a href="#">菜单链接 5-5</a></li>
    <li class="left-nav-group"><a href="#">菜单链接 5-6</a></li>
    <li class="left-nav-group"><a href="#">菜单链接 5-3</a></li>
    <li class="left-nav-group"><a href="#">菜单链接 5-4</a></li>
    <li class="left-nav-group"><a href="#">菜单链接 5-5</a></li>
    <li class="left-nav-group"><a href="#">菜单链接 5-6</a></li>
  </ul>
</hgroup>
```

图 2-14 为上述代码的运行效果。

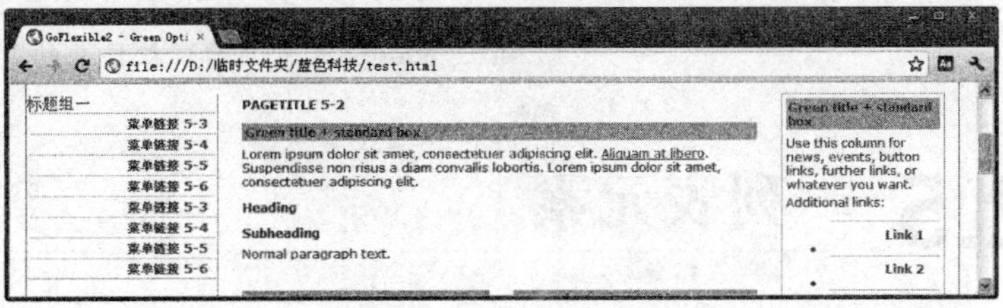

图2-14　hgroup元素实现的标题容器效果

2.4.4 address元素

address 元素用来表示离它最近的 article 或 body 元素内容的联系信息，例如文章的作者名字、网站设计和维护者的信息。当 address 的父元素是 body 时，也可表示该文档的版权信息。但是要注意，address 元素并不适合所有需要地址信息的情况，例如对于客户的联系信息就不需要。

在 address 元素中，不能包含标题、区块内容、header、footer 或 address 元素。通常将 address 元素和其他内容一起放在 footer 元素中。示例如下：

```
<footer>
<address>
获取更多的细节信息请联系 <a href="mailto:hzkj@itzcn.com">汇智科技</a>。
</address>
<p>版权所有&copy; 汇智科技  2012</p>
</footer>
```

示例的运行效果如图 2-15 所示。

下面再来看一个 address 与 footer 结合的示例，代码如下所示：

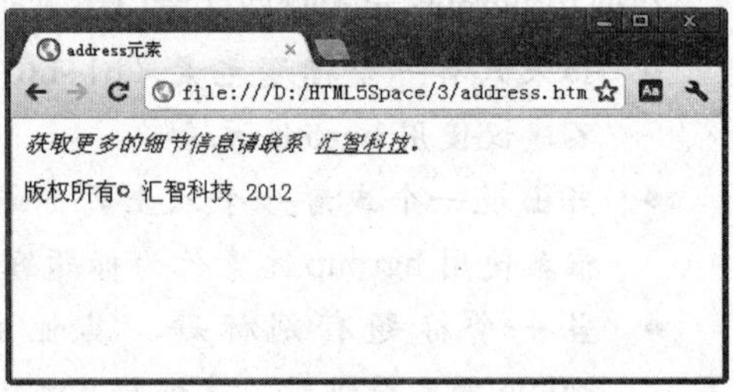

图2-15 address元素的运行效果

```
<footer>
    <address>
    本公司保留所有权利<br/>
    Design by <a href="mailto:gw@actamail.com">格哈德工作室</a> | <a href="http://validator.w3.org/check?uri=referer" title="Validate code as W3C XHTML 1.1 Strict Compliant">W3C XHTML 1.1</a> | <a href="http://jigsaw.w3.org/css-validator/" title="Validate Style Sheet as W3C CSS 2.0 Compliant">W3C CSS 2.0</a>
    </address>
</footer>
```

在上述代码中，address 元素定义了文档的版权信息，并显示在页面最底部，效果如图 2-16 所示。

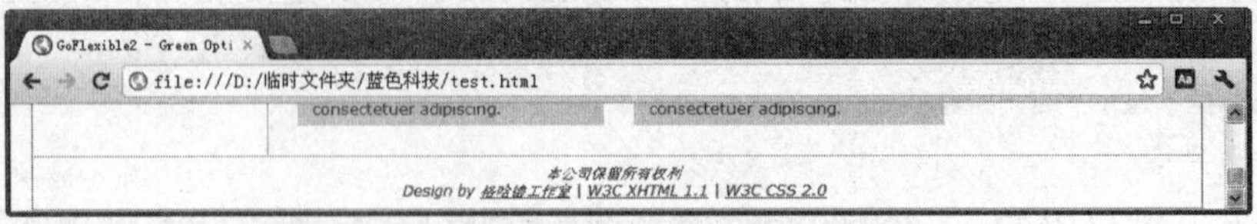

图2-16 address元素显示版权信息的效果

2.5 列表元素

本节将详细介绍 ul 元素、ol 元素和 dl 元素在 HTML 5 中的用法，并给出与 HTML 4.01 的区别。

2.5.1 ul元素

HTML 5 中的 ul 元素的作用与 HTML 4.01 中的相同，用于创建一个无序列表。不同的是，在 HTML 5 中不再支持该元素的 compact 和 type 属性。

ul 元素的使用方法也很简单。例如，下面使用该元素创建一个列表，然后向其中添加一些没有 li 结束标记的项。代码如下：

```
<ul>
    <li>1. HTML 5中最新的鲜为人知的酷特性
    <li>2. HTML 5新特性与技巧
    <li>3. 细谈HTML 5新增的元素
    <li>4. HTML 5技术概览
</ul>
```

图 2-17 为打开之后的运行效果。

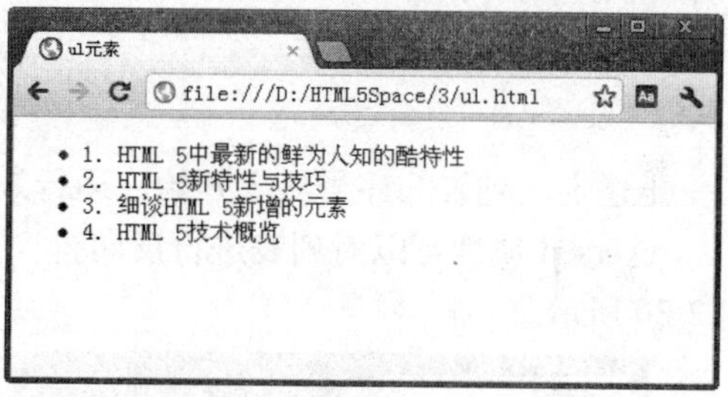

图2-17　ul元素的运行效果

下面是 ul 元素和其他元素结合使用的示例代码：

```
<h1>侧面菜单</h1>
<div id="sidemenu">
  <ul>
    <li><a HREF="#">链接1</a></li>
    <li><a HREF="#">链接2</a></li>
    <li><a HREF="#">链接3</a></li>
    <li><a HREF="#">链接4</a></li>
    <li><a HREF="#">链接5</a></li>
    <li><a HREF="#">链接6</a></li>
  </ul>
</div>
```

在这里，使用 ul 元素创建一个链接列表，该列表被嵌入到 div 元素内，运行效果如图 2-18 所示。

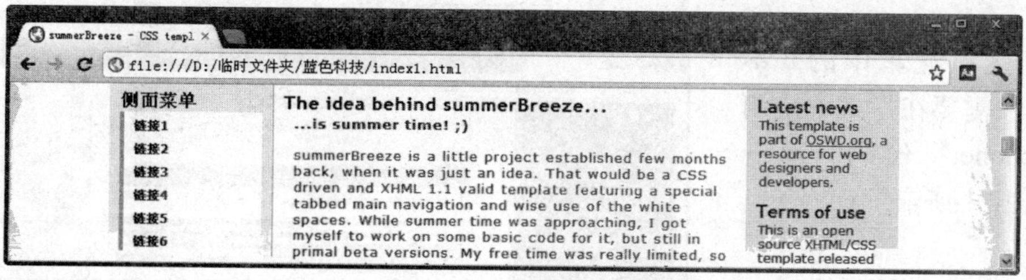

图2-18　ul元素制作链接列表的运行效果

2.5.2 ol元素

有序列表在每个列表项目前面需要一个递增值的时候使用（例如 1,2,3 等）。有序列表的列表类型 list-style-type 可以被设置为任何在无序列表下可以设置的值。在大部分情况下，有序列表要么前面是一个递增数值，要么前面没有任何标记。不建议使用有序列表实现类似于无序列表的表现。因为这样，有序列表本身的语义已经不正确了。

HTML 5 对 HTML 4.01 中的 ol 元素功能进行了增强，不仅可以显示有序列表，还增加了 start 属性和 reversed 属性。其中，start 属性可以更改列表编号的起始值，示例代码如下：

```
<ol start="3" >
    <li>亚洲</li>
    <li>中国</li>
    <li>华南</li>
    <li>广东</li>
    <li>深圳</li>
</ol>
```

上述定义列表的序号从 3 开始，运行效果如图 2-19 所示。

reversed 属性可以对列表进行反向排序。例如，对上例添加 reversed 属性的列表运行效果如图 2-20 所示。

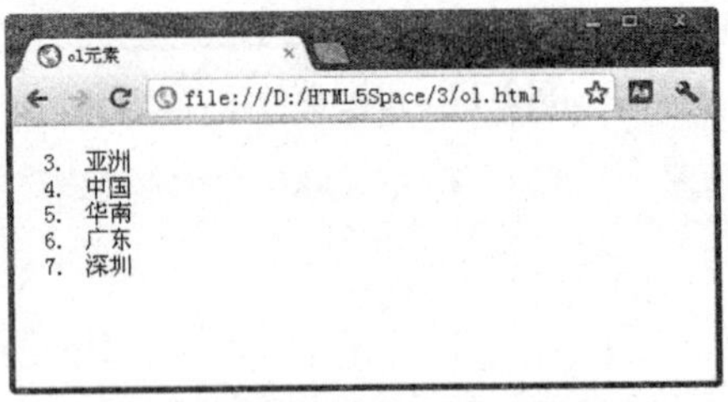

图2-19　ol元素start属性的效果

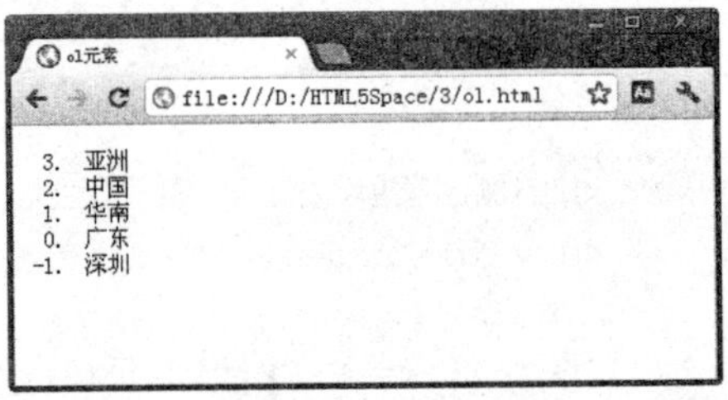

图2-20　ol元素reversed属性的效果

ol 元素同样可以实现 ul 元素的无序列表的效果。例如，下面的示例代码：

```
<ol id="nav1">
  <li><a href="#">关于</a></li>
  <li><a href="#">产品</a></li>
  <li><a href="#">技术</a></li>
  <li><a href="#">销售</a></li>
  <li><a href="#">分行</a></li>
  <li><a href="#">分支</a></li>
</ol>
```

为了使 ol 元素中的 li 不显示编号，需要在样式中使用 “list-style:none;” 代码，运行效果如图 2-21 所示。

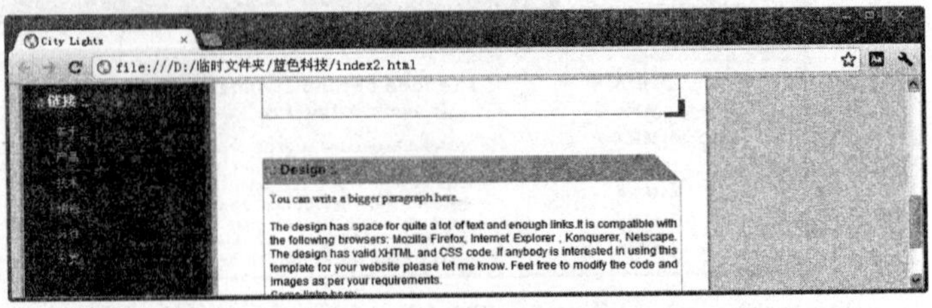

图2-21　ol元素实现无序列表的效果

2.5.3 dl元素

在 HTML 4.01 中，dl 元素是一个专门用来定义术语的列表元素。这是因为 dl 元素包含了定义术语名称的 dt 元素，以及对术语进行解释说明的 dd 元素，而且可以同时重复多次使用。

dl 元素在 HTML 5 中的作用与 HTML 4.01 相同，可以在 dl 元素中包含多个带名字的列表项。每个项包含一个或者多个 dt 元素定义的术语，dt 元素后面紧跟一个或者多个 dd 元素，对术语进行详细描述。但是，在一个 dl 元素内，不允许有相同的 dt 元素。

下面给出的示例代码演示了 dl 元素在网页上的不同用法。

```
<h3>网络名词解释</h3>
<dl>
  <dt>FTP</dt>
  <dd>全称：File Transfer Protocol，中文含义：文件传输协议</dd>
  <dt>HTTP</dt>
  <dd>全称：HyperText Transport Protocol，中文含义：超文本传送协议</dd>
  <dt>DHCP</dt>
  <dd>全称：Dynamic Host Configuration Protocol，中文含义：动态主机配置协议</dd>
</dl>
<h3>流行榜</h3>
<dl>
  <dt>热门电影 </dt>
  <dd>十月围城</dd> <dd>龙门飞甲</dd> <dd>变形金刚3</dd> <dd>树先生</dd>
</dl>
<dl>
  <dt>热点关注 </dt> <dd>股市 </dd> <dd>消费者315</dd> <dd>油价</dd> <dd>两会</dd>
</dl>
```

示例的运行效果如图 2-22 所示。

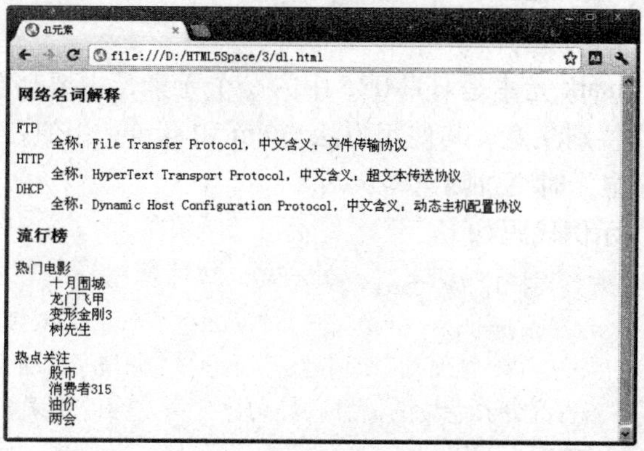

图2-22　dl元素的运行效果

2.6 文本层次语义

通常，为了使 HTML 页面中的文本内容更加形象、生动并有明确的含义，需要增加一些特殊功能的元素来突出文本间的层次关系，这样的元素就称为层次语义元素。

在 HTML 5 中，常用的层次语义元素有 time、mark 和 cite，下面将详细介绍。

2.6.1 time元素

time 是 HTML 5 新增加的一个元素，用于定义时间或日期。该元素可以代表 24 小时中的某一时刻，在表示时刻时允许有时间差。

time 元素可以定义很多格式的时间和日期，只需将它们作为 datetime 属性的值即可。Time 元素还有一个 pubdate 属性，用于定义文档的发布日期。

示例代码如下：

```
<p>我们在每天早上 <time>9:00</time> 开始营业。</p>
<p>今年的<time datetime="2012-05-01">五一节</time>我们有个长假期，准备去旅游。</p>
<time datetime="2012-4-21" pubdate="true">
 本消息发布于2012年4月21日
</time>
<p>
<time datetime="2012-4-25 19:30">2012年4月25日晚上7点30分</time>
有我最喜欢的球赛不能错过！</p>
```

上述代码的运行效果如图 2-23 所示。

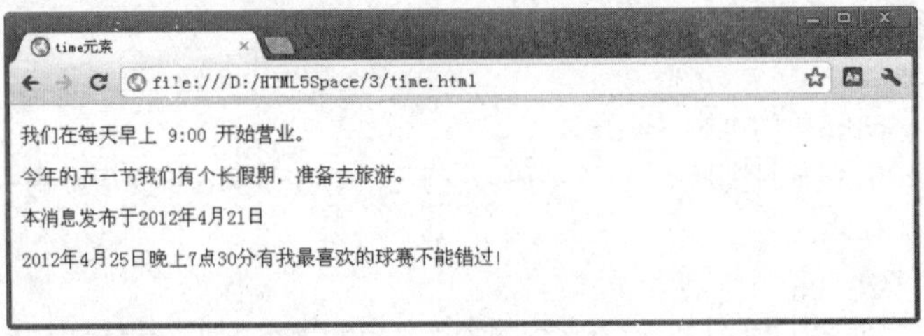

图2-23　time元素的运行效果

2.6.2 mark元素

mark 元素是 HTML 5 中的一个元素，主要功能是在文本中高亮显示某些字符，旨在引起用户的特别注意。其使用方法与 em 和 strong 相似，但相比而言，HTML 5 中的 mark 元素在表现突出显示时更加随意与灵活。

示例代码如下：

```
<h3>委托投资 <mark>基金</mark> 不是入<mark>股市</mark></h3>
<p class="p3_5">中国经济网北京3月21日讯 据全国社会保障基金理事会网站消息，昨天，全国
    <mark>社保基金理事会</mark> 公布了 <mark>全国社保基金理事会</mark>  受托投资运
营广东省部分养老金的信息，得到社会各方面的正确解读。但是，也有一些媒体和个人把“委托投资运
营”误读为“委托入市”，理解为入“<mark>股市</mark> ”，这是不准确的。</p>
```

上述代码的运行效果如图 2-24 所示。

图2-24　mark元素的运行效果

2.6.3 cite元素

cite 元素可以创建一个引用标记，用于文档中参考文献的引用说明，像书名或文章名称。使用 cite 元素定义的内容会以斜体显示，以区别于文档中的其他字符。

示例代码如下：

```
<h3>新华网新闻</h3>
<p>北京上海等地银行房贷利率现折扣优惠</p>
<p> --- 引自 << <cite>新华网</cite> >> ---</p>
```

上述代码的运行效果如图 2-25 所示。

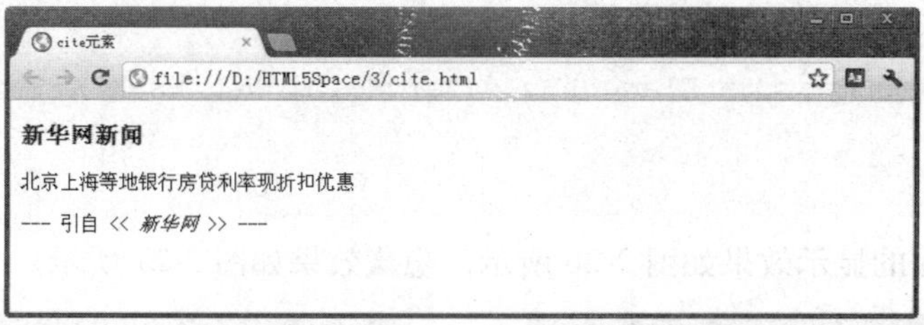

图2-25 cite元素的运行效果

2.7 公共属性

所谓公共属性是指无论哪个元素都可以使用的属性。在 HTML 5 中，最常用的公共属性有 draggable、hidden、spellcheck 和 contenteditable。下面依次详细介绍它们的用法。

2.7.1 draggable属性

draggable 属性用于设置是否允许用户拖动元素。该属性有两个值：true 和 false（默认值）。值为 true 时表示元素选中之后可以进行拖动操作，否则表示不能拖动。

示例代码如下：

```
 <h3>元素拖动属性</h3>
 <article draggable="true"/>
    这是一段可以拖动的文字
 </article>
可拖动的图片<img src="imgs/ypz.jpg" draggable="true" />
```

提示 如果希望元素在拖动时跟随鼠标显示，必须与JavaScript结合使用。

2.7.2 hidden属性

在 HTML 5 中，大多数元素都支持 hidden 属性。该属性有两个值：true 和 false。当 hidden 属性取值为 true 时，元素不在页面显示，否则会显示。

如下的示例演示了如何使用 hidden 属性控制页面元素的显示与隐藏。

```
<h3>是否显示详细信息</h3>
<input type="radio" onclick="test(1)" value="1" checked="checked"
name="html5"/> 显示
<input type="radio" onclick="test(0)" value="0" name="html5"/> 隐藏
<p>
<article id="art"> 蓝蓝的天空，飘着朵朵白云 </article>
</p>
<script>
  function test(obj)
  {
    var isShow=(obj)?false:true;
    var str=document.getElementById("art").hidden=isShow;
  }
</script>
```

上述代码运行后的显示效果如图 2-26 所示，隐藏效果如图 2-27 所示。

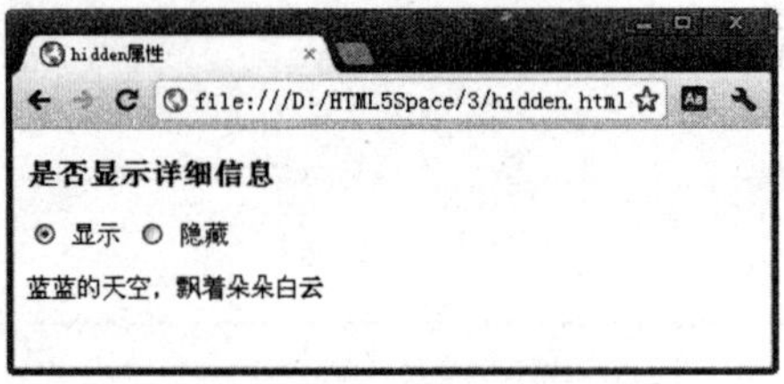

图2-26 显示效果

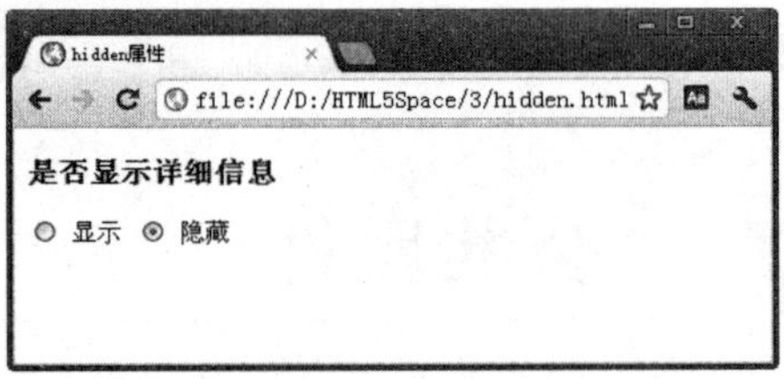

图2-27 隐藏效果

2.7.3 spellcheck属性

spellcheck 属性用于检测文本框或者输入框的拼音或语法是否正确。spellcheck 属性有两个值：true 和 false，值为 true 时检测输入框中的值，反之不检测。示例代码如下：

```
<h3>输入框中语法检测属性</h3>
<p>spellcheck属性值为true<br/>
  <textarea spellcheck="true"></textarea>
</p>
<p>spellcheck属性值为false<br/>
  <textarea spellcheck="false"></textarea>
</p>
```

上述代码的运行效果如图 2-28 所示。

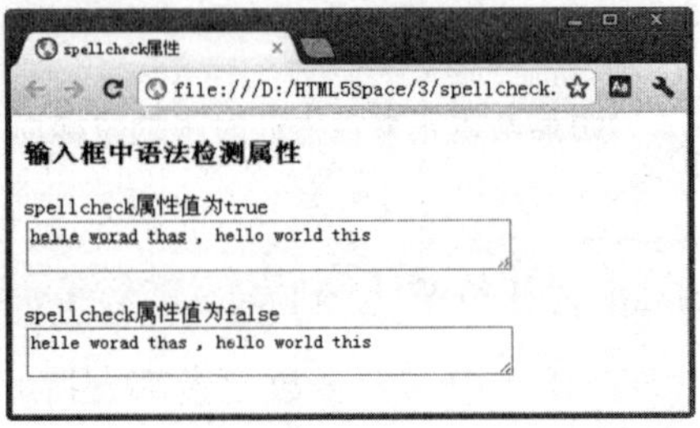

图2-28 spellcheck属性的运行效果

注意

虽然各种浏览器都支持spellcheck属性，但是每个浏览器之间都存在差异。例如，Chrome浏览器支持textarea输入框，但不支持input输入框；而Firefox和Opera浏览器需要手动设置才能显示效果。

2.7.4 contenteditable属性

在 HTML 5 之前，如果要使页面上的文本变得可编辑，需要编写复杂的 JavaScript 脚本才能实现。而在 HTML 5 中，只需为文本添加 contenteditable 属性即可。

contenteditable 属性的作用就是允许用户编辑元素中的内容，前提是该元素必须可以获得鼠标焦点。在单击元素之后，会在鼠标位置显示一个光标的插入符号，提示用户元素内容可以编辑。该属性有两个值，如果为 true 表示可编辑，为 false 表示不可编辑。

下面的示例演示了如何使用 contenteditable 属性使元素可编辑，以及获取编辑后的内容。

```
<h4>可以对下面的内容进行编辑</h4>
<article contenteditable="true" id="article1"> 春去春又来，花谢花又开，一年又一年 </article>
<input type="button" value="保存" onclick="save()" />
<h4>结果</h4>
<article id="article2"></article>
<script>
function save()
{
  var str=document.getElementById("article1").innerHTML;  //获取编辑后的内容
  document.getElementById("article2").innerHTML=str;      //显示到结果中
}
</script>
```

运行上述代码，在 article 元素内单击鼠标，便可以对内容进行编辑，效果如图 2-29 所示。编辑完后单击“保存”按钮即可在下方看到效果，如图 2-30 所示。

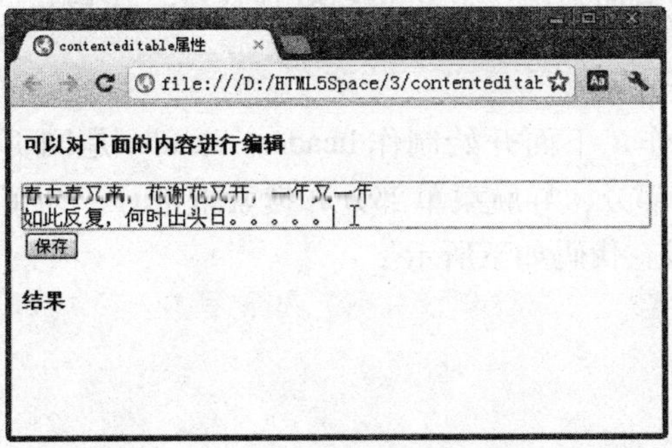

图2-29　编辑内容时的效果

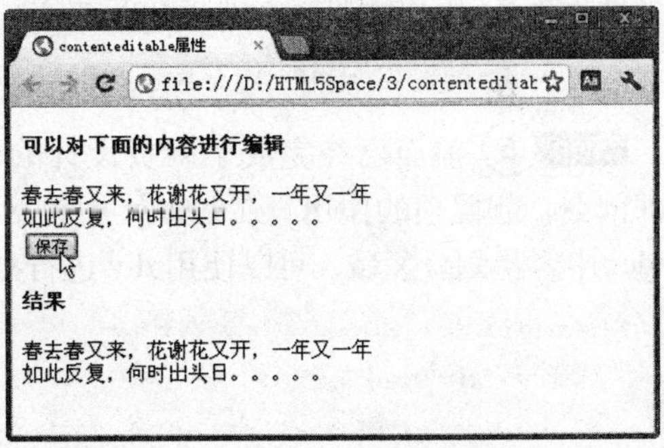

图2-30　编辑内容后的效果

本章案例：构建一个企业网站首页

通过前面的学习，读者一定了解了 HTML 5 中构建网站所需的各种元素的用法。本次练习将结合这些元素构建一个企业网站的首页，以此讲解元素的实际应用。

具体步骤如下：

Step 1 划分页面区域，每种页面都有不同区域划分的方法。这里选择一种常见的划分区域的方法，分为 header、main 和 footer，其中，main 又包括 left 和 right，整体页面布局如图 2-31 所示。

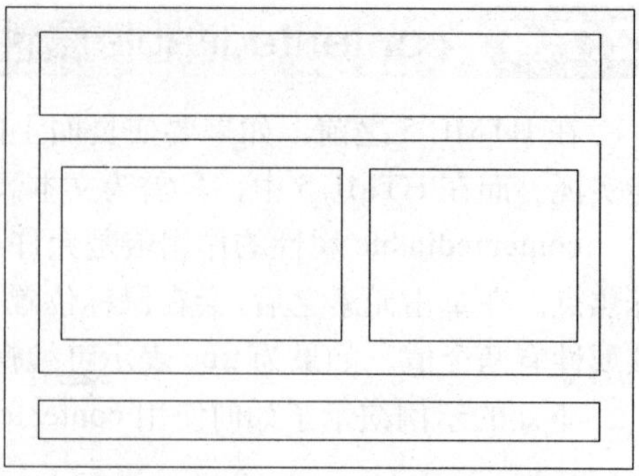

图2-31 整体页面布局

Step 2 如下所示为采用 HTML 5 元素重新划分页面结构的代码，其中展示了如何使用它们来创建格式科学的代码和优雅的页面设计。

```
<div id="body">
  <header></header>
  <nav></nav>
  <article></article>
  <aside><aside>
  <footer></footer>
</div>
```

可以看到，HTML 5 为每种不同的结构分别定义了元素，使用它们可以很直观地了解页面的布局情况。接下来将对每个结构进行详细介绍，最终将页面构建完整。在创建过程中会涉及 CSS 的知识，需要使用它们来控制页面的显示风格。

Step 3 在页面的 title 元素中为页面定义一个有意义的名称。代码如下：

```
<title>Home - Home Page</title>
```

Step 4 在 title 元素下创建 link 元素，为当前页面引用一个外部 CSS 样式表。代码如下：

```
<link rel="stylesheet" href="assets/main-stylesheet.css"/>
```

Step 5 前面已经完成了网页设计的准备工作，下面开始制作 header。header 是网页的头部部分，起置顶的作用。在 header 中包括：logo 部分、导航菜单部分和搜索框部分。为了在 header 中容易划分区域，可以使用 div 进行划分区域。代码如下所示：

```
<header>
  <div id="header">
       <div class="extra"></div>
       <div class="row-1"><!--该部分为logo部分--></div>
       <menu >
            <ul>
             <li class="m1"><a href="home.html" class="active">首页</a></li>
             <li class="m2"><a href="about-us.html">关于我们</a></li>
             <li class="m3"><a href="services.html">产品服务</a></li>
             <li class="m4"><a href="support.html">技术支持</a></li>
             <li class="m5"><a href="contact-us.html">联系我们</a></li>
             <li class="m6"><a href="sitemap.html">站点地图</a></li>
           </ul>
```

```
        </menu>
        <div class="row-3">
            <form action="" method="post" id="search-form">
              <!--该部分作为搜索部分。-->
            </form>
        </div>
    </div>
  </header>
```

这里使用了 menu 元素和 li 元素来制作导航菜单。在 menu 中，只需要关注菜单链接的内容，具体如何显示样式由外围的 div 来控制。

Step 6 如下所示为 header 元素所需的样式代码，将它们添加到 main-stylesheet.css 文件中。

```
  #header{height:478px;background:url(images/header-bg.jpg)
  no-repeat left bottom;position:relative;z-index:2}
  #header .extra {position:absolute;right:-24px;top:113px}
  #header .row-1 {height:117px;width:100%;overflow:hidden}
  #header .row-1 .fleft {padding:24px 0 0 26px}
  #header .row-1 .fright {padding:27px 15px 0 0}
  #header .row-2 {height:68px}
  #header .row-2 ul {width:100%;overflow:hidden;position:relative;z-index:2}
  #header .row-2 ul li {float:left;text-transform:uppercase;margin-right:4px}
  #header .row-2 ul li a {color:#fff;text-decoration:none;display:block;te
xt-align:center;padding:28px 0 24px 0;background-repeat:no-repeat;background-
position:0 0}
  /* button1 */
  #header .row-2 ul li.m1 a {width:89px;background:url(images/m1.png)}
  #header .row-2 ul li.m1 a:hover,
  #header .row-2 ul li.m1 a.active {background:url(images/m1-act.png)}
  /* button2 */
  #header .row-2 ul li.m2 a {width:95px;background:url(images/m2.png)}
  #header .row-2 ul li.m2 a:hover,
  #header .row-2 ul li.m2 a.active {background:url(images/m2-act.png)}
  /* button3 */
  #header .row-2 ul li.m3 a {width:117px;background:url(images/m3.png)}
  #header .row-2 ul li.m3 a:hover,
  #header .row-2 ul li.m3 a.active {background:url(images/m3-act.png)}
  /* button4 */
  #header .row-2 ul li.m4 a {width:114px;background:url(images/m4.png)}
  #header .row-2 ul li.m4 a:hover,
  #header .row-2 ul li.m4 a.active {background:url(images/m4-act.png)}
  /* button5 */
  #header .row-2 ul li.m5 a {width:123px;background:url(images/m5.png)}
  #header .row-2 ul li.m5 a:hover,
  #header .row-2 ul li.m5 a.active {background:url(images/m5-act.png)}
```

```
/* button6 */
#header .row-2 ul li.m6 a {width:105px;background:url(images/m6.png)}
#header .row-2 ul li.m6 a:hover, #header .row-2 ul li.m6 a.active
{background:url(images/m6-act.png)}
```

上面是用于控制 header 元素显示外观的 CSS 样式代码，运行效果如图 2-32 所示。

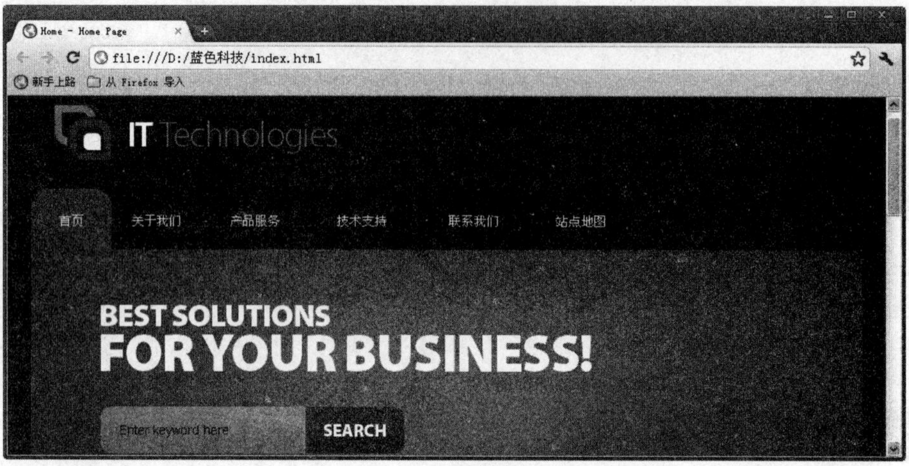

图2-32　header部分的效果

Step 7 main 是页面的核心部分，在 main 中包括 left 和 right 两个部分。代码如下所示：

```
<article >
  <article class="indent">
    <div class="indent1">
      <header> <!--该部分为left区域的头部部分。    如图2-33所示-->   </header>
      <section> <!--该部分为left的主要部分。      如图2-34所示-->   </section>
    </div>
    <section>
      <article > <!--该部分为left的其他信息。     如图2-35所示-->   </article>
    </section>
  </article>
</article>
```

这里使用了 article 和 section 元素，article 元素构成了主体的结构，section 里面定义了需要显示的内容，article 元素可以出现多次。另外，除了内容部分外，在 article 元素中通常还有它自己的标题（header）和脚注（footer）。

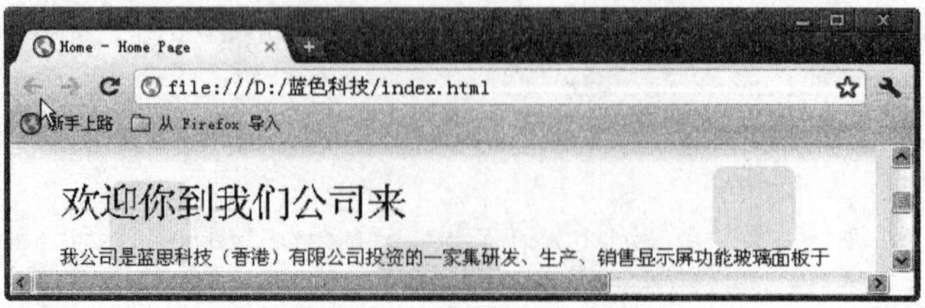

图2-33　left中header部分的效果

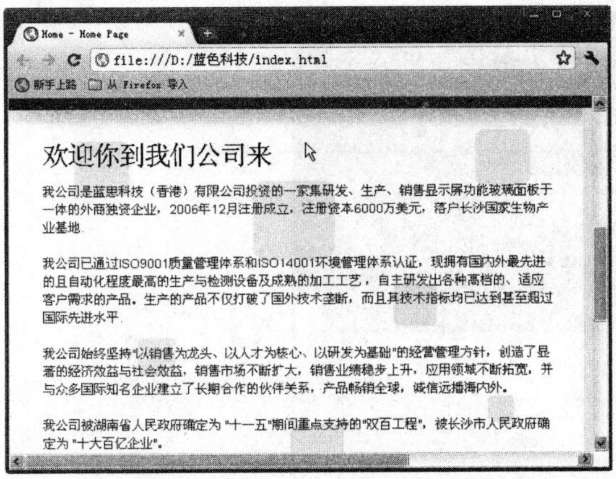

图2-34　left主要部分的效果

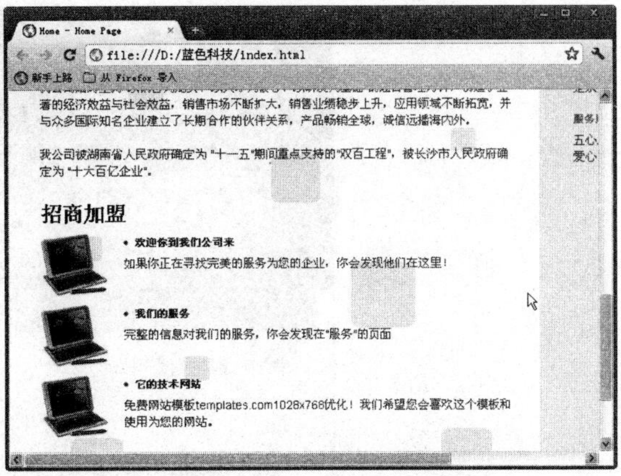

图2-35　left其他部分的效果

Step 8 在 right 中显示其他信息，显示的代码如下：

```
<aside>
        <header>   <!--right的头部部分。--></header>
         <section>
                <!--该部分作为right的主要部分。如图2-36所示-->
         </section>
        <footer> Right的脚注部分。</footer>
</aside>
```

如上述代码所示，aside 可以和 article 元素一样使用，aside 也可以有自己的 header 和 section 元素。

Step 9 编辑 footer 元素，该元素通常包含创作者的姓名、文档的创作日期或者联系方式等信息。

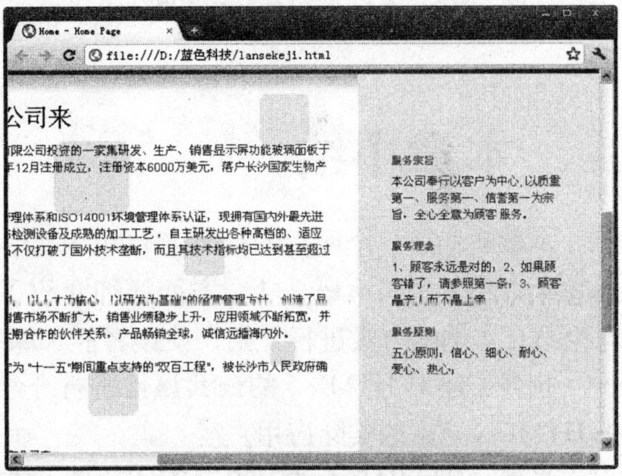

图2-36　aside元素的使用效果

```
<footer>
        <div id="footer">
          <div class="indent">
            <div class="fleft">蓝色科技版权所有</div>
            <div class="fright">2012-12-12</div>
          </div>
        </div>
</footer>
```

Step 10 网站的主要工作就搭建完成了，图 2-37 为运行后的最终效果。

图2-37　最终运行效果

本章小结

本章从构建一个网页的根元素 html 开始，接下来是头部元素。然后从页面交互、页面节点、列表元素和文本层次语义 4 个方面详细介绍了 HTML 5 中的重要元素。而且针对每个元素采用理论结合实例的方式进行介绍，使读者能加深对 HTML 5 元素的理解。

此外，还对 HTML 5 的公共属性进行介绍。最后通过企业网站和博客网站两个综合案例剖析 HTML 5 元素的实际应用。

当然，HTML 5 中的元素远不止这些，在后续章节中将着重介绍一些常用的、功能性强的重要元素。通过对本章 HTML 5 元素的学习加深对各元素的理解，为下一章 HTML 5 中表单元素的学习打下扎实的基础。

课后练习

一、填空题

（1）在 HTML 5 的页面中，所有元素的根元素是 ＿＿＿＿＿。

（2）head 元素中定义页面的辅助信息是 ＿＿＿＿＿。

（3）HTML 5 使用 ＿＿＿＿＿ 元素定义一个正在完成的进度条。

（4）spellcheck 属性的值为 __________ 时，表示启用输入时的拼写检查。

（5）文档中参考文献的引用说明可以使用 _________ 元素。

二、选择题

（1）HTML 5 中，每隔 1 分钟刷新一次页面，下面的代码 __________ 是正确的。

A．<meta:http-equiv="refresh" content="1" />

B．<meta http-equiv="refresh" content="60" />

C．<meta http-equiv="content-type " content="60" />

D．<meta:http-equiv="refresh" content="10" />

（2）下列选项中，__________ 是 HTML 5 中 ol 元素新增的属性。

A．compact 属性和 type 属性

B．start 属性 和 sizes 属性

C．sizes 属性和 reversed 属性

D．start 属性和 reversed 属性

（3）如果希望用户可以拖动某一段文字，应该使用 __________。

A．checked 属性

B．contenteditable 属性

C．spellcheck 属性

D．draggable 属性

（4）下面的元素中，_________ 不是 HTML 5 新增的元素。

A．menu 元素

B．meter 元素

C．p 元素

D．mark 元素

三、简答题

（1）列举文档头部元素常用的元素以及这些元素的作用。

（2）描述 nav 元素主要适用于的情况。

（3）描述 HTML 5 中 hgroup 元素的作用以及使用情况。

（4）描述 HTML 5 中 address 元素的常用情况。

（5）简述如何使用 HTML 5 结构元素来重构一个网站。

第 3 章

基于HTML 5的表单

学习目标

- 掌握 HTML 5 中各种表单属性的用法
- 掌握 HTML 5 中各种表单输入类型的用法
- 熟悉 ouput、keygen 和 optgroup 的使用
- 掌握对表单进行手动验证和自定义验证信息的方法

3.1 HTML 5表单属性

表单属性在 HTML 中有着很重要的作用，因为表单属性有助于完善信息的完整性、安全性。在 HTML 5 中，表单属性的作用有限，很多工作都需要依靠 JavaScript 代码完成。本节将详细介绍各种表单属性的使用，它可以提升表单的可用性。

3.1.1 required属性

required 属性用于检测文本内容是否为空，对于输入文本框的文本是否为空并不验证。required 为布尔类型属性，只有文本内容不为空时，该属性返回 true 值，才能提交表单。除了已含有默认值的 button 和 range 元素外，required 属性可以设置任何输入类型。

示例代码如下：

```
<form id="form1">
    <div>
      <lable for="name">用户名</lable><input type="text" required aria-
required="true"
 id="username"/><br/>
      <lable for="pwd">密  码</lable><input type="text" required aria-
required="true" id="Text1"/><br/>
    <input type="submit" value="提 交" />
    </div>
</form>
```

上述示例的效果如图 3-1 所示。

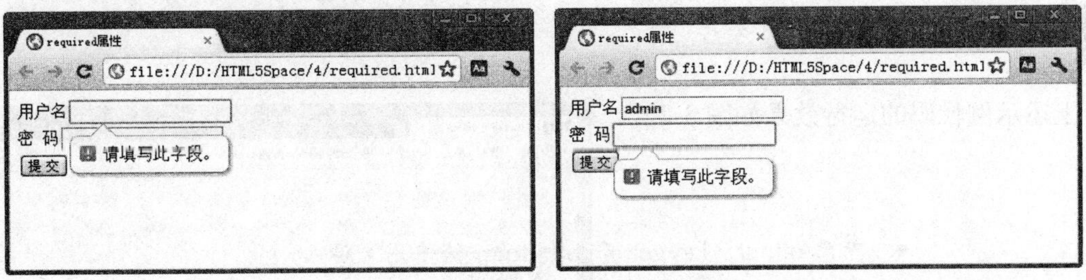

图3-1 required属性的运行效果

从图 3-1 可以看出，在表单的用户名和密码输入框没有任何文本内容时，required 属性检测到输入框内容为空，required 属性返回一个 false，告诉用户表单输入框内容为空不能提交。

通过上述示例了解了 required 属性的基本用法。为了进一步加深对该属性的掌握，下面看一下评论表单中该属性的具体应用，示例代码如下：

```
        <div id="contactFormArea">
            <form action="scripts/contact.php" method="post" id="cForm">
                <p><label for="posName">姓名 <span>(必填)</span></
label><br>
                <input class="text" size="25" name="posName" id="posName"
```

```
type="text" required aria-required="true"><br>
                        <span class="error" id="nameError">Please enter your name</
span></p>
                        <p><label for="posEmail">Email <span>(必填)</span></
label><br>
                        <input class="text" size="25" name="posEmail" id="posEmail"
type="text" required aria-required="true"><br>
                        <span class="error" id="emailError1">Please enter your
email</span>
                        <span class="error" id="emailError2">This email address is
invalid</span></p>

                        <p><label for="posText">留言 <span>(必填)</span></
label><br>
                        <textarea cols="50" rows="5" name="posText" id="posText"
required aria-required="true"></textarea><br>
                        <span class="error" id="messageError">Please enter a
message</span></p>
                        <p id="loadBar">
                              Sending your email. Hold on just a second...<br>
                              <img src="img/loadingBar.gif" alt="Sending email..."
title="Sending email...">
                        </p>
                        <p id="emailSuccess">Success! Your Email has been sent.</p>
                        <p><input class="button" name="sendContactEmail"
id="sendContactEmail" value="发送" title="Send the message" type="submit"></p>
            </form>
            </div>
```

上述示例代码的运行效果如图 3-2 所示。

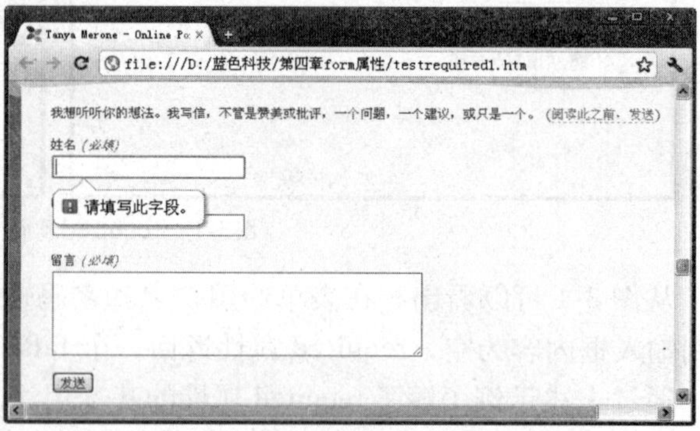

图3-2　required属性的运行效果

3.1.2 placeholder属性

在 HTML 5 的表单元素中，使用 placeholder 属性可以显示一个简短的提示，用于提示用户应该在此输入什么数据。在字段获得焦点时，提示会消失，如果没有输入文本内容，那么提示将再次出现。

示例代码如下：

```
    <form id="form1" >
     <div>
            <label for="email">邮箱</label><input type="email" id="email"
name="email" required="required"
   placeholder="请输入正确的E-mail地址" title="email"/><br/><br/>
            <label for="nicheng">昵称</label><input type="text" id="email1"
name="nicheng"
   required="required" placeholder="请输入正确的昵称" title="nicheng"/><br/><br/>
            <label for="address">地址</label><input type="text" id="email2"
name="address"
   required="required" placeholder="请输入正确的地址"/><br/><br/>
            <label for="id">身份证号</label><input type="text" id="email3"
name="id" required="required"
   placeholder="请输入正确的id"/><br/><br/>
            <label for="name">姓名</label><input type="text" id="email4"
name="name" required="required" placeholder="请输入正确的姓名"/><br/><br/>
         <input type="submit" value="确 定" />
     </div>
     </form>
```

上述代码的效果如图 3-3 所示。

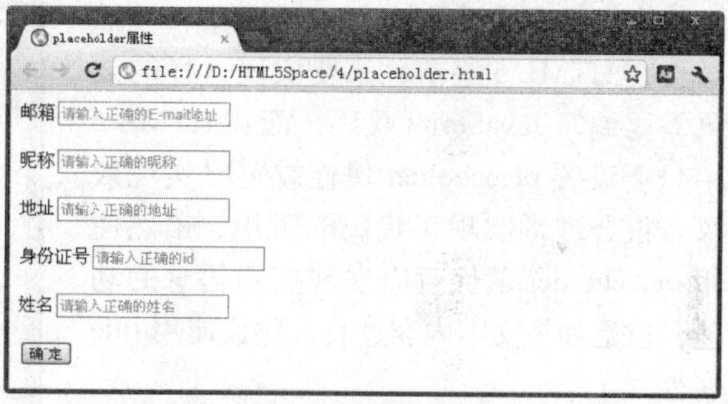

图3-3 placeholder属性的运行效果

上面讲述的是 placeholder 属性的作用以及使用方法。下面通过一段代码来讲解该属性如何和其他元素一起应用到网页中。示例代码如下：

```
      <div id="contactFormArea">
            <form action="scripts/contact.php" method="post" id="cForm">
                  <p><label for="posName">昵称 <span>(必填)</span></
label><br>
                  <input class="text" size="25" name="posName" id="posName"
type="text" required aria-required="true" placeholder="请输入正确的昵称" title="
请输入正确的昵称"><br>
                  <span class="error" id="nameError">Please enter your
name</span></p>
                  <p><label for="posEmail">Email <span>(必填)</span></
label><br>
                  <input class="text" size="25" name="posEmail" id="posEmail"
type="text" required aria-required="true" placeholder="请输入正确的邮箱地址"
title="请输入正确的邮箱地址"><br>
                  <span class="error" id="emailError1">Please enter your
```

```
email</span>
                    <span class="error" id="emailError2">This email address is
invalid</span></p>

                    <p><label for="posText">留言 <span>(必填)</span></label><br>
                    <textarea cols="50" rows="5" name="posText" id="posText"
required aria-required="true" placeholder="请输入留言内容" title="请输入留言内容
"></textarea><br>
                    <span class="error" id="messageError">Please enter a
message</span></p>
                    <p id="loadBar">
                        Sending your email. Hold on just a second...<br>
                        <img src="img/loadingBar.gif" alt="Sending email..."
title="Sending email...">
                    </p>
                    <p id="emailSuccess">Success! Your Email has been sent.</p>
                        <p><input class="button" name="sendContactEmail"
id="sendContactEmail" value="发送" title="Send the message" type="submit"></p>
            </form>
            </div>
```

上述代码的效果如图3-4所示。

在HTML 5之前如果要实现这样的效果需要编写JavaScript代码，而在HTML 5中只要设置placeholder属性就可以实现效果，很合理地实现了代码的重用。虽然使用placeholder属性可以实现提示信息的功能，但是如果文本内容过长，建议使用title属性。

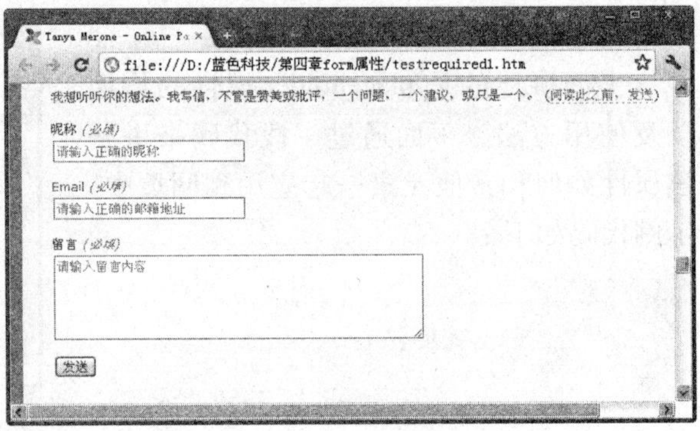

图3-4　placeholder属性的运行效果

提示　**目前，除了IE之外的其他最新主流浏览器都支持placeholder属性。**

3.1.3 pattern属性

pattern属性能够提供一种正则表达式，只有用户输入内容与表达式匹配时才被视为有效。对于任何input元素，用户可以自定义文本格式，也可以使用pattern来定义可以接受的格式。

在HTML 5中，该属性使用的正则表达式与JavaScript正则表达式的语法是一样的，但是pattern属性必须与整个值匹配，而不仅仅是一个子集。

下面做一个简单的示例，为表单的密码字段添加一个pattern属性，限制密码的长度为6~10位数字。

```
    <form id="form1" >
      <div>
```

```
        <lable for="name">用户名</lable><input type="text" id="username"/><br/>
        < lable for="pwd">密 码</lable><input type="password"  id="Text1"
pattern="[0-9]{6,10}"/><br/>
        <input type="submit" value="提 交" />
        </div>
      </form>
```

上述代码的效果如图 3-5 所示。

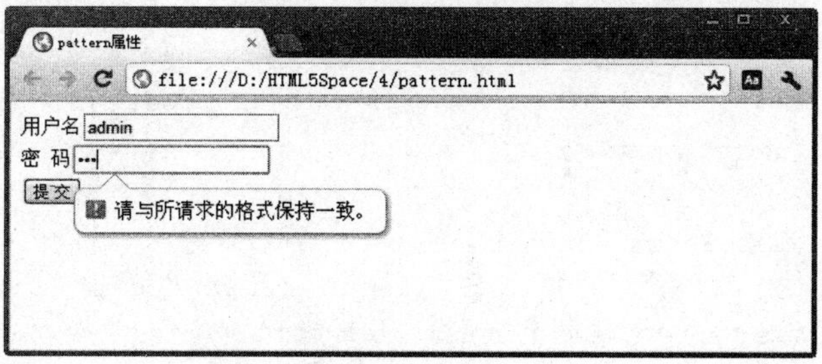

图3-5　pattern属性页面效果

从上图可以看出，定义 pattern 属性之后，需要输入 6~10 位数字的密码。当输入的密码与 pattern 属性定义的规则不符时，该属性返回一个 false，告诉用户表单密码输入格式不符合定义的标准，不能提交。

在 HTML 5 中，使用 pattern 属性可以代替 HTML 4 中的 JavaScript 代码，大大提高了代码的运行效率。再来看另一个示例，代码如下所示：

```
    <h2 class="mem">Member Login</h2>
    <form name="memberLogin" action="#" method="post">
    <label>请输入账号</label>
    <input type="text" name="name" class="txtBox" />
    <label>请输入密码</label>
    <input type="password" name="password" class="txtBox" pattern="[0-9]
{6,10}"/>
    <input type="submit" name="login" value="登录" class="login" />
    <br class="spacer" />
    </form>
```

上述代码的效果如图 3-6 所示。

> **注意**
> 如果pattern属性定义的模式不是有效的，那么该属性不会验证；另外，该属性不会验证文本框值为空的情况。

图3-6　pattern属性的运行效果

3.1.4 disabled属性

disabled 属性的作用是使浏览器中的内容变成灰色，此属性经常用于禁用提交按钮。在 HTML 5 中，disabled的属性得到了扩展，能够用于fieldset中，并将其用于fieldset包含的所有属性。使用 disabled 属性的控件并不能和表单一起提交，所以它们的值对服务器端的表单处理不可用。如果想要该值不能被编辑，同时又可以提交给服务器，可以使用 readonly 属性。

下面看一下 disabled 属性结合 JavaScript 一起使用的示例，代码如下：

```
        <div id="contactFormArea">
            <form action="scripts/contact.php" method="post" id="cForm">
                <p><label for="posName">昵称 <span>(必填)</span></
label><br>
                <input class="text" size="25" name="posName" type="text"
required aria-required="true" title="请输入正确的昵称" onblur="test1()"
id="username"><br>
                <span class="error" id="nameError">Please enter your
name</span></p>
                <p><label for="posEmail">Email <span>(必填)</span></
label><br>
                <input class="text" size="25" name="posEmail" type="text"
required aria-required="true" title="请输入正确的邮箱地址" onblur="test1()"
id="email"><br>
                <span class="error" id="emailError1">Please enter your
email</span>
                <span class="error" id="emailError2">This email address is
invalid</span></p>
                <p><label for="posText">留言 <span>(必填)</span></label><br>
                <textarea cols="50" rows="5" name="posText" required
aria-required="true" title="请输入留言内容" onblur="test1()" id="liuyan"></
textarea><br>
                <span class="error" id="messageError">Please enter a
message</span></p>
                <p id="loadBar">
                    Sending your email. Hold on just a second...<br>
                    <img src="img/loadingBar.gif" alt="Sending email..."
title="Sending email...">
                </p>
                <p id="emailSuccess">Success! Your Email has been sent.</p>
                <p><input class="button" name="sendContactEmail" id="login"
value="发送" title="Send the message" type="submit" onclick="test2()"></p>
        </form>
        </div>
```

从上述代码中可以看出，当焦点离开文本框时会触发 JavaScript 事件，当所有文本框都不为空时，提交按钮才可以使用。JavaScript 代码如下：

```
    <script type="text/javascript">
        window.onload=function test()
        {
            document.getElementById("login").disabled=true;
        }
        function test1()
        {
            var name=document.getElementById("username").value;
```

```
            var pwd=document.getElementById("liuyan").value;
            var email=document.getElementById("email").value;
            if(name.length!=0&&pwd.length!=0&&email.length!=0)
            {
                document.getElementById("login").disabled=false;
            }
        }
        function test2()
        {
            alert('disabled属性');
        }
    </script>
```

上述代码的运行效果如图 3-7 和图 3-8 所示。

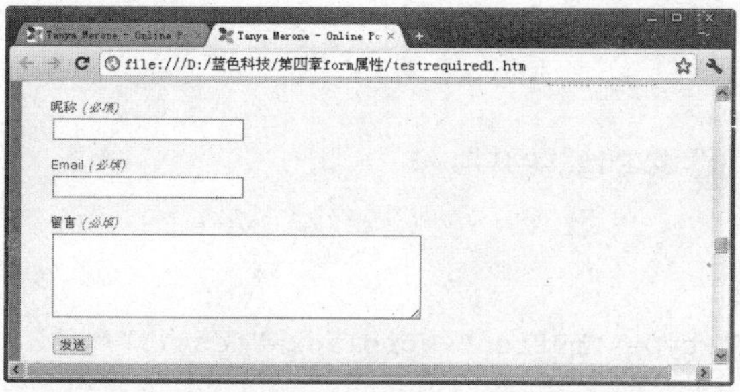

图3-7　disabled属性返回true时的运行效果

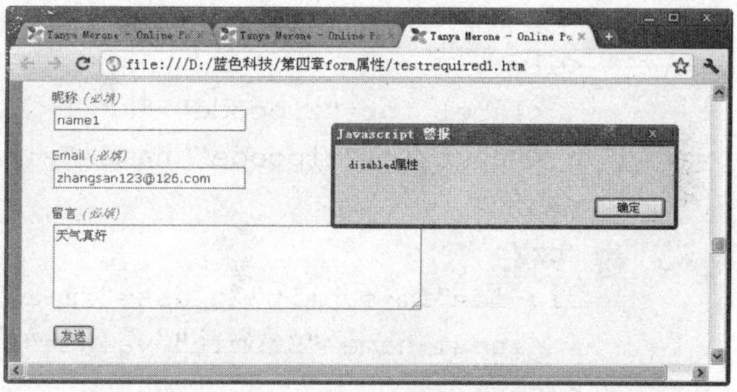

图3-8　disabled属性返回false时的运行效果

3.1.5 readonly属性

readonly 属性与 disabled 属性的效果相似，含有该属性的字段不能接受焦点，也不能进行编辑。readonly 属性的值可以与表单一起提交，这一点与 disable 属性不同。下面是一个配合 JavaScript 代码一起使用的示例，填写后的信息不能修改。

示例代码如下：

```
<form id="form1" runat="server">
    <div>
  <label for="firstname">编  号:</label>
  <input name="firstname" id="firstname" type="text" />
</div>
<br/>
<div>
  <label for="middlename">姓  名:</label>
  <input id="middlename" name="middlename" type="text" />
</div>
<br/>
<div>
  <label for="addr">地  址:</label>
  <input id="addr" name="addr" type="text" />
</div>
```

```
    <br/>
    <div>
      <label for="city">城  市:</label>
      <input id="city" name="city" type="text" />
    </div>
    <br/>
    <div>
      <label for="country">国  家:</label>
      <select id="country" name="country">
        <option value="-1" selected="selected">请选择</option>
        <option value="GR">希腊</option>
        <option value="China">中国</option>
      </select>
    </div>
    <br/>
    <div>
      <label for="zipcode">邮  编</label>
      <input id="zipcode" name="zipcode" type="text" />
    </div>
    <br/>
   <div id="fm-submit" class="fm-req">
      <input name="Submit" value="确定" type="button"  onclick="test()"/>
    </div>
    </form>
```

从上述代码中可以看出，单击按钮时会触发 JavaScript 事件，在 JavaScript 事件中，将所有文本框的 readonly 属性设置为 true，这时文本框只能读取，不能被编辑。JavaScript 代码如下：

```
    <script type="text/javascript">
        function test() {
            document.getElementById("firstname").readOnly = "true";
            document.getElementById("middlename").readOnly = "true";
            document.getElementById("addr").readOnly = "true";
            document.getElementById("city").readOnly = "true";
            document.getElementById("country").readOnly = "true";
            document.getElementById("zipcode").readOnly = "true";
        }
</script>
```

上述代码的效果如图 3-9 所示。

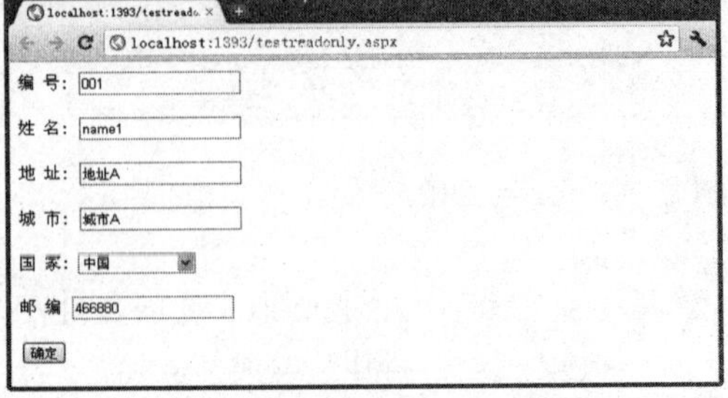

图3-9　readonly属性的运行效果

3.1.6 multiple属性

如果控件使用了 multiple 属性，那么该控件可以输入多行值。在 HTML 5 中，支持它的类型有 input、email 和 file。

下面做一个选择多个文件、并显示文件名称的示例。前台表单代码如下：

```
<form id="form1" runat="server">
<div>
<input  type="file"  name="img"  id="img"  multiple="multiple"/><input
type="submit" value="确定"/>
</div>
</form>
```

上述代码完成了可以选择多个文件的功能，运行效果如图 3-10 所示。为了验证选择了多个文件，用户可以使用后台代码获取文件的名称，后台代码如下：

```
if (Page.IsPostBack)
{
    Page.RegisterStartupScript("", "<script>alert('" +Request["img"]+ "')</
script>");
}
```

上述代码可以显示出被选中的多个文件名称，运行效果如图 3-11 所示。

图3-10　multiple属性的运行效果

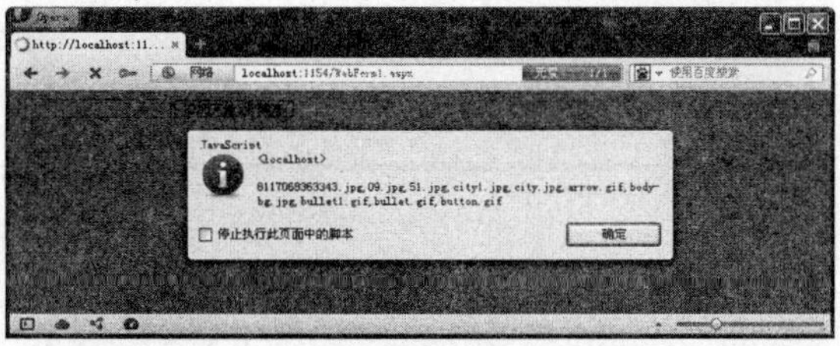

图3-11　验证选择了多个文件

3.1.7 form属性

在 HTML 4 或 XHTML 中要提交一个表单，必须把相关的控件元素都放在 form 元素下。因为表单提交的时候，会直接忽略不是其子元素的控件。但是，实际情况下，由于页面设计与实现的特殊性，会存在一些表单之外的元素也需要一并提交的情况，这时候传统的表单功能就显得捉襟见肘了。

HTML 5 的 form 属性可以让 HTML 控件元素孤立在表单之外，而在表单提交时，不仅可以提交表单内的控件元素，表单外的控件元素值也可以一并提交。

例如，下面的 HTML 代码：

```
<form id="contact_form" method="get" action="#">
```

```
        <p>
            <label  for="name">姓名: </label><input  type="text"  id="name"
name="name">
        </p>
        <p>
            <label  for="email">邮箱:  </label><input  type="email"  id="email"
name="email">
        </p>
        <input type="submit" id="submit" value="发送"/>
    </form>
    <p>
        评¨论: <textarea id="comments" name="comment" form="contact_form"></textarea>
    </p>
```

如上述代码所示，姓名和邮箱输入框被包含在 form 元素内，可以随表单一起提交。但是，由于下面的评论输入框使用了 form 属性，并指定为上面的 form，因此它也会随表单一起提交。

当单击“发送”按钮时会提交表单，这时在后台可以取出这些值。后台代码如下：

```
    if (Request["name"] !=null)
    {
       string name = Request["name"];                        //获取姓名
       string comment = Request["comment"];                  //获取评论
       string email = Request["email"];                      //获取邮箱
        Response.Write("<script>alert('"+name+"'+'  '+'"+comment+"'+'
'+'"+email+"')</script>");
    }
```

上述代码的效果如图 3-12 所示。

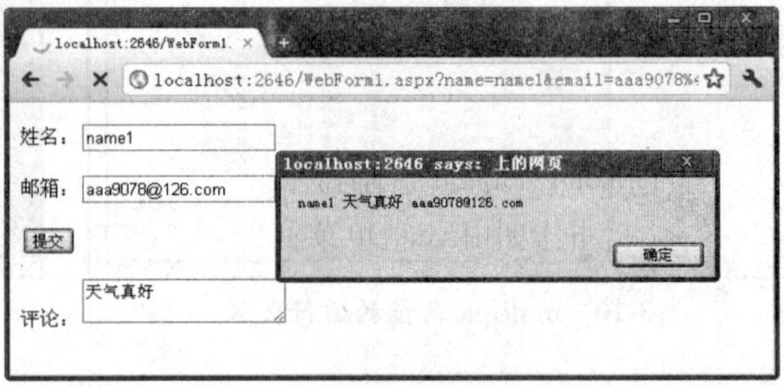

图3-12　使用form属性的页面效果

3.1.8 autocomplete属性

autocomplete 属性具有自动完成功能，即当用户输入文本时出现一个下拉列表。默认状态下，autocomplete 为打开状态，如果想覆盖该属性的默认状态，可将 autocomplete 状态设置为 off。示例代码如下：

```
    <form id="contact_form" method="get" action="#" >
        <p>
            <label for="name">姓名</label><input type="text" id="name" name="name">
        </p>
        <p>
```

```
        <label for="email">邮箱</label><input type="email" id="email" name="email">
    </p>
</form>
```

上述代码的效果如图 3-13 所示。

再来看一个与之相反的示例，示例代码如下：

```
<form id="contact_form" method="get" action="#" autocomplete="off">
    <p>
        <label for="name">姓名</label><input type="text" id="name" name="name">
    </p>
    <p>
        <label for="email">邮箱</label><input type="email" id="email" name="email">
    </p>
    <input type="submit" value="确定" />
</form>
```

上述代码的效果如图 3-14 所示。

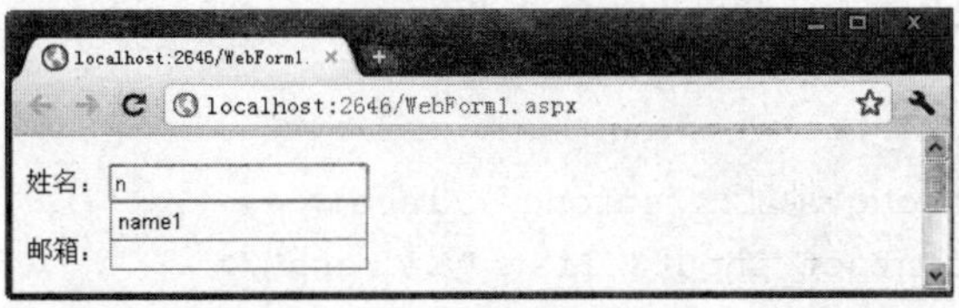

图3-13　autocomplete属性为on时的运行效果

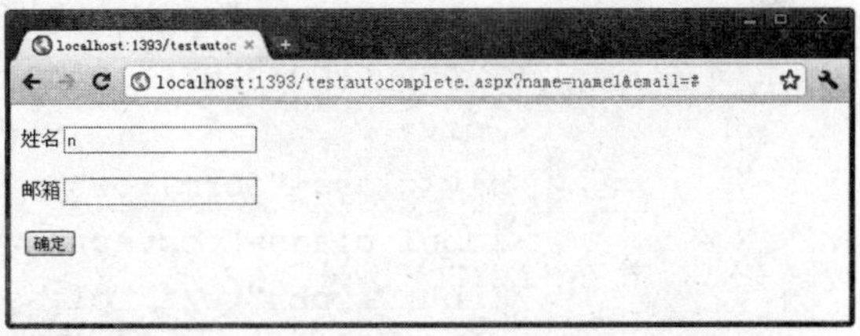

图3-14　autocomplete属性为off时的运行效果

3.1.9 datalist元素和list属性

datalist 元素的作用是创建一个选项列表，datalist 元素自定义一组具有自动选项的文本内容。但是对于敏感数据，浏览器对其具有保护作用，datalist 元素并不能对其发生作用。

datalist 将子项放在 option 元素中。在使用时只需将 input 元素的 list 属性值设置为一个 datalist 元素的 id 即可。例如下面的示例代码：

```
<input type="text" list="animal" id="animals" name="animals"/>
 <datalist id="animal">
<option value="小黑">
<option value="小白">
<option value="小花">
</datalist>
```

上述示例的效果如图 3-15 所示。

图3-15　使用datalist元素页面的效果

提示　datalist元素只有在Opera浏览器中才能展现其功能。

从上述示例的效果可以看出，datalist 元素自定义了一组具有选项的文本字段，方便了用户选择。使用 datalist 元素的优势很明显，例如下面的示例代码：

```
<div class="form_subtitle">create new account</div>
 <form name="register" action="#">
    <div class="form_row">
    <label class="contact"><strong>名称:</strong></label>
    <input type="text" class="contact_input" />
    </div>
    <div class="form_row">
    <label class="contact"><strong>密码:</strong></label>
    <input type="text" class="contact_input" />
    </div>
    <div class="form_row">
    <label class="contact"><strong>Email:</strong></label>
    <input type="text" class="contact_input" />
    </div>
    <div class="form_row">
    <label class="contact"><strong>电话:</strong></label>
    <input type="text" class="contact_input" />
    </div>
    <div class="form_row">
    <label class="contact" ><strong>地址:</strong></label>
    <input type="text" class="contact_input" list="address"/>
    <datalist id="address">
    <option value="北京"/>
    <option value="河南"/>
    <option value="广东"/>
    <option value="海南"/>
    <option value="广西"/>
    <option value="天津"/>
    </datalist>
    </div>
    <div class="form_row">
        <div class="terms">
        <input type="checkbox" name="terms" />
          I agree to the <a href="#">terms &amp; conditions</a>   </div>
    </div>
    <div class="form_row">
    <input type="submit" class="register" value="注册" />
    </div>
  </form>
</div>
```

运行上述代码，然后在输入地址的文本框中单击鼠标，将看到 datalist 元素的列表，效果如图 3-16 所示。

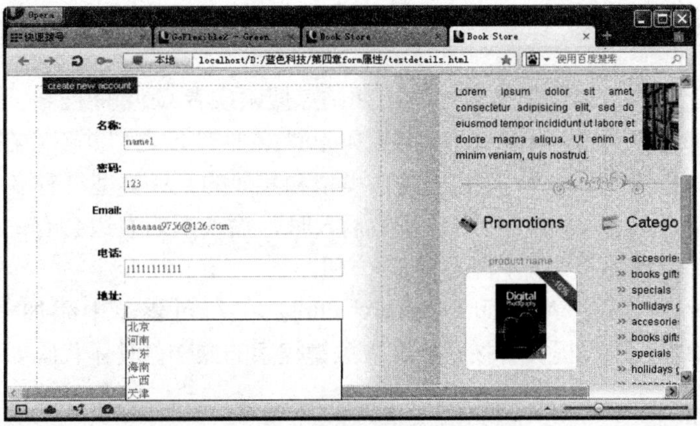

图3-16　datalist元素的运行效果

3.1.10 autofocus属性

autofocus 属性的值为布尔类型，如果该属性被指定，那么在页面加载完成后，被指定的 autofocus 属性指定的元素将获得焦点。一个页面只有一个表单元素具有 autoufocus 属性。

代码示例如下：

```
<form id="form1">
<div>
        <lable for="username">账号</lable><input type="text" id="name" name="name" autofocus="true"/><br/><br/>
        <lable for="pwd">密码</lable><input type="text" id="pwd" name="pwd"/><br/><br/>
        <input type="submit" value="确定"/>
</div>
</form>
```

上述代码的运行效果如图 3-17 所示。

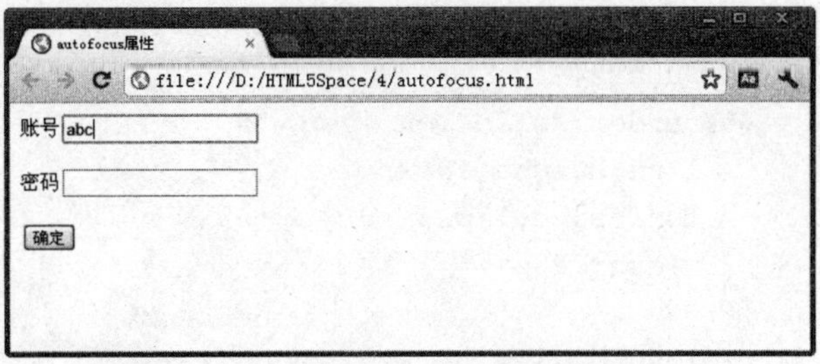

图3-17　autofocus属性的运行效果

3.2 HTML 5表单输入类型

HTML 5 相比 HTML 4 有了很大的进步，特别是对表单的 input 元素进行了大量修改，添加了很多新的表单属性和输入类型。上节已经讲述了 HTML 5 表单的属性，下面将介绍 HTML 5 表单的输入类型，这些输入类型提供了更好的输入控制和验证，比如 search、email 和 url 等。

3.2.1 search类型

search 类型用于输入关键词的搜索域，比如站点搜索或者 Google 搜索。

在 HTML 4 之前的版本中，search 类型的 <input> 表单输入类型并不存在。而在 HTML 5 版本中增加了搜索输入框类型，search 类型的输入类型和其他的 text 类型没有多大区别。不同的是，它可以简单地把输入框自动圆边，当用户开始输入时，输入框的右边会有一个 × 图标，单击这个图标，可以快速清除搜索框中的内容，非常方便。

在 Dreamweaver 中创建一个页面 formsearch.html。在 form 表单中添加一个“type="search"”类型的输入框，再添加一个“提交”按钮，实现关键搜索的操作。具体代码如下所示：

```
<form id="Form1" >
<fieldset>
   <legend>请输入您要查询的关键字：</legend>
   <input type="search" id="sch" class="inputtxt" />
     <input type="submit" id="btn" vlaue="提交" class="inputbtn"
onClick="return searchKey();" />
   <p id="spanid"></p>
</fieldset>
</form >
```

在上述代码中，使用文本框的输入类型 type="search"，用到了 inputtxt 和 inputbtn 样式，所需要的样式代码如下所示：

```
<style>
body{font-size:12px;}
.inputbtn{
   border:solid 1px #ccc;
   background-color:#eee;
   line-height:18px;
   font-size:12px;
}
.inputtxt{
   border:solid 1px #ccc;
   line-height:18px;
   font-size:12px;
   width:180px;
}
fieldset{
   padding:10px;
   width:260px;
}
</style>
```

从上述代码还可以看到，“提交”按钮有一个 onClick 事件，单击“提交”按钮时会触发 onClick 事件。JavaScript 中的 onClick 事件的代码如下所示：

```
<script type="text/javascript" language="javascript">
function searchKey()
```

```
{
document.getElementById("spanid").innerHTML = "您输入的要搜索的关键字是:
"+document.getElementById("sch").value;
return false;
}
</script>
```

从上面代码中，触发 searchKey 事件时，将 span 元素的 innerHTML 设置为输入的值，并给出提示信息，运行效果如图 3-18 所示。

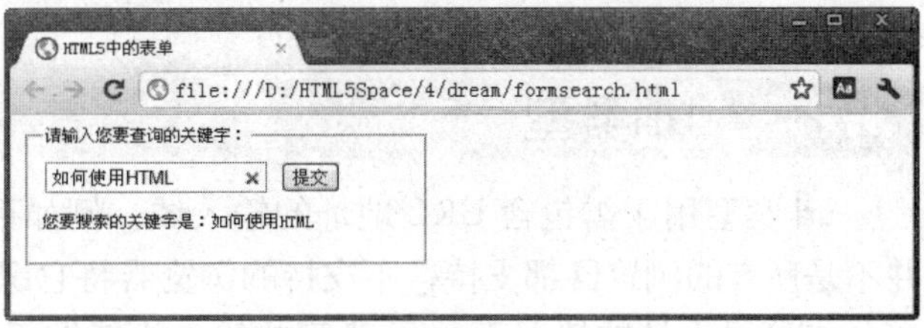

图3-18　search搜索效果图

注意　输入框只针对非空的内容进行了格式检测，在搜索框内容不为空的情况下 × 图标才会出现。

3.2.2 email类型

email 类型用于需包含 E-mail 地址的输入域，比如 QQ 邮箱、新浪邮箱等。

和 search 类型一样，email 类型的 <input> 表单输入类型也是 HTML 5 新添加的，目前并不是所有的浏览器都兼容，不兼容的浏览器也只是把它们看作一个文本框，大部分用户不会注意到这个变化。在提交表单时，会自动验证 email 输入框的值是否合法。如果 email 地址不合法，浏览器不允许提交，并且有错误信息提示。

在 Dreamweaver 中创建一个页面 formemail.html。在 form 表单中添加一个 type= “email” 类型的文本框，再添加一个 “提交” 按钮，实现提交邮箱的操作。具体代码如下所示：

```
<form id="Form1" >
<fieldset>
    <legend>请输入邮件地址：</legend>
    <input type="email" id="myemail" class="inputtxt" multiple="true" />
    <input type="submit" id="btn" class="inputbtn" vlaue="提交Email" />
</fieldset>
</form>
```

在上述代码中，使用输入框的类型 type="email"，如果将输入框的 multiple 属性设置为 “true”，则允许用户输入一串逗号分隔的 email 地址，运行效果如图 3-19 和图 3-20 所示。

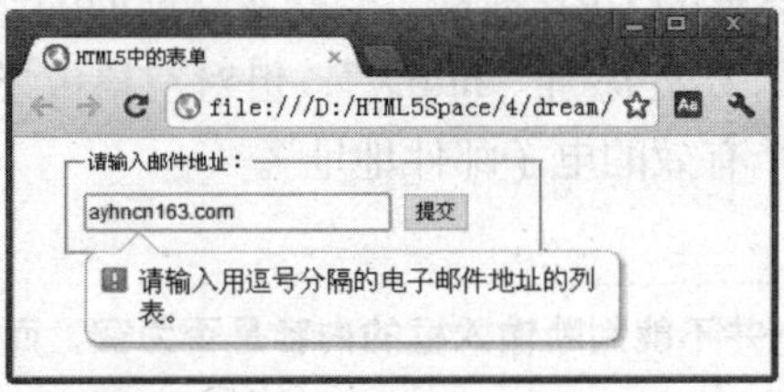

图3-19　Chrome浏览器效果图

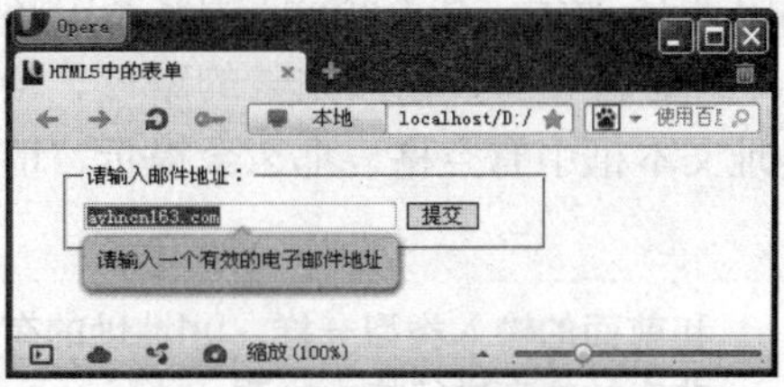

图3-20　Opera浏览器效果图

在图 3-19 和图 3-20 中，如果将 multiple 属性设置为“true”，单击“提交”按钮，在 Chrome 浏览器和 Opera 浏览器中效果稍有不同。Chrome 浏览器提示“请输入用逗号分隔的电子邮件地址的列表”，而 Opera 浏览器则提示“请输入一个有效的电子邮件地址”。

注意 和search类型一样，有效性检测并不判断输入框的内容是否为空，而是针对非空的内容进行格式检测，即如果要检测email地址是否合法，必须确保文本框输入的内容不为空值。

3.2.3 url类型

url 类型用于需包含 URL 地址的输入域，例如百度地址、谷歌地址、某公司网址等。目前并不是所有的浏览器都支持，不支持的浏览器将它识别为普通的文本框。

浏览器支持的情况下，url 类型的输入框能够正确提交符合 URL 地址格式的内容。在提交表单时，会自动验证 url 输入框的值。如果 URL 地址不合法，浏览器不允许提交，并且会有错误信息提示。

在 Dreamweaver 中创建一个页面 formsurl.html。在 form 表单中添加一个 url 类型的输入框，再添加一个“提交”按钮，实现表单提交 URL 网址的操作。具体代码如下所示：

```
<form id="Form1">
<fieldset>
    <legend>请输入网址：</legend>
    <input type="url" id="myurl" />
    <input type="submit" class="inputbtn" id="btn" vlaue="提交url" />
</fieldset>
</form>
```

在上述代码中，使用文本框的输入类型 type="url"，运行效果如图 3-21 和图 3-22 所示。

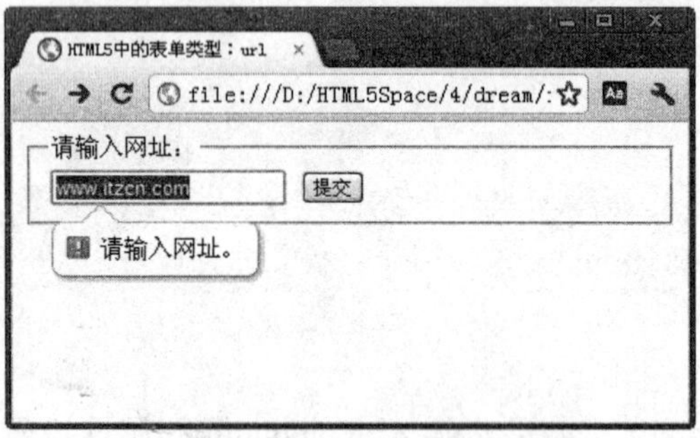

图3-21　Chrome浏览器效果图

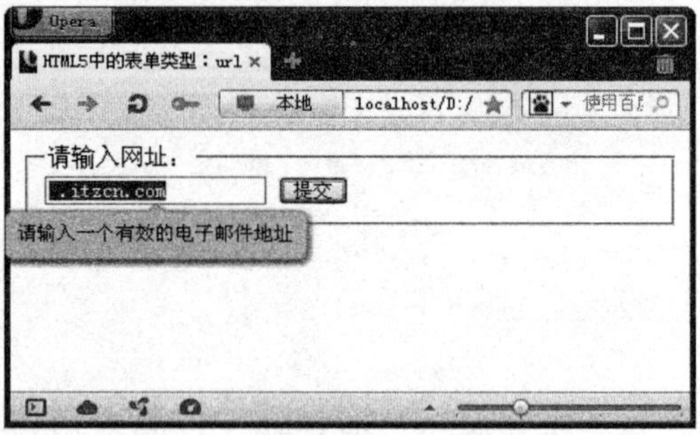

图3-22　Opera浏览器效果图

如图 3-21 所示，在 Chrome 浏览器中必须输入完整的 URL 地址，它会忽略前面的空格。而在 Opera 浏览器中不必输入完整的路径，会自动在开始处添加“http://”，但对空格敏感。如果 URL 地址文本框中有空格，那么会提示“请输入一个有效的电子邮件地址”。

注意 和前面的输入类型一样，url地址的有效性检测并不能判断输入框的内容是否为空，而是针对非空的内容进行格式检测。

3.2.4 number类型

在 HTML 4 之前的版本中，如果想要得到匹配的数字，就得使用 JavaScript 或者 JQuery 等方法来帮助实现。HTML 5 中的数字类型 number 可以解决这个问题。number 类型提供了一些额外的属性，如下所示：

- min 指定输入框可以接受的最小输入值。
- max 指定输入框可以接受的最大输入值。
- step 输入域合法的间隔，如果不设置，则默认值是 1。
- value 指定默认值。

在 Dreamweaver 中创建一个页面 formsnumber.html。在 form 表单中添加三个 type 为 number 类型的文本框，再添加一个“提交”按钮，实现数字匹配的操作。具体代码如下所示：

```
<form id="Form1">
<fieldset>
    <legend>请选择出生日期：</legend>
    <input name="txtYear" type="number" min="1960" max="2020" step="1"
value="1990" />年
    <input name="txtMonth" type="number" min="1" max="12" step="1" value="5" />月
    <input name="txtDay" type="number" min="1" max="31" step="13" value="17" />日
    <input type="submit" class="inputbtn" id="btn" vlaue="提交number" />
</fieldset>
</form>
```

在上述代码中，使用文本框的输入类型 type="number"，使用 min 属性设置文本框输入的最小值，使用 max 属性设置文本框输入的最大值，step 指定间隔，运行效果如图 3-23 和图 3-24 所示。

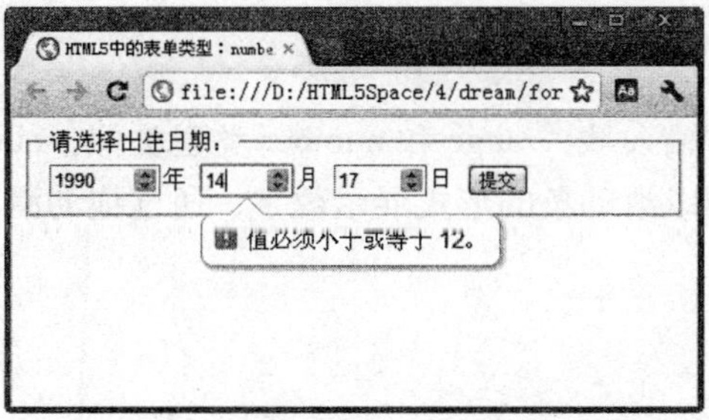

图3-23　Chrome浏览器的运行效果

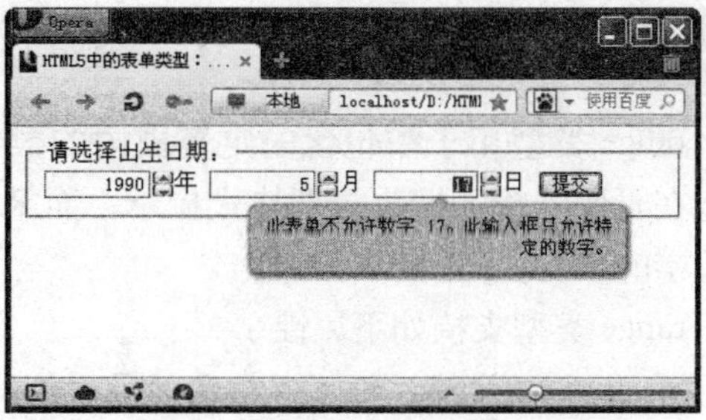

图3-24　Opera浏览器的运行效果

Chrome 浏览器和 Opera 浏览器都实现了数字验证，它们只允许输入数字（大多数情况下不会注意到，直到提交表单的时候，才会提示错误）。其中，图 3-23 是因为输入的月份超出了最大值，而图 3-24 是因为输入的 17 不合法（step 设置为 13，只有 13、26 合法）。

3.2.5 tel类型

在 HTML 4 之前的版本，用户可以使用 JavaScript、JQuery 或者正则表达式等方法来验证固定电话、手机是否合法。本节将学习另外一种方法，一种表单输入类型 tel。tel 类型可用于验证电话号码之类的输入域，像固定电话或者手机等。

如果仅仅设置 input 元素的类型为 tel，并不能达到验证电话的效果，还必须结合 pattern 属性使用。

在 Dreamweaver 中创建一个页面 formstel.html。在 form 表单中添加一个 type 为 tel 类型的输入框，再添加一个“提交”按钮，验证输入的固定电话是否合法。具体代码如下所示：

```
<form id="Form1">
  <fieldset>
    <legend>请输入固定电话：</legend>
    <input  type="tel" pattern="^\d{3}-\d{8}|\d{4}-\d{7}$" name="telname" />
    <input type="submit" value="提交" />
  </fieldset>
</form>
```

上述代码设置输入框的 type 为 tel，输入框的 pattern 属性 "^\d{3}-\d{8}|\d{4}-\d{7}$" 表示输入的电话类型必须符合 ×××-×××××××× 格式或 ××××-××××××× 格式。如果输入的电话号码不合法则会提示错误，运行效果如图 3-25 所示。

图3-25　tel类型的运行效果

3.2.6 range类型

range 类型用于需包含一定范围内的数字值的输入域。range 和 number 类型类似，number 类型在页面的输入框为微调格式显示，而 Range 则以滑动条的形式展示数字，通过拖动滑块实现数字的改变。

range 类型支持如下属性：

- min 指定输入框可以接受的最小输入值。
- max 指定输入框可以接受的最大输入值。
- step 输入域的合法间隔，如果不设置，则默认值是 1。
- value 指定默认值。

在 Dreamweaver 中创建一个页面 formsrange.html。在 form 表单中添加三个 type 为 range 类型的输入框，再添加一个 span 元素。在拖动滑动条时改变背景颜色，实现某段范围内颜色的动态改变。具体代码如下所示：

```
<form id="Form4">
   <legend>请选择颜色值：</legend>
    <input  id="txtR"  type="range"  min="0"  max="255"  step="5"  value="10"
onChange="changeColor()" />
```

```
        <input id="txtG" type="range" min="0" max="255" step="20" value="0"
onChange="changeColor()" />
        <input id="txtB" type="range" min="0" max="255" step="10" value="0"
onChange="changeColor()" />
      <br/>
      <span style="width:200px; height:200px;" id="spanid">拖动滑动条可以改变颜色
</span>
    </form>
```

上述代码使用文本框的输入类型 type 为 range，使用 min 属性设置拖动条允许拖动的最小值，使用 max 属性设置允许拖动的最大值，step 指定间隔。文本框有 onChange 事件，滑动条滑动时调用 JavaScript 中的代码触发该事件，JavaScript 的具体代码如下所示：

```
    <script type="text/javascript" language="javascript">
    function changeColor()
    {
       var txtr = document.getElementById("txtR").value;
       var txtg = document.getElementById("txtG").value;
       var txtb = document.getElementById("txtB").value;
       var colors = "rgb("+txtr+","+txtg+","+txtb+")";
       document.getElementById("spanid").style.backgroundColor=colors;
    }
    </script>
```

上述 JavaScript 代码中，拖动滑动条可以获得滑动条的值，然后动态改变 span 元素中的颜色。运行效果如图 3-26 和图 3-27 所示。

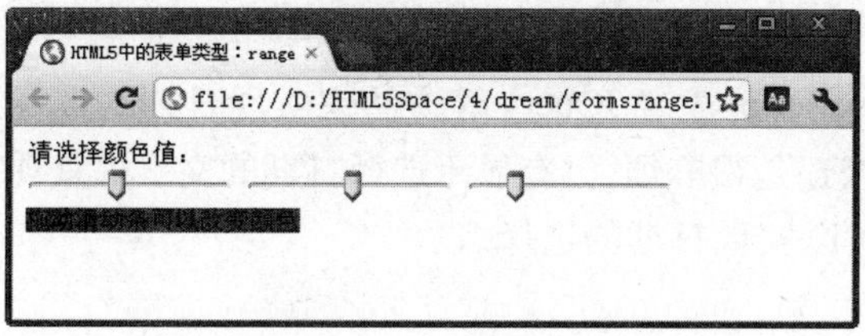

图3-26　Chrome浏览器的运行效果

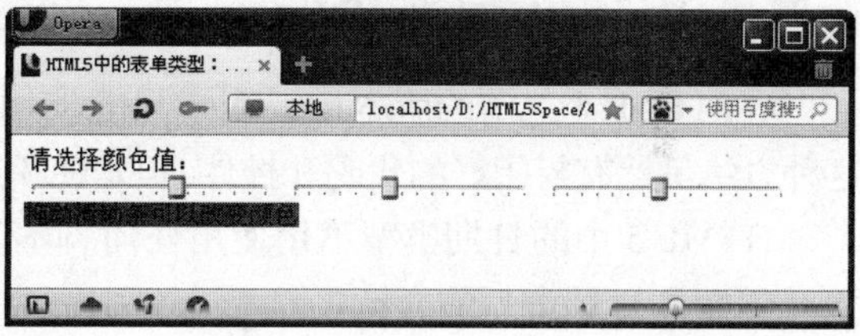

图3-27　Opera浏览器的运行效果

如图 3-26 和图 3-27 所示，Chrome 浏览器和 Opera 浏览器都支持 range 类型。但是 Opera 浏览器和 Chrome 浏览器相比，range 类型的 input 元素带有刻度，而且支持左右方向键增加或者减少刻度的值，而 Chrome 浏览器暂不支持。

3.2.7 color类型

相信大家之前肯定使用过颜色选取器选取所需要的颜色。在 HTML 5 中，color 类型提供了一个颜色选取器，可以用来选取颜色。用户通过 color 类型选择的颜色值将保存到它的 value 属性中。

在 Dreamweaver 中创建一个页面 formscolor.html，在 form 表单中添加一个 type 为 color 的输入框。具体代码如下所示：

```
    <form id="Form4">
```

```
选取颜色：<input type="color" value="#34538b" />
</form>
```

上述代码中，设置了选取颜色输入框 input 的样式，样式代码如下所示：

```
<style>
body{font-size:12px;}
input[type="color"] { width: 200px; }
</style>
```

到了这里，代码和样式完成以后，color 类型的运行效果如图 3-28 和图 3-29 所示。

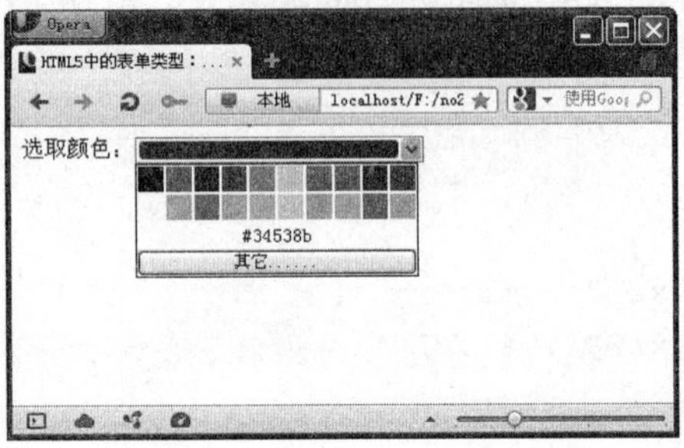

图3-28　color类型效果图

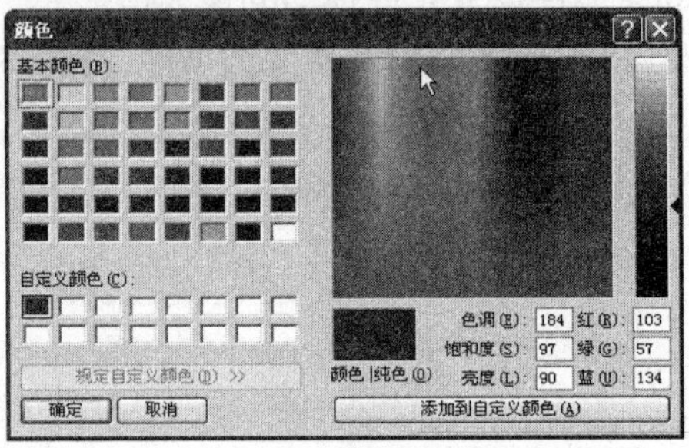

图3-29　其他颜色选择效果图

> **提示**　**和其他输入类型一样，并非所有的浏览器都支持color类型，上述实例是在Opera浏览器中的运行效果图。**

3.2.8　date日期类型

在 HTML 4 之前的版本中，用户只能使用 JavaScript 或者 JQuery 等方法来实现日期的选择。这种方法虽然有封闭好的代码和控件，但是使用起来还是很麻烦，没有显示选择日期的文本框直观。

HTML 5 中的日期类型不用使用任何脚本就可以实现日期的选择。

下面是日期类型的介绍：

- date 选取日、月、年。
- month 选取月、年。
- week 选取周和年。
- time 选取时间（小时和分钟）。
- datetime 选取时间、日、月、年（UTC 时间）。
- datetime-local 选取时间、日、月、年（本地时间）。

在 Dreamweaver 中创建一个页面 formstime.html。然后在 form 表单中添加不同类型的输入框，实现日期类型的选择。具体代码如下所示：

```
<form id="Form5">
  <fieldset>
    <legend>date and time: </legend>
    <input name="dateTime1" type="date" />
    <input name="dateTime2" type="time" />
```

```
        </fieldset>
    <fieldset>
            <legend >month and week: </legend>
            <input name="dateTime3" type="month" />
            <input name="dateTime4" type="week" />
        </fieldset>
        <fieldset>
            <legend >datetime and datetime-local: </legend>
            <input name="dateTime5" type="datetime" />
            <input name="dateTime6" type="datetime-local" />
        </fieldset>
    </form>
```

上述代码中，使用了文本框的不同日期输入类型，像 date、time、month 和 datetime 等。运行显示效果如图 3-30、图 3-31 和图 3-32 所示。在图 3-31 中，type 为 week 类型，输入框的值“2012-W10”表示 2012 年的第 10 个星期。

图3-30　date和time的效果

图3-31　month和week的效果

图3-32　datetime和datetime-local的效果

注意　使用HTML 5的日期类型，解决了烦琐的JavaScript日历控件带来的问题。

3.3　HTML 5其他的表单元素

HTML 5 中最常用的表单属性是 output 元素、keygen 元素和 optgroup 元素。

3.3.1　output元素

output 元素必须属于某个表单，该元素可以显示不同表单元素的内容。output 元素可以与 input 元素建立关联，当 input 元素的值改变时会自动触发 JavaScript 事件。

output 元素包含的属性如下：

- for 定义输出域相关的一个或多个元素。
- form 定义输入字段所属的一个或多个表单。
- name 定义对象的唯一名称（表单提交时使用）。

与 ouput 元素有关的事件是 oninput，它在关联的内容发生变化时触发。

下面使用 output 元素结合前面的表单元素制作一个实例，实现了实时显示两个数字相加的结果。示例代码如下：

```
    <form id="form1" oninput="x.value=parseInt(i1.value)+parseInt(i2.value)">
    <div>
        0<input type="range" name="i1" value="50"/>100+<input type="number" name="i2" value="50"/>=<output name="x" for="i1 i2"></output>
    </div>
    </form>
```

上述代码运行效果如图 3-33 所示。

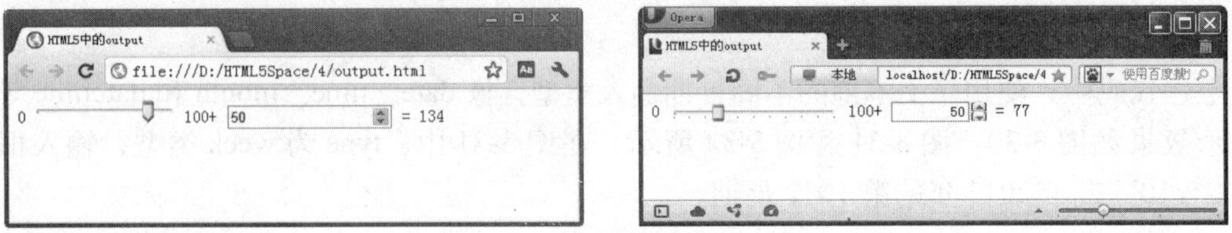

图3-33　ouput元素的运行效果

提示　output元素只有在Opera和Chrome浏览器中才能展现其功能。

3.3.2 keygen元素

keygen 元素用于表单的密钥生成器字段。它在随表单提交时会生成两个密钥：私密钥和公密钥，其中，私密钥存储在本地，公密钥发送到服务器端。keygen 元素主要包含如下属性：

- challenge 如果使用，将 keygen 的值设置为在提交时会给出提示。
- disabled 禁用 keygen 字段。
- form 定义该 keygen 字段所属的一个或多个表单。
- keytype 定义生成密钥使用的算法，默认值为 rsa。
- name 定义 keygen 元素的唯一名称。name 属性用于在提交表单时获取字段的值。

下面做一个示例，介绍 keygen 元素的使用过程，示例代码如下：

```
<form id="form1" >
<div>
    <keygen name="ki"/><input type="submit" value="提交" />
</div>
</form>
```

上述代码的效果如图 3-34 所示。

图3-34　keygen元素的运行效果

3.3.3 optgroup元素

一般情况下，下拉菜单只能允许一种类型的选项，而不能将各种类型的选项进行组合。使用 optgroup 元素则可以将不同类型的选项进行组合。optgroup 元素的属性如下：

- label 定义选项组的标注。
- disabled 在其首次加载时，禁用该选项组。

下面看一个使用 optgroup 元素的示例。代码如下：

```
<form id="form1" runat="server">
  <div>
   <select>
     <optgroup label="国家">
     <option value ="zhongguo">中国</option>
     <option value ="xila">希腊</option>
     <option value ="yindu">印度</option>
     </optgroup>
     <optgroup label="省份">
     <option value ="henan">河南</option>
     <option value ="shanxi">山西</option>
     </optgroup>
      <optgroup label="城市">
     <option value ="luoyang">洛阳</option>
     <option value ="hebi">鹤壁</option>
     </optgroup>
   </select>
  </div>
</form>
```

上述代码的运行效果如图 3-35 所示。

图3-35　optgroup元素运行的效果

本章实例：实现用户注册功能

通过前两节的学习，相信读者一定对 HTML 5 中的表单输入类型和表单属性有所了解。本次练习将表单的输入类型和表单属性相结合，实现一个用户注册的功能，加深读者对这些表单属性和输入类型基本知识的理解。

Step 1 分析用户注册需要哪些信息。例如：用户名、用户密码、邮箱、个人主页、联系电话等。在 Dreamweaver 中建立页面 register.html，创建用户信息的输入框，并且设置输入框的类型。

Step 2 如果希望用户注册时，他的登录账号是系统设置只读的并且不能更改，读者可以使用前几节介绍的readonly属性。具体代码如下所示：

```
<label for="email">用户ID：</label>
<input class="input" type="text" maxLength=32 readonly="readonly" value="FK201203220001" ><font color="#FF0000">（用户ID自动生成，无法更改）</font>
```

上述代码使用了输入框的input样式，样式具体代码如下所示：

```
input{
border:1px solid #AADAFE;height:23px;background:#EBF8FF;
padding-left:3px;line-height:23px;color:#2866A3;font-weight:bold;
}
```

Step 3 创建用户名和密码的输入框，读者可以使用autofocus属性设置页面加载时自动获取焦点，使用required属性设置用户名和密码是必须填写的。具体代码如下所示：

```
<p>
<label for="email">您的登录名：</label>
<input type="text" id="username" maxLength=32 required="true" autofocus="true" name="username" />
</p>
<p>
<label for="email">登录密码：</label>
<input required="required" type=password maxLength=16 id="password" name="userpass"
</p>
```

Step 4 创建用户年龄的输入框，设置type类型为number，使用required属性设置输入框为必须填写，使用max属性设置允许输入年龄的最大值，使用min属性设置允许输入年龄的最小值。具体代码如下所示：

```
<p>
<label for="age">年龄：</label>
<input id=ageid name=age value="20" required="true" type="number" min="10" max="150" />
</p>
```

Step 5 创建用户出生日期的输入框，设置type类型为date，使用required属性设置出生日期是必须选择的。具体代码如下所示：

```
<label for="date">出生日期：</label>
<input id=birthday required="true" class="input" name=date type="date" />
```

Step 6 创建用户固定电话的输入框，设置type类型为tel，使用required属性设置电话为必须填写，使用placeholder属性设置占位符，使用patterern属性设置输入电话的格式。具体代码如下所示：

```
<label for="phone">固定电话：</label>
<input id=phone type=tel required=true placeholder="0371-69525666" pattern="^\d{3}-\d{8}|\d{4}-\d{7$" name="phone"/>
```

Step 7 创建用户电子邮箱的输入框，设置 type 类型为 email，使用 required 属性设置电子邮件必须填写，使用 placeholder 属性设置占位符，使用 multiple 属性设置可以输入多个电子邮箱，中间使用逗号隔开。具体代码如下所示：

```
<label for="email">电子邮箱：</label>
<input id=email placeholder="798212804@qq.com" required="true" type="email" multiple="true" name="email" />
```

Step 8 创建选择颜色的输入框，设置 type 类型为 color。具体代码如下所示：

```
<label for="color">选择颜色：</label>
<input id=colorid class="input" type="color" style="width:120px" name=colorid value="#34538b" />
```

Step 9 创建个人空间地址的输入框，设置 type 类型为 url。具体代码如下所示：

```
<label for="personal">个人空间：</label>
<input id=personal type="url" class="input" name=personal />
```

Step 10 创建个人介绍说明的文本域，使用 spellcheck 属性对文本域中的内容进行拼写检查。具体代码如下所示：

```
<label for="email">个人介绍：</label>
<textarea spellcheck="true"></textarea>
```

Step 11 基本信息设置完成，最后一步创建注册提交的按钮。具体代码如下所示：

```
<input type="submit" name="myregister" value="注册" />
```

Step 12 到了这里，用户注册的基本案例已经完成，本案例主要结合前几节学习的表单类型和表单属性，希望能够加深读者的理解。最后来看用户注册实现的效果，如图 3-36 所示。

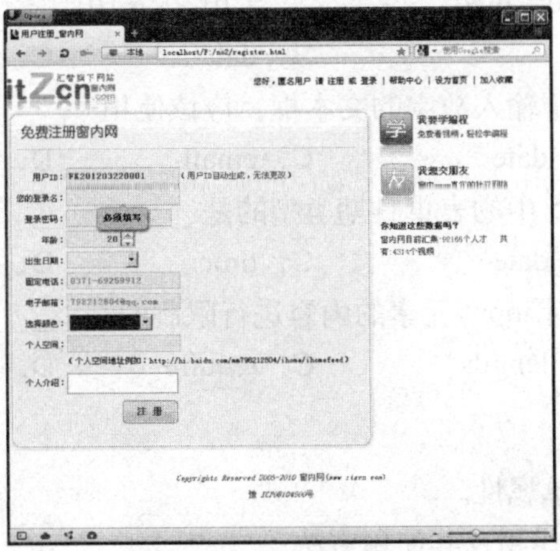

图3-36　用户注册效果图

本章小结

表单在 HTML 中有着不可代替的作用。表单之所以如此重要，主要是因为它承担着收集用户资料、与用户进行交互以及向服务器提交数据的任务。在传统的 HTML 4 中，很多表单功能都依赖于 JavaScript 脚本，像输入类型检查、非空校验、自动提示以及格式验证等。

HTML 5 在保持表单简便易用的同时，增加了大量的新属性、输入类型以及表单元素，使用户不用编码即可满足大部分需求。

本章详细对 HTML 5 在表单属性和输入类型方面的新特性进行了介绍，而且在讲解时结合案例加深读者对新知识的理解。本章最后介绍了表单的验证方式，它们可以使读者更加灵活地控制表单。

课后练习

一、填空题

(1) 在 HTML 5 中使用 __________ 属性可使元素不可编辑，但可以随表单一起提交。

(2) 如果要关闭输入文本时的提示下拉列表，应该将 autocomplete 属性值为 ________。

(3) 为了实现验证电话号码的功能，需要将 __________ 类型与 pattern 属性一块使用。

(4) 使用 __________ 类型限制输入范围时会显示一个滚动的滑块。

(5) 如果需要为表单添加手动的验证方式，需要在表单提交时调用 __________ 方法进行有效性验证。

二、选择题

(1) 假设要限制表单的元素不能为空，应该使用 __________ 属性。

A．disabled　B．form　C．pattern　D．required

(2) 在下面代码的空白处使用属性可以限制 input 元素必须输入匹配的格式才能提交。

<input type="password" id="pwd" __________="[0-9]{6,10}"/>

A．autocomplete　B．datalist　C．pattern　D．readonly

(3) 如果要实现一个用于输入数字的文本框，应该使用 __________ 类型。

A．color　B．date　C．email　D．number

(4) 下列不属于 HTML 5 中的表单日期类型的是 __________。

A．day　B．date　C．time　D．week

(6) 下列属性中，不能对 input 元素的内容进行限制的是 __________。

A．max　B．length　C．require　D．step

三、简答题

(1) 简述 HTML 5 的表单属性。

(2) 简述 datalist 元素的作用及其使用方法。

(3) 列举 HTML 5 在表单输入类型方面的类型。

第 4 章

HTML 5的绘图技术

学习目标

- 掌握 canvas 元素的含义
- 掌握 canvas 元素的使用
- 熟悉 canvas 元素的各种方法及属性
- 掌握使用 canvas 元素绘制图形

4.1 创建画布

canvas 元素是 HTML 5 中的一个亮点。canvas 元素在 HTML 5 有着非常重要的作用，它就像一块画布，通过该元素自带的 API 结合 JavaScript 代码可以在这个画布上面绘制各类图形和图像以及动画效果。

4.1.1 添加canvas元素

在页面中创建 canvas 元素与创建其他元素一样，只需要添加一个 <canvas> 标记即可。可以通过 height 和 width 设置 canvas 元素的高度和宽度。

添加 canvas 元素即创建了一个画布，在此画布上可以绘制图形。下面设置一个宽度为 400，高度为 400 的画布。示例代码如下：

```
<canvas id="can1" width="400px" height="400px"></canvas>
```

4.1.2 canvas元素的基本用法

很多年前，canvas 元素就被当作一个新的 HTML 标记成员加入到了 HTML 5 标准中。在此之前，人们要想实现动态的网页应用，只能借助于第三方插件，比如 Flash 或 Java，而引入了 canvas 元素后，人们直接打通了通往神奇的动态应用网页的大门。

在 canvas 上画图的常见方法是使用 JavaScript 的 Image 对象。所支持的来源图片格式依赖于浏览器的支持，一些典型的图片格式（png、jpg 和 gif 等）基本上都没有问题。

canvas 就是一块画布，可以在画布上面绘制图像。下面通过一个示例介绍 canvas 的使用方法。示例代码如下：

```
<body onload="showimg()">
<canvas id="can1" width="400px" height="400px"></canvas>
</body>
```

上述代码创建了一块画布，在画布上要绘制的图像由 JavaScript 代码完成。其中，在页面加载时调用了 JavaScript 代码，JavaScript 示例代码如下：

```
function showimg ()
{
    var canvas=document.getElementById("can1");
    var imgtext=canvas.getContext("2d");
    var img1=new Image();                          //动态创建图像
      img1.src='city1.jpg';                        //为图像添加路径
    imgtext.drawImage(img1,100,100);               //在画布上面绘制图像
    imgtext.drawImage(img1,125,125);
    imgtext.drawImage(img1,200,200);
      }
```

上述代码的运行效果如图 4-1 所示。

提示

只有在Opera 浏览器中才能展现canvas元素的效果。

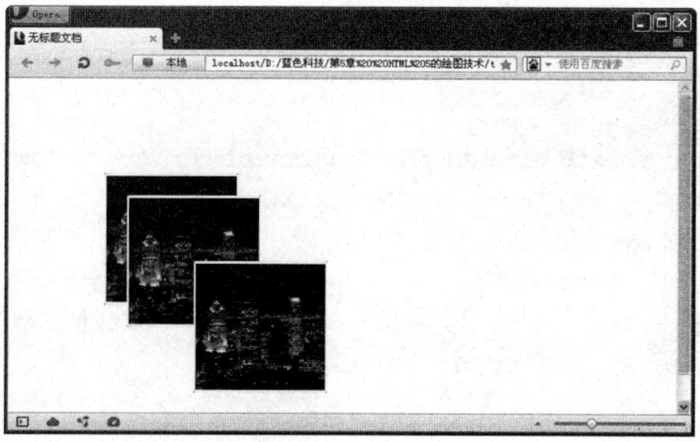

图4-1 canvas元素绘制的图片效果

4.2 绘制基础

使用 canvas 元素绘制图像需要先创建一个画布区域，再通过获取 canvas 元素取得上下文环境变量，然后根据环境变量在画布上绘制图像或者动画。本节结合案例详细介绍 canvas 元素的基本用法。

4.2.1 绘制带边框矩形

本节将详细介绍绘制带边框矩形的过程。步骤如下：

Step 1 在上下文中获取一个 HTML 5 中的内置对象，即上下文环境变量，其实现方式如下：

```
var elem = document.getElementById("myCanvas");
var context = elem.getContext("2d");
```

Step 2 获得上下文环境之后可以调用 strokeRect(x,y,width,height) 方法，该方法不是绘制矩形区域，而是绘制矩形边框。线条颜色和线条宽度由 strokeStyle 和 lineWidth 属性指定，调用格式如下：

```
context.strokeRect(30,25,90,60);
```

Step 3 在绘制边框之前，调用 strokestyle 属性设置边框的颜色，格式如下：

```
context.strokeStyle = "#f00";                    // red
```

Step 4 绘制图形时可以控制图形边框的宽度，格式如下：

```
context.lineWidth= 4;                            //线框宽度
```

Step 5 完整的示例代码如下：

```
<body onload="rect()">
<canvas id="myCanvas" width="600" height="600" name="myCanvas">
</canvas>
</body>
```

从上述代码中可以看出，在页面加载时调用了一个 JavaScript 的代码，而 JavaScript 的代码实现在画布上绘制图形，JavaScript 代码如下所示：

```
function rect ()
{
var elem = document.getElementById("myCanvas"); //getContext("2d") 对象是内建的 HTML5 对象
var context = elem.getContext("2d");
context.strokeStyle = "#f00";                     // red
context.lineWidth= 4;                             //线框宽度
context.strokeRect(30, 25,  90, 60);
}
```

上述代码的运行效果如图 4-2 所示。

图4-2　canvas元素绘制边框矩形的运行效果

4.2.2 绘制渐变图形

在 HTML 5 出现前，实现图形渐变需要多幅图像，不同色彩的版本图形。现在 HTML5 让创建渐变效果更加容易和高效，因为图形图像将会直接从原始文件生成。本节将详细介绍渐变图形的实现过程。

1. 径向渐变

Step 1 通过上下文环境变量调用 createRadialGradient() 方法，创建一个 RadialGradient 对象，该函数的调用格式如下：

```
context.createRadialGradient(xStart,yStart,radiusStart,xEnd,yEnd,radiusEnd)
```

- xStart 渐变开始圆的圆心横坐标。
- yStart 渐变开始圆的圆心纵坐标。
- radiusStart 渐变开始圆的半径。
- xEnd 渐变结束圆的圆心横坐标。
- yEnd 渐变结束圆的圆心纵坐标。
- radiusEnd 渐变结束圆的半径。

```
context.createRadialGradient(250, 250, 0, 250, 250, 300);
```

Step 2 获取 RadialGradient 对象之后调用 addColorStop() 方法，设置颜色的渐变和偏移量。

该方法的语法格式如下：

```
context .addColorStop (value,color)
```

其中，value 和 color 分别为 addColorStop() 的参数，value 的取值范围是 0~1；color 表示渐变开始和结束的颜色，分别对应偏移量 0 和 1。

Step 3 完成了对象的偏移量和颜色的渐变设置之后，将 g1 对象赋给 context 对象的 fillStyle 属性，表明此图形样式是一个渐变的图形。

```
context.fillStyle = g1;
```

Step 4 完成了渐变对象之后，使用 fillRect() 方法绘制一个矩形的图形。其中，x 为矩形起点横坐标，y 为矩形起点纵坐标，width 为矩形宽度，height 为矩形高度。fillRect() 方法的语法格式如下所示：

```
context.fillRect(x,y,width,height);
```

Step 5 改变渐变图形的起始位置和大小循环绘制图形。在 arc() 方法中，(x,y) 指定了要绘制的圆弧的圆心坐标，radius 是圆的半径，startAngle 和 endAngle 分别指定了弧的起始和结束的角度，anticlockwise 为布尔类型，该参数的作用确定是否使用逆时针方向绘图。示例代码如下所示：

```
arc( x, y, radius, startAngle, endAngle, anticlockwise)
```

完整的示例代码如下：

```
<canvas id="mycanvas" width="600" height="400"></canvas>
```

上述代码创建了一个 canvas 元素，JavaScript 代码实现在画布上绘制图形。JavaScript 代码如下所示：

```
<script type="text/javascript">
window.onload = function()
{
var canvas = document.getElementById("mycanvas");
var context = canvas.getContext("2d"); //获取上下文环境变量
var g1 = context.createRadialGradient(400, 0, 0, 400, 0, 400);
g1.addColorStop(0.1, "rgb(255, 255, 0)");
g1.addColorStop(0.3, "rgb(255, 0, 255)");
g1.addColorStop(1, "rgb(0, 255, 255)");
context.fillStyle = g1;
context.fillRect(0, 0, 400, 300);
var n = 0;
var g2 = context.createRadialGradient(250, 250, 0, 250, 250, 300);
g2.addColorStop(0.1, "rgba(255, 0, 0, 0.5)");
g2.addColorStop(0.7, "rgba(255, 255, 0, 0.5)");
g2.addColorStop(1, "rgba(0, 0, 255, 0.5)");
for(var i = 0; i < 10; i++)
{
context.beginPath();
context.fillStyle = g2;
context.arc(i * 25, i * 25, i * 10, 0, Math.PI * 2, true);
context.closePath();
context.fill();
}
}
</script>
```

上述代码的运行效果如图 4-3 所示。

2. 线性渐变

在径向渐变案例中介绍了径向渐变的效果，接下来详细介绍线性渐变的实现过程。

通过上下文环境变量调用createLinearGradient(sx,sy,ex,ey)方法，其中，sx为起点的横坐标，sy为起点的纵坐标，ex为终点的横坐标，ey为终点的纵坐标。

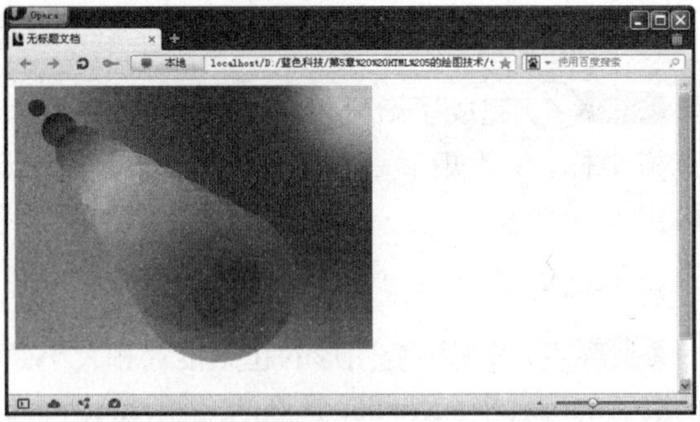

图4-3　径向渐变图形的运行效果

```
createLinearGradient(sx,sy,ex,ey)
```

示例代码如下所示：

```
<canvas id="mycanvas" width="600" height="400"></canvas>
```

上述代码创建了一个canvas元素，JavaScript代码实现在画布上绘制图形，JavaScript代码如下所示：

```
window.onload = function()
 {
var canvas = document.getElementById("mycanvas");
var context = canvas.getContext("2d");              //上下文环境变量
var g1 = context.createLinearGradient(0, 0, 0, 300);
                                                    //返回渐变对象，指定渐变区域(矩形)
g1.addColorStop(0, "rgb(255, 255, 0)");             //为指定的渐变区域添加颜色
g1.addColorStop(1, "rgb(0, 255, 255)");
context.fillStyle = g1;
 context.fillRect(0, 0, 400, 300);                  //绘制矩形区域
var n = 0;
 var g2 = context.createLinearGradient(0, 0, 300, 0);    //指定渐变区域(圆形)
g2.addColorStop(0, "rgba(0, 0, 255, 0.5)");
g2.addColorStop(1, "rgba(0, 255, 0, 0.5)");
for(var i = 0; i < 10; i++)                         //循环打印圆形
{
 context.beginPath();                               //开始绘制路径
    context.fillStyle = g2;
context.arc(i * 25, i * 25, i * 10, 0, Math.PI * 2, true);  //绘制圆形
    context.closePath();                            //结束路径
context.fill();                                     //把绘制的图形填充到画布上
   }
 }
```

上述代码的运行效果如图4-4所示。

提示　线性渐变是指从开始地点到结束地点，颜色呈直线徐徐变化的效果。径向渐变是环形的渐变，由圆心（或者较小的同心圆）开始向外扩散渐变的效果。径向渐变调用createRadialGradient()方法，而线性渐变调用的是createLinearGradient()方法。

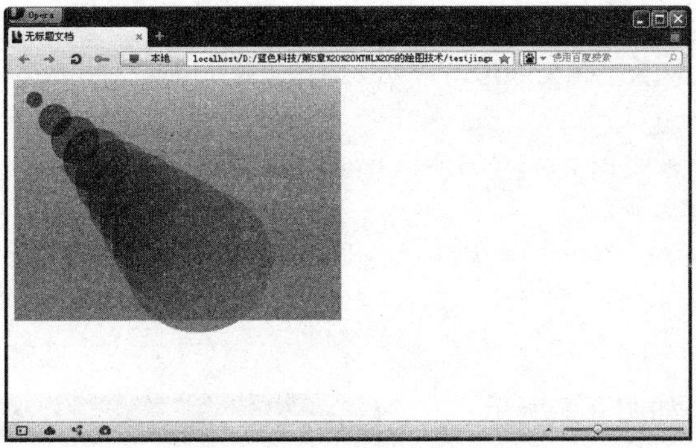

图4-4 线性渐变的运行效果

4.2.3 绘制圆形

前面学习了使用 canvas 元素绘制边框和渐变图形，本节将详细介绍如何使用 canvas 元素绘制圆形，加深对 canvas 元素功能的了解。

Step 1 获取上下文环境变量之后，使用 fillStyle 属性设置区域的填充颜色。fillStyle 属性的使用方法的示例代码如下：

```
context.fillStyle="#eeeeee";
```

Step 2 创建路径的第一步便是调用 beginPath() 方法，返回一个存储路径的信息。注意，这只是信息，并没有在画布上实质做什么。该方法使用格式如下：

```
context. beginPath ();
```

Step 3 arc 为 canvas 元素绘制圆形的关键方法，在 arc 接口中，前两个参数 x,y 指定了要绘制的圆弧的圆心坐标，radius 是圆的半径，startAngle 和 endAngle 指定了弧的起始和结束的角度，anticlockwise 指定是否使用逆时针方向绘图。

其使用格式如下：

```
arc(float x, float y, float radius, float startAngle, float endAngle, boolean
anticlockwise)
```

Step 4 定义圆形的颜色和填充颜色，使用格式如下：

```
context.fillStyle='rgba(0,0,0,0.25)';
context.fill();
```

Step 5 创建圆形图形完整的示例代码如下：

```
<body onload="draw()">
<canvas id="mycanvas" width="800" height="800"></canvas>
</body>
```

上述代码创建了画布，在页面加载时调用 JavaScript 函数，JavaScript 代码实现在画布上绘制图形，JavaScript 示例代码如下：

```
function draw(){
 var canvas=document.getElementById("mycanvas");
 var context=canvas.getContext('2d');
```

```
    context.fillStyle="#eeeeee";
    context.fillRect(0,0,400,300);
     context.beginPath();
     context.arc(9*25,9*25,9*10,0,Math.PI*2,true);
     context.closePath();
     context.fillStyle=’ rgba(0,0,0,0.25)’ ;
     context.fill();
    }
```

上述代码的运行效果如图 4-5 所示。

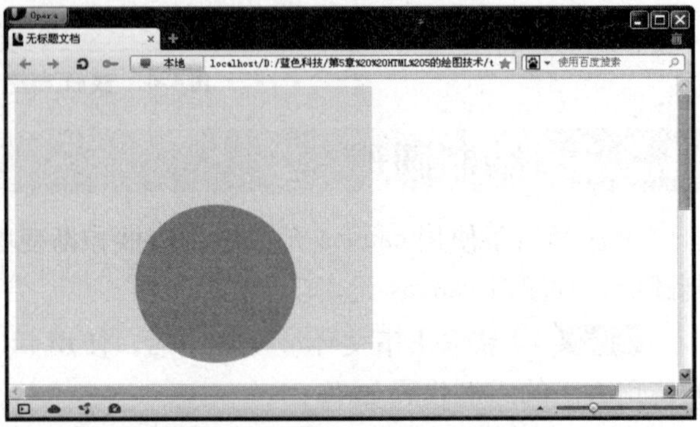

图4-5　canvas元素创建的圆形

4.2.4 绘制直线

在 HTML 5 中绘制一条直线是相当简单的一件事情，在数学中是两个点确定一条直线。在网页中却不然，想要在网页中绘制一条直线，需要确定起点坐标和终点坐标。下面通过一个案例介绍在 HTML 5 中绘制直线的步骤。

Step 1 使用 getContext() 方法获取上下文变量，获取变量之后，使用 moveTo(x,y) 方法进行绘制。moveTo() 方法用于将画笔移动到指定点并以该点为起始点画直线。其中，x 为起点的横坐标，y 起点的纵坐标。moveTo() 方法的具体使用如下：

```
context.moveTo(70,140);
```

Step 2 lineTo(x,y) 是用画笔从指定的起点到指定终点绘制一条直线。其中，x 为终点的横坐标，y 为终点的纵坐标。140 和 70 分别对应终点的横坐标和纵坐标。lineTo() 方法的具体使用如下：

```
context.lineTo(140,70);
```

Step 3 当直线的路径绘制完成后，效果并不能立刻显示出来，需要调用 stroke() 方法填充路径，展现该直线的效果。调用格式如下：

```
context.stroke();
```

使用 canvas 元素绘制直线的完整代码如下所示：

```
  <body onload="drawLine()">
  <canvas id="drawLine" style="border:1px solid;width:200px;height:200px;"></
canvas>
  </body>
```

上述代码创建了画布，JavaScript 代码实现在画布上绘制图形，JavaScript 代码如下：

```
function drawLine(){
    var canvas=document.getElementById("drawLine");
    var context=canvas.getContext('2d');        //取得canvas对象及其上下文对象
    context.beginPath();                        //开始启动画笔
    context.moveTo(70,140);                     //开始坐标
    context.lineTo(140,70);                     //结束坐标
    context.stroke();                           //直线填充画布
}
window.addEventListener("load",drawLine,true);//首页加载时调用drawLine()函数
```

上述代码的运行效果如图 4-6 所示。

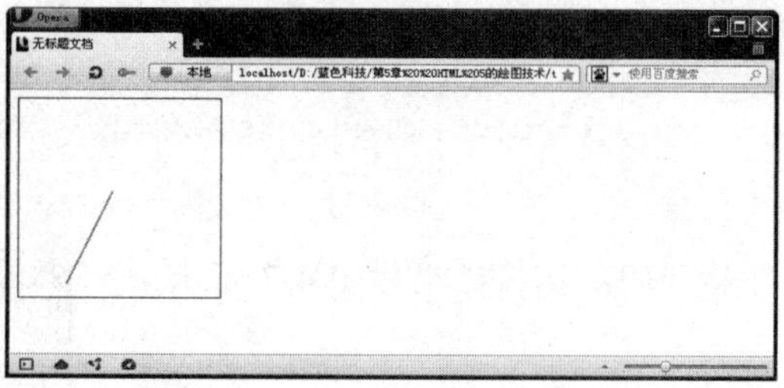

图4-6　canvas元素绘制的直线

4.2.5 绘制文字

在网页中，经常需要使用文字来描述内容，漂亮的文字能为网页增添光彩。本节将讲述文字的设置方式，包括改变文字的大小和形状。

绘制文字时需要调用 filltext(text,topx,topy,maxlength) 方法，其中，text 为文本内容；topx 为左上角横坐标；topy 为左上角纵坐标；maxlength 为最大长度。filltext() 方法的具体使用如下所示：

```
context.fillText('你 好!', 0, 0,50);
```

绘制文字时，只调用 filltext() 方法是不能实现绘制文字效果的，还需调用 strokeText(text,topx,topy,maxlength) 方法，其中，text 为文本内容；topx 为左上角横坐标；topy 为左上角纵坐标；maxlength 为最大长度。strokeText() 方法的具体使用如下所示：

```
context.strokeText('你 好!', 0, 50,100)
```

绘制文字需要调用样式相关属性，以便设置文字样式，设置文字需要调用的属性如下：

- font 设置 CSS 样式中字体的任何值。
- textAlign 设置文本的对齐方式。
- textBaseline 设置文本相对于起点的位置。

提示　filltext()是以填充的方式绘制文字，stroketext()是以描边的方式绘制文字。

完整的示例代码如下：

```
<body onload="pageInit()">
<canvas id="my_canvas" width="200" height="200" style="border:1px solid
#ff0000"></canvas>
</body>
```

在页面加载时调用 JavaScript 方法，用以完成画布的内容，JavaScript 代码如下所示：

```
function pageInit()
{
    var elem = document.getElementById("my_canvas");
        var context = elem.getContext("2d");
        context.fillStyle= '#00f';
        context.font= 'italic  30px 微软雅黑';.
        context.textAlign='left';
        context.textBaseline='top';
        context.fillText('你 好!', 0, 0,50);
        context.font='bold 0px sans-serif';
        context.strokeText('你 好!', 0, 50,100);
}
```

上述代码的运行效果如图 4-7 所示。

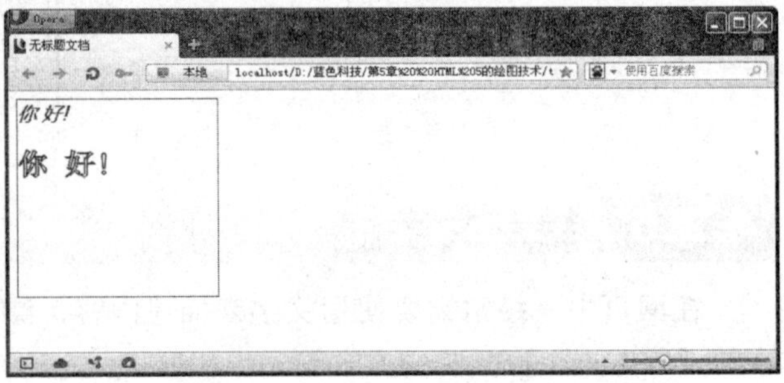

图4-7　canvas元素绘制的文字

4.3 对画布中图形的操作

有时已经绘制的图像并不能满足需求，需要对已经绘制的图形进行修改。这些修改可以借用 canvas 元素的相关属性和方法实现，将不同或相同的图形结合在一起，组合成新的图形；或者为图形添加不同的样式效果。本节将详细介绍对已绘制图形的操作。

4.3.1 组合多个图形

在画布上绘制多个交叉的图形，显示时将根据绘制的先后顺序显示每个图形，也有可能新图形将会覆盖原来的图形，这种默认的多图组合方式给网页的设计带来了很大的困扰，在 HTML 5 中可以修改上下文对象的 globalCompositeOperation 属性的值来改变默认的组合方式。该属性的值如下所示：

- source-over 默认相交部分由绘制的图形填充（颜色、渐变、纹理）。
- source-in 只绘制相交部分，由绘制的图形填充相交部分，其余部分透明。
- source-out 只绘制不相交的部分。
- source-atop 不相交的部分透明，相交部分由绘制的图形填充。
- destination-over 相交部分由绘制的图形填充。
- destination-in 只绘制相交部分，该部分由绘制的图形填充，其余部分透明。

- destination-out 绘制不相交的部分，该部分由绘制的图形填充，其余部分透明。
- destination-atop 先绘制图形不相交的部分透明，相交部分由先绘制图形的填充覆盖。
- lighter 在图形重叠（相交）的地方颜色由两个颜色值相加后决定。
- darker 在图形重叠（相交）的地方颜色由两个颜色值相减后决定。
- cpy 只绘制图形。
- xr 相交部分透明。

通过上下文的 fillStyle 属性和 fillRect() 方法，可以绘制一个蓝色的矩形区域；用 globalCompositeOperation 属性选择多种图形的组合方式；使用上下文对象的 arc() 方法可以绘制一个圆形。最后通过 fill() 方法填充到画布上。

下面通过一个多种图形组合的示例，介绍 globalCompositeOperation 属性的使用方法，示例代码如下：

```
<body onload="draw()">
<canvas id="mycanvas" width="800" height="800"></canvas>
</body>
```

上述代码创建一个 canvas 元素。页面加载时，调用 JavaScript 方法来完成画布上的内容，JavaScript 代码如下：

```
function draw()
{
    var canvas=document.getElementById("mycanvas");
    var context=canvas.getContext('2d');
    var oprtns=new Array(
        "source-atop",
        "source-in",
        "source-out",
        "source-over”,
        "destination-atop",
        "destination-in",
        "destination-out",
        "destination-over",
        "lighter",
        "copy",
        "xor"
      )
    var i=10;
    context.fillStyle="blue";
    context.fillRect(10,10,60,60);
    context.globalCompositeOperation=oprtns[i];
    context.beginPath();
    context.fillStyle="red";
    context.arc(60,60,30,0,Math.PI*2,false);
    context.fill();
}
```

上述代码的运行效果如图 4-8 所示。

图4-8　canvas元素组合多个图形

4.3.2 为图形添加阴影

在网页中，有的区域只显示一张图片会显得很单调，为了不使网页图像显得单调，可以为图像添加阴影，以求达到立体显示的效果。使用 HTML 5 的 canvas 元素绘制图形时，可以为图片添加背景阴影，以达到立体显示的效果。

使用 canvas 元素绘制图形的阴影部分需要用到的属性如下所示：

- shadowoffsetx　阴影与图形的水平距离，大于 0 时向右偏移，小于 0 时向左偏移，0 为默认值。
- shadowoffsety　图形与阴影的垂直距离，大于 0 时向下偏移，小于 0 时向上偏移。
- shadowBlur　背景颜色值。
- shadowColor　阴影的模糊值，值越大模糊强度越强，默认值为 1。

下面通过一个示例，介绍 canvas 元素为图形绘制阴影效果的过程。示例如下所示：

```
<body onload="draw()">
<canvas id="mycanvas" width="400px" height="600px"></canvas>
</body>
```

上述代码完成了画布的创建。其中，在页面加载时调用 JavaScript 代码，JavaScript 代码实现绘制图形阴影的效果，JavaScript 代码如下：

```
function draw ()
{
 var canvas=document.getElementById("mycanvas");
    var context=canvas.getContext('2d');
    context.shadowOffsetX = 10;
context.shadowOffsetY = 10;
context.shadowBlur =4;
context.shadowColor= 'rgba(255, 0, 0, 0.5)';
context.fillStyle='#00f';
context.fillRect(20, 20, 150, 100);
}
```

上述代码的运行效果如图 4-9 所示。

图4-9　canvas元素为图形添加阴影

4.3.3 变换坐标

绘制图形的时候，可能需要旋转图形，或者对图形使用变形处理，在 HTML 5 中，使用 canvas 的坐标轴变换处理功能，就能实现坐标转换的效果。

通常是以坐标点为基准来绘制图形的，默认情况下，画布的最左上角对应于坐标轴的原点 (0,0)。如果对这个坐标轴进行改变，那么就可以实现图形的变换处理了。在 HTML 5 中，对坐标的变换处理有以下三种方式。

1. 平移

使用图形上下文对象的 translate() 方法移动坐标轴原点，该方法定义如下：

```
cantext.translate(x, y);
```

x 表示横坐标，也就是将坐标轴 *x* 从原点向左移动多少个单位，默认以像素为单位。*y* 表示纵坐标，也就是将坐标轴 *y* 从原点向下移动多少个单位，默认以像素为单位。

2. 扩大

使用图形上下文对象的 scale 方法将图形放大，该方法的定义如下：

```
cantext.scale(x, y);
```

x 表示横坐标，也就是水平方向将图形放大的倍数。*y* 表示纵坐标，也就是垂直方向将图形放大的倍数。

注意　将图形缩小的时候，将这两个参数设置为0~1之间的小数即可，比如，0.5表示将图形缩小一半。

3. 旋转

使用图形上下文对象的 rotate 方法将图形进行旋转，该方法的定义如下：

```
cantext.rotate(angle);
```

angle 表示旋转的角度，旋转的中心点是坐标轴的原点。旋转方向为顺时针方向，如果逆方向旋转，只需要设置为负数即可。

下面通过一个示例介绍使用 canvas 元素，实现对图形进行移动、缩放、旋转的操作过程。示例代码如下：

```
<canvas id="mycanvas" width="600" height="400"></canvas>
```

上述代码创建了一个画布，JavaScript 代码将画布上的图形进行变换坐标的操作，JavaScript 代码如下：

```
window.onload = function()
{
var canvas = document.getElementById("mycanvas");
var context = canvas.getContext("2d");
context.fillStyle = "#d4d4d4";
context.fillRect(0, 0, 400, 300);
//绘制图形
context.translate(200, 25);
```

```
context.fillStyle = "rgba(0, 0, 255, 0.25)";
for(var i = 0; i < 50; i++)
{
context.translate(25, 25);
context.scale(0.95, 0.95);
context.rotate(Math.PI / 10);
context.fillRect(0, 0, 100, 50);
}
}
```

上述代码的运行效果如图 4-10 所示。

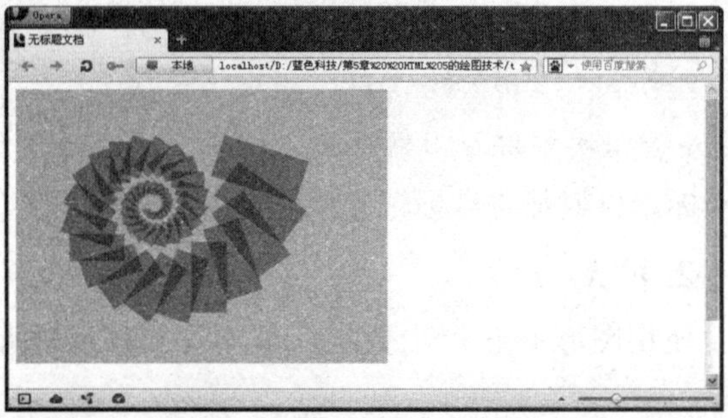

图4-10　canvas元素变换坐标效果

4.3.4 变换矩阵

坐标变换可以实现图形的变换，当利用坐标变换不能满足要求时，可以利用矩阵变换技术。下面将介绍更为复杂的矩阵变换变形技术。

矩阵是专门用来实现图形变形的，它与坐标一起配合使用，可达到变形的目的。当图形上下文被创建完毕时，事实上也创建了一个默认的变换矩阵，如果不对这个矩阵进行修改，那么接下来绘制的图形将以画布的最左上角为坐标原点进行绘制，绘制出来的图形也不经过缩放变形处理，但如果修改这个变换矩阵，情况就不一样了。

下面通过一个示例介绍 canvas 元素图形转换的使用方法。

（1）通过 context 获得一个颜色的集合。

```
var colors=["red","orange","yellow","green","blue","navy","purple"];
```

（2）通过 context.transform(a,b,c,d,x,y) 方法改变图形的形状和位置。其中，a,b,c,d 这 4 个参数主要用来对图形进行变形；x, y 表示移动的坐标点。

transform() 方法可以使用如下方法代替：

- translate(x,y) 改变水平、上下方向的大小。
- scale(a,d) 扩大图形的倍数。
- rotate(b,c) 旋转图形，b、c 分别对应横轴和纵轴的值。

注意　**scale()方法其实只有一个参数，在这里为了便于理解且对应transform，故使用剩余的两个参数，放在这里是为了告诉读者，这两个参数的作用差不多，都是与旋转有关的。**

完整的示例代码如下：

```
<body onload="draw()">
```

```
    <canvas id="canvas" width="400" height="300" />
</body>
```

上述代码完成了画布的创建，JavaScript 代码实现在画布上绘制图像的工作，其中，页面加载时调用了 JavaScript 函数，JavaScript 代码如下：

```
function draw(id)
{
    var canvas=document.getElementById("canvas");
    var context=canvas.getContext('2d');
    //定义颜色
    var colors=["red","orange","yellow","green","blue","navy","purple"];
    //定义线宽
    context.lineWidth=10;
    context.transform(1,0,0,1,100,0);
    //循环绘制圆弧
    for(var i=0;i<7;i++){
        context.transform(1,0,0,1,0,10);
        context.strokeStyle=colors[i];
        context.beginPath();
        context.arc(50,100,100,0,Math.PI,true);
        context.stroke();
    }
}
```

上述代码的运行效果如图 4-11 所示。

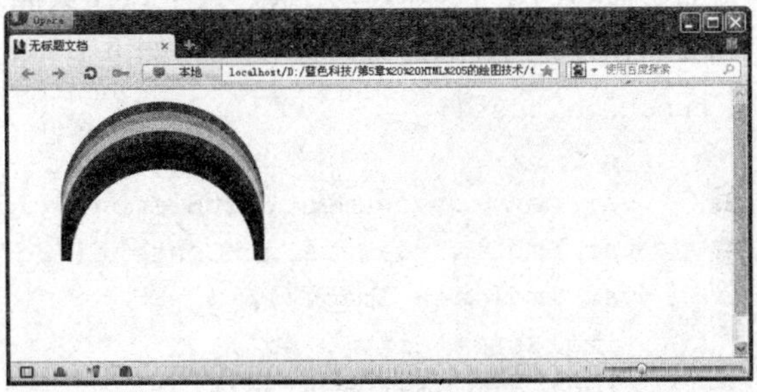

图4-11　canvas元素变换矩阵效果

4.4 在画布中使用图像

在 HTML 5 中，canvas 元素不仅可以绘制各种类型的图形，还可以用 canvas 元素绘制图像，并且对图像进行切割、平铺以及像素处理。本节将详细介绍对图像的处理。

4.4.1 绘制图像

合理地绘制多幅图像可以做出漂亮的组合效果，比如常见的画廊就是框图片与照片的叠加，只不过要注意绘制的先后顺序。

Step 1 动态地创建图片：用脚本创建一个新的Image对象，使用该对象指定一个图片路径。

```
var img1=new Image();
```

Step 2 当脚本执行后，图片开始装载。若调用 drawImage() 方法时图片没装载完，脚本会自动等待，直至装载完毕。如果不希望这样的效果，则需要使用图片的 onload 事件。

drawImage() 方法有三种使用格式，使用方法如下所示：

- drawImage(image,dx,dy)　在网页中绘制一张图像，必须在绘制图像前加载该图像。dx 为 image 图像在画中起点的横坐标，dy 为 image 图像在画布中起点的纵坐标。
- drawImage(image,dx,dy,dw,dh)　前三个参数的使用方法与第一种调用格式相同。dw 指定图像在画布中的宽度，dh 指定图像在画布中的高度。
- drawImage(image,sx,sy,sw,sh,dx,dy,dw,dh)　image,dx,dy,dw,dh 参数的使用方法与第二种调用格式相同。sx,sy,sw,sh 对应裁剪的范围，sx 表示原图像被切割的起点横坐标，sy 表示原图像被切割的起点纵坐标，sw 表示原图像被切割的宽度，sh 表示原图像被切割的高度。

drawImage() 方法的三个参数的使用方法如下：

```
img1.onload=function()
  {
     imgtext.drawImage(img1,100,100);
   }
```

完整的示例代码如下：

```
<body onload="test()">
<canvas id="canvas1" width="300px" height="300px"></canvas>
</body>
```

上述代码创建了 canvas 元素，其中，在页面加载时调用了 JavaScript 函数，JavaScript 代码是在画布上绘制图片的过程，示例代码如下：

```
function test()
  {
   var canvas=document.getElementById("canvas1");
   var imgtext=canvas.getContext("2d");
   var img1=new Image();
    img1.src='city1.jpg';
    img1.onload=function()
    {
       imgtext.drawImage(img1,100,100);
     }
}
```

上述代码的运行效果如图 4-12 所示。

图4-12　canvas元素绘制图片的运行效果

4.4.2 平铺图像

图片像背景一样在canvas中以重复方式平铺开来。实现起来也很简单，只需要设置createPattern属性的平铺方式即可。省去了循环嵌套的代码，这种方法达到了铺设背景图案的效果。

Step 1 如下代码是通过context对象获取一个带有背景颜色的区域，其中，context为上下文环境变量。

```
context.fillStyle="#eeeeff";
context.fillRect(0,0,400,300);
```

Step 2 createPattern(imgtype,repeattype)方法可以实现图像的平铺，其中，imgtype为图像的数据源，repeattype为平铺的方式。

repeattype有如下4种平铺方式：

- no-repeat 不平铺。
- repeat-x 横方向平铺。
- repeat-y 纵方向平铺。
- repeat 全方向平铺。

如下代码实现了图片的全方向平铺。

```
var ptrn=context.createPattern(image,’repeat’);     //指定填充样式
context.fillStyle=ptrn;
```

完整的示例代码如下所示：

```
<body onload="draw()">
<canvas id="canvas1" width="600" height="600"></canvas>
</body>
```

从上述代码中可以看出，在页面加载时调用JavaScript函数，JavaScript函数实现了图片的平铺方式。

```
function draw(){
    var canvas=document.getElementById("canvas1");
    var context=canvas.getContext('2d');
    context.fillStyle="#eeeeff";
    context.fillRect(0,0,400,300);
    image=new Image();
    image.src="city1.jpg";
        //创建填充样式，全方向平铺
        var ptrn=context.createPattern(image,'repeat');
        //指定填充样式
        context.fillStyle=ptrn;
        //填充画布
        context.fillRect(0,0,400,300);
}
```

上述代码的运行效果如图4-13所示。

图4-13 canvas元素平铺图像的效果

4.4.3 裁剪图像

在网页中，有时候并不需要显示整张图片，而只需其中的一部分。在 HTML 5 中可以通过上下文环境变量的 clip() 方法对图像进行切割。

clip() 是一个无参的方法，用于切割在画布上所选中的区域。因此，在使用该方法之前必须使用一个路径绘制一个区域，然后调用该方法。使用格式如下所示：

```
context.clip();                                    //切割选中的圆形区域
```

完整的示例代码如下：

```
<canvas id="mycanvas" width="200" height="200"></canvas>
<img src="52.JPG" width="200px" height="200px"/>
```

在页面加载时会调用 JavaScript 函数，JavaScript 函数的代码如下所示：

```
    window.onload=function draw()
  {
      var context=document.getElementById("mycanvas").getContext("2d");
      var img=new Image();
      img.src=" 52.JPG";
      context.beginPath();                          //开始绘制路径
      context.arc(100,100,60,0,Math.PI*2,true);     //绘制圆形
      context.closePath();                          //结束绘制路径
      context.lineWidth=4;
      context.clip();                               //切割选中的圆形区域
      context.stroke();                             //填充切割的路径
      context.drawImage(img,10,10);                 //被切割的图像
      }
```

上述代码的运行效果如图 4-14 所示。

图4-14 canvas元素裁剪图像效果

4.5 其他操作

在 HTML 5 中，通过 canvas 元素可以绘制图像、图形以及文字。在绘制图形的同时可以将图形保存和恢复，并将图像或图形以 base64 位的形式输出到浏览器中。

4.5.1 保存和恢复图形

在网页中常常需要绘制多个图像，同时图像之间要进行转换，如果原始图像不保存，原来的图像就会丢失，这是不希望看到的结果。在 HTML 5 中为了解决这些问题，可以调用 save() 方法将图像保存起来；restore() 方法取出保存的图像。下面的示例会详细介绍两种方法的使用。

Step 1 save() 的作用是保存当前画布，可以将前面设置好的画布属性临时保存在内存中，如果要返回以前状态可以用 restore()。第一次使用 con.save() 时为初始化 save() 方法。

```
con.save();
```

Step 2 指针每转动一次即重新绘制一个图形，为防止出现多次重合，需要更新画布信息。

```
    con.clearRect(0,0,400,400);
```

Step 3 第二次出现 save() 方法，保存更新后画布的信息。

```
con.save();
```

Step 4 restore() 的作用是从内存中取出图形信息并且返回。

第一次出现 restore() 方法，保存绘制时针之后的图形信息，并且返回。再次使用 save() 方法保存新图形。

```
  con.stroke();
  con.restore();
  con.save();
```

Step 5 在 JavaScript 函数中，最后会出现两次 restore()，第一次要返回到第一次出现 save() 的状态，即初始时的状态，第二次是保存整个时钟的图形并且返回。

完整的示例代码如下所示：

```
<body onload="startime()">
<canvas id="mycanvas" height="600" width="600"></canvas>
</body>
```

Step 6 在页面加载时会调用 JavaScript 函数。startimt() 函数每秒会调用一次 clock() 函数，用 clock() 函数绘制一个钟表的图形。JavaScript 函数的代码如下所示：

```
function clock() {
    var now=new Date();
    var hour=now.getHours(),
    min=now.getMinutes(),
    sec=now.getSeconds();
    hour=hour>=12?hour-12:hour;
    var con=document.getElementById(“mycanvas”).getContext(“2d”);
```

```
con.save();
//首先清除画布，需注意高宽的设置，否则画布将只清除一半，后面的会不停地重合
con.clearRect(0,0,400,400);
con.translate(120,120);
con.scale(0.8,0.8);
con.rotate(-Math.PI/2);                        //画布选择角度
con.strokeStyle="#fc4e19";                     //设置路径颜色
con.lineWidth=2;                               //设置线的宽度
con.lineCap="square";                          //设置线段的末端如何绘制
con.save();
//画小时刻度
con.beginPath();
for(var i=0;i<12;i++) {
    con.rotate(Math.PI/6);
    con.moveTo(110,0);
    con.lineTo(120,0);
}
con.stroke();
con.restore();
con.save();
//画分钟刻度
con.beginPath();
for(var i=0;i<60;i++) {
    con.rotate(Math.PI/30);
    con.moveTo(117,0);
    con.lineTo(120,0);
}
con.stroke();
con.restore();
con.save();
//画时针
con.rotate((Math.PI/6)*hour+(Math.PI/360)*min+(Math.PI/21600)*sec);
con.lineWidth=5;
con.beginPath();
con.moveTo(0,0);
con.lineTo(60,0);
con.strokeStyle="#000000";
con.stroke();
con.restore();
con.save();
//画分针
con.rotate((Math.PI/30)*min+(Math.PI/1800)*sec);
con.lineWidth=3;
con.beginPath();
con.moveTo(0,0);
con.lineTo(75,0);
```

```
    con.strokeStyle="#1ca112";
    con.stroke();
    con.restore();
    con.save();
    //画秒针
    con.rotate(sec*Math.PI/30);
    con.lineWidth=1;
    con.beginPath();
    con.moveTo(0,0);
    con.lineTo(90,0);
    con.strokeStyle="#ff6b08";
    con.stroke();
    con.restore();
    con.save();
    //画外圈
    con.lineWidth=2;
    con.strokeStyle="#fc4e19";
    con.fillStyle="#fc4e19";                    //设置线的颜色
    con.beginPath();
    con.arc(0,0,125,0,2*Math.PI,false);
    con.stroke();
    //这里restore()返回两次，因为要返回到第一个save()的状态，即初始化状态
    con.restore();
    con.restore();
}
function startime()
{
  setInterval(clock,1000);
}
```

上述代码的运行效果如图 4-15 所示。

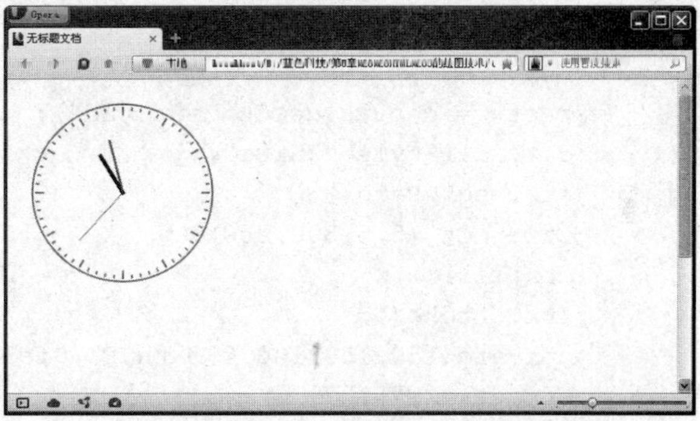

图4-15　canvas元素保存图形的效果

> **提示**　save()方法和restore()方法是对内存的存读操作，save()是将图形保存在内存中；restore()是将保存在内存中的图形取出来。

4.5.2 输出图形

在 HTML 5 中，有时候需要绘制多个图形，并且切换图形，如果切换之后的图形没有保存，图像就会消失，为了防止图像丢失，可以使用 save() 和 restore() 方法，在上节中已经讲述了这两种方法的使用。除了 save() 和 restore() 方法之外，还可以使用输出图形的方法将图像输出到

浏览器中，输出图像应调用 toDataURL() 方法。

Step 1 获取上下文环境变量，利用 canvas 变量设置输出类型。示例代码如下：

```
var canvas1 = document.getElementById("MyCanvas");
var ctx = canvas1.getContext("2d");
```

Step 2 使用 canvas.toDataURL() 方法设置输出数据的类型。其中，canvas 为上下文环境变量，通过 img 对象显示需要输出的图像。最后绘制的图像将以 base64 位编码方式输出到浏览器上，示例代码如下：

```
var myImage = canvas1.toDataURL("image/jpg");    // Get the data as an image.
var imageElement = document.getElementById("MyPix");  // Get the img object.
imageElement.src = myImage;
```

完整的示例代码如下所示：

```
<body onload="draw()" bgcolor="lightgray">
      <div>
        <button onclick="putImage()">复制图形使用toDataURL </button>
      </ div >
      <div>
        <canvas id="MyCanvas" width="400" height="400"></canvas>
      <img id="MyPix" width="200px" height="200px">
      </div>
  </ body >
```

从上述代码中可以看出，在页面加载时调用 JavaScript 函数，其中，单击 button 按钮时开始调用 putImage() 函数，开始输出图像，JavaScript 函数的代码如下所示：

```
function draw()
{
// Create some graphics.
  var canvas = document.getElementById("MyCanvas");
  if (canvas.getContext)
    {
  var ctx = canvas.getContext("2d");
    ctx.fillStyle="white";
    ctx.beginPath();
    ctx.rect (5,5,300,250);
    ctx.fill();
    ctx.stroke();
    ctx.arc(150,150,100,0,Math.PI, false);
    ctx.stroke();
    }
}
function putImage()
{
  var canvas1 = document.getElementById("MyCanvas");
   var ctx = canvas1.getContext("2d");
     var myImage = canvas1.toDataURL("image/jpg");
```

```
    var imageElement = document.getElementById("MyPix");
    imageElement.src = myImage;
}
```

上述代码的运行效果如图 4-16 和图 4-17 所示。

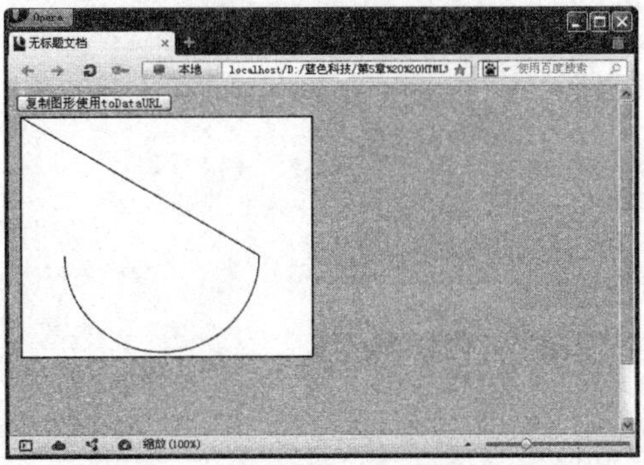

图4-16　页面加载完后的运行效果

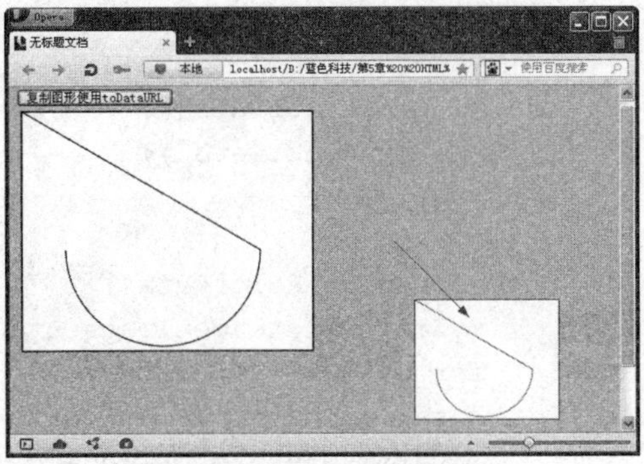

图4-17　输出图形的运行效果

本章实例 1：将彩色图像转换成黑白图像

在网页中对图像进行颜色的转换很重要，同一个图像的不同颜色在网页中的效果是不一样的。下面是一个将彩色图像转换成黑白图像的案例，介绍图像颜色转换的过程。

HTML 5 中使用 canvas 元素对图像的像素进行处理需要调用 putImageData() 方法和 getImageData() 方法。

Step 1 myImage.onload 事件在图像加载完成后触发一个 JavaScript 事件。

```
myImage.onload = function()
```

Step 2 getImageData(x,y,w,h) 方法用于获取图形的像素，其中，x 为坐标的横轴，y 为坐标的纵轴，w 为所选区域的宽度，h 为所选区域的高度。通过 getImageData() 方法所获取的对象是一个像素的数组。

```
getImageData(0, 0,300,300);
```

Step 3 putImageData(myImage,x,y) 中 img 为需要重新绘制的图像，x 为新图像的起始坐标的横轴，y 为新图像的起始坐标的纵轴。

```
ctx.putImageData(myImage,0,0);
```

完整的示例代码如下所示：

```
    <canvas id="myCanvas" width="600" height="600">
    </canvas>
```

在页面加载时触发 JavaScript 函数，JavaScript 函数的代码如下所示：

```
        var picWidth = 300;
        var picHeight = 300;
        var picLength = picWidth * picHeight;
```

```
var myImage = new Image();
function displayImage() {
  canvas = document.getElementById("myCanvas");
    ctx = canvas.getContext("2d");
   myImage.src = "51.jpg";
    myImage.onload = function() {
      ctx.drawImage(myImage, 0, 0,300,300);
      getColorData();
      putColorData();
    }
}
function getColorData() {
  myImage = ctx.getImageData(0, 0,300,300);
  for (var i = 0; i < picLength * 4; i += 4) {
    var myRed = myImage.data[i];
    var myGreen = myImage.data[i + 1];
    var myBlue = myImage.data[i + 2];
    myGray = parseInt((myRed + myGreen + myBlue) / 3);
    myImage.data[i] =myGray;
    myImage.data[i + 1]=myGray;
    myImage.data[i + 2] =myGray;
  }
}
function putColorData() {
  ctx.putImageData(myImage,0,0);
}
```

上述代码的运行效果如图 4-18 和图 4-19 所示。

图4-18　canvas元素未转换颜色前的图像

图4-19　canvas元素转换颜色后的效果

本章实例 2：绘制指针式动画时钟

绘制时钟是 JavaScript 中很典型的网页特效，下面做一个时钟的特效，加深理解本章中学到的 canvas 元素的属性和方法。

Step 1 页面加载时调用 JavaScript 函数 window_onload()，在该函数中每秒都会调用 draw() 函数。

```
setInterval("draw()",1000);//每隔一秒重绘时钟，重新显示时间
```

Step 2 为防止不正常的重合，需要清除整个画布，否则在后面会多次出现重合现象。

```
context.clearRect(0,0,canvas.width,canvas.height);
```

Step 3 第一次使用 con.save() 时为初始化 save() 方法。save() 方法用来保存当前画布，它可以将前面设置好的画布属性临时保存，如果要返回以前的状态可以用 restore() 方法。

```
context.save();                                         //保存当前绘制状态
```

Step 4 通过 restore() 方法返回之前的绘图信息，可以在原来绘制图形的基础上编辑图形，成为新的图形。

```
context.restore();                                      //恢复之前保存的绘制状态
```

Step 5 beginPath() 方法开始一条新的路径。在使用不同的子路径绘制一条新线段之前，必须要使用 beginPath() 来标明一个绘制过程要遵循的新起点。在绘制第一条线段时，beginPath() 方法的调用不是必须的。

```
context.beginPath();                                    //开始创建路径
```

Step 6 当一个图形绘制结束后，并不能立刻显示出来，需要通过 stroke() 填充画布之后，绘制的图形才能显示。

```
context.stroke();                                       //绘制指针边框
```

完整的示例代码如下所示：

```
<div class="divcanvas"><div class="divcanvas"><canvas id="canvas" 
width="200px" height="200px"></canvas></div>
</div>
```

上述代码创建了 canvas 元素，即是创建了一个画布。JavaScript 代码实现在画布上绘制图像的功能，其中页面加载时调用 JavaScript 函数，JavaScript 代码如下：

```
var canvas;
var context;
//页面装载
window.onload=function window_onload()
{
    canvas=document.getElementById("canvas");    //获取canvas元素
    context=canvas.getContext('2d');              //获取canvas元素的图形上下文对象
    setInterval("draw()",1000);                   //每隔一秒重绘时钟，重新显示时间
}
//绘制时钟
function draw()
{
    var radius=Math.min(canvas.width / 2, canvas.height / 2) -25;
                                                  //时钟罗盘半径
    var centerx=canvas.width/2;                   //时钟中心横坐标
    var centery=canvas.height/2;                  //时钟中心纵坐标
    context.clearRect(0,0,canvas.width,canvas.height);  //清除之前所绘时钟
```

```
    context.save();                                   //保存当前绘制状态
   //绘制时钟圆盘
    context.fillStyle = '#efefef';                    //时钟背景色
    context.strokeStyle = '#c0c0c0';                  //时钟边框颜色
    context.beginPath();                              //开始创建路径
    context.arc(centerx,centery,radius, 0,Math.PI*2, 0);  //创建圆形罗盘路径
    context.fill();                                   //用背景色填充罗盘
    context.stroke();                                 //用边框颜色绘制罗盘边框
    context.closePath();                              //关闭路径
    context.restore();                                //恢复之前保存的绘制状态
    //绘制时钟上表示小时的文字
    var r = radius - 10;                    //缩小半径，因为要将文字绘制在时钟内部
    context.font= 'bold 16px 宋体';                   //指定文字字体
    Drawtext('1', centerx + (0.5 * r), centery - (0.88 * r));
    Drawtext('2', centerx + (0.866 * r), centery - (0.5 * r));
    Drawtext('3', centerx + radius - 10,centery);
    Drawtext('4', centerx + (0.866 * r), centery + (0.5 * r));
    Drawtext('5', centerx + (0.5 * r), centery + (0.866 * r));
    Drawtext('6', centerx, centery + r);
    Drawtext('7', centerx - (0.5 * r), centery + (0.866 * r));
    Drawtext('8', centerx - (0.866 * r), centery + (0.49 * r));
    Drawtext('9', centerx - radius + 10, centery);
    Drawtext('10',centerx - (0.866 * r),centery - (0.50 * r));
    Drawtext('11', centerx - (0.51 * r), centery - (0.88 * r));
    Drawtext('12', centerx, 35);
    //绘制时钟指针
    var date=new Date();                              //获取需要表示的时间
    var h = date.getHours();                          //获取当前小时
    var m = date.getMinutes();                        //获取当前分钟
    var s=date.getSeconds() ;                         //获取当前秒
    var a = ((h/12) *Math.PI*2) - 1.57 + ((m / 60) * 0.524);
                                                      //根据当前时间计算指针角度
    context.save();                                   //保存当前绘制状态
    context.fillStyle='black';                        //指定指针中心点的颜色
    context.beginPath();                              //开始创建路径
    context.arc(centerx,centery,3,0,Math.PI * 2, 0);    //创建指针中心点的路径
    context.closePath();                              //关闭路径
    context.fill();                                   //填充指针中心点
    context.lineWidth=3;                              //指定指针宽度
    context.fillStyle='darkgray';                     //指定指针填充颜色
    context.strokeStyle='darkgray';                   //指定指针边框颜色
    context.beginPath();                              //开始创建路径
    //绘制小时指针
    context.arc(centerx,centery,radius - 55, a + 0.01, a, 1);
    context.lineTo(centerx,centery);                  //绘制分钟指针
      context.arc(centerx,centery,radius - 40, ((m/60) * 6.27) - 1.57,
((m/60) * 6.28) - 1.57, 0);
    context.lineTo(canvas.width / 2, canvas.height / 2);     //绘制秒钟指针
      context.arc(centerx,centery,radius - 30, ((s/60) * 6.27) - 1.57,
```

```
((s/60) * 6.28) - 1.57, 0);
      context.lineTo(centerx,centery);
      context.closePath();                                    //关闭路径
      context.fill();                                         //填充指针
      context.stroke();                                       //绘制指针边框
      context.restore();                                      //恢复之前保存的绘制状态

                        //指定时钟下部当前时间所用的字符串，文字格式为hh:mm:dd
      var hours   = String(h);
      var minutes = String(m);
      var seconds = String(s);
      if (hours.length == 1)   h   = '0' + h;
      if (minutes.length == 1) m = '0' + m;
      if (seconds.length == 1) s = '0' + s;
      var str =h + ':' + m + ':' +s;

                                                              //绘制时钟下部的当前时间
      Drawtext(str, centerx, centery + radius + 12);
  }
  function Drawtext(text, x, y)
  {

                        //因为需要使用到坐标平移，所以在平移前保存当前绘制状态
      context.save();
      x -= (context.measureText(text).width / 2); //文字起点横坐标
      y +=9;                                                  //文字起点纵坐标
      context.beginPath();                                    //开始创建路径
      context.translate(x, y);                                //平移坐标
      context.fillText(text,0,0);                             //填充文字
      context.restore();
  }
```

上述代码的运行效果如图 4-20 所示。

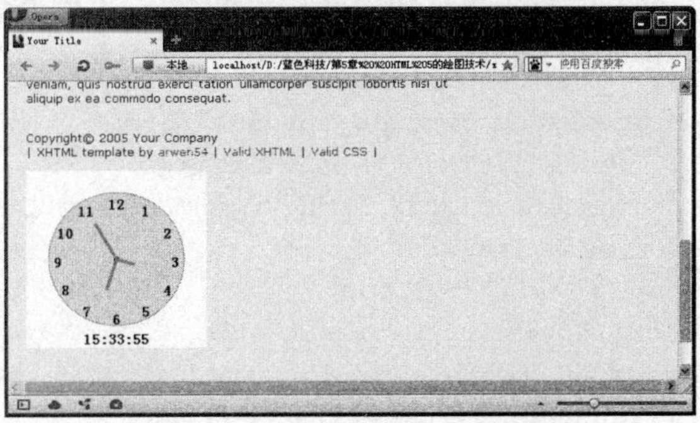

图4-20 canvas元素制作时钟的效果

本章实例3：绘制弹球动画

在很长一段时间内，网页动画是由GIF和Flash主导的，它们会有一个独立于页面其他元素的板块，而不是像文字和图像那样自然地呈现。直到HTML5 canvas出现，一切都改变了。

canvas 把动画和手绘自然地融入到网页设计中。可以把动画和文字结合起来，并让它们互动。本节将介绍如何使用 canvas 元素绘制动画。

下面通过一个动画的弹力球的示例展现 canvas 元素绘制动画的过程。制作该动画的关键在于控制小球的移动，当小球移动到边框的临界点时，小球要返回到桌面内，小球每移动一次就是一个新的绘画。

Step 1 在页面加载时调用 window_onload() 函数，在该函数中向 canvas 元素注册一个 canvas_mouseup 事件，在 canvas_mouseup 事件中设置小球结束的情况。window_onload() 函数的示例代码如下所示：

```
document.getElementById("canvas").onmouseup=canvas_mouseup;
```

Step 2 单击按钮之后触发 btnBegin_onclick 事件，该事件为小球的移动做初始工作。在该事件中，每 0.1 秒会调用 draw 事件一次，draw 事件控制了小球移动的图像。在下述代码中，BallX 为当前小球的横坐标，小球每次移动的横坐标为 5，所以当该值小于 5 时表示到了边框的边缘，小球要重新回到桌面内。纵坐标移动位置和横坐标一样。

```
    if(BallX<5)                              //小球向左移动时位置超过左边框
     {
         BallX=5;                            //将小球移到桌面内
        AddX=-AddX;                          //改变小球移动方向，使其向右移动
     }
```

Step 3 在每次开始绘制路径前，都应该使用 context.beginPath() 方法来告诉 context 对象开始绘制一个新的路径，否则接下来绘制的路径会与之前绘制的路径叠加。

```
context.beginPath();                         //开始创建路径
```

Step 4 closePath() 方法告诉 context 此路径的绘画已经结束，fill() 方法用来填充这条绘画的路径，restore() 方法是从内存中取出绘画的状态。

```
  context.closePath();                       //关闭路径
  context.fill();                            //绘制小球
  context.restore();                         //恢复上次保存的绘制状态
```

完整的示例代码如下：

```
<body onload="window_onload()">
<p class="lftTxt1">小球弹跳游戏</p>
<p class="lftTxt2">HTML 5中canvas元素和CSS组合制作的动画</p>
<p class="lftTxt4">
<input type="button" id="btnBegin" value="开始游戏" onclick="btnBegin_
onclick()"/><br/>
<canvas id="canvas" width="400" height="200" style="background-
color:#d6d6d6;"></canvas>
</p>
<p class="roundbox"><span>单击小球可以结束游戏</span></p>
</body>
```

在页面加载和单击按钮时都会触发 JavaScript 函数，JavaScript 函数完成了弹力小球的移动和设置工作。JavaScript 代码如下所示：

```
<script type="text/javascript">
var BallX,BallY;                            //小球在canvas元素中的横坐标与纵坐标
var AddX,AddY;                              //小球每次移动时的横向移动距离与纵向移动距离
var width,height;                           //canvas元素的宽度与高度
var canvas;                                 //canvas元素
var context;                                //canvas元素的图形上下文对象
var functionId;                             //用来停止动画函数的整型变量
//单击开始游戏按钮
function btnBegin_onclick()
{
    canvas=document.getElementById("canvas");    //获取canvas元素
    width=canvas.width;                          //获取canvas元素的宽度
    height=canvas.height;                        //获取canvas元素的高度
    context=canvas.getContext('2d');             //获取canvas元素的图形上下文对象
    BallX=parseInt(Math.random()*canvas.width); //随机设置小球的当前横坐标
    BallY=parseInt(Math.random()*canvas.height);//随机设置小球的当前纵坐标
    AddX=-5;                                     //设置小球每次横向移动距离为5
    AddY=-5;                                     //设置小球每次纵向移动距离为5
    draw();                                      //绘制矩形桌面与小球
//使开始游戏按钮变为无效
    document.getElementById("btnBegin").disabled="disabled";
                            //每0.1秒重绘矩形桌面与小球，改变小球位置以产生动画效果
    functionId=setInterval("draw()",100);
 }
//重绘矩形桌面与小球
function draw()
{
    context.clearRect(0,0,width,height);         //清除canvas元素中的内容
    context.save();                              //保存当前绘制状态
    context.fillStyle="lightgreen";              //设置桌面为淡绿色
    context.strokeStyle="black";                 //设置桌面边框为黑色
    context.linewidth=3;                         //设置桌面边框宽度
    context.fillRect(3,3,width-5,height-5);      //绘制淡绿色桌面
    context.strokeRect(3,3,width-5,height-5);    //绘制桌面黑色边框
    context.beginPath();                         //开始创建路径
    context.fillStyle="blue";                    //设置小球为蓝色
    context.arc(BallX,BallY,5,0,Math.PI * 2,false);  //创建小球路径
    BallX+=AddX;                            //计算小球移动后的下次绘制时的横坐标
    BallY+=AddY;                            //计算小球移动后的下次绘制时的纵坐标
    if(BallX<5)                             //小球向左移动时位置超过左边框
    {
  BallX=5;                                  //将小球移到桌面内
        AddX=-AddX;                         //改变小球移动的方向，使其向右移动
    }
    else if(BallX>width-5)                  //小球向右移动时位置超过右边框
    {
        BallX=width-5;                      //将小球移到桌面内
        AddX=-AddX;                         //改变小球移动的方向，使其向左移动
    }
```

```
    if(BallY<5)                             //小球向上移动时位置超过上边框
    {
        BallY=5;                            //将小球移到桌面内
        AddY=-AddY;                         //改变小球移动的方向，使其向下移动
    }
    else if(BallY>height-5)                 //小球向下移动时位置超过下边框
    {
        BallY=height-5;                     //将小球移到桌面内
        AddY=-AddY;                         //改变小球移动的方向，使其向上移动
    }
    context.closePath();                    //关闭路径
    context.fill();                         //绘制小球
    context.restore();                      //恢复上次保存的绘制状态
}
function canvas_mouseup(ev)
{
    var differenceX;                        //鼠标击中点与小球中心点的横向偏差
    var differenceY;                        //鼠标击中点与小球中心点的纵向偏差
                                            //计算鼠标击中点与小球中心点的横向偏差
    differenceX=ev.pageX-document.getElementById("canvas").offsetLeft-BallX;
                                            //计算鼠标击中点与小球中心点的纵向偏差
    differenceY=ev.pageY-document.getElementById("canvas").offsetTop-BallY;
            //如果横向偏差与纵向偏差均在5个像素之内即为击中小球，因为小球的半径为5
    if(-5<=differenceX&&differenceX<=5)
        if(-5<=differenceY&&differenceY<=5)
        {
            alert("恭喜您获胜！游戏结束");
            clearInterval(functionId);              //停止动画
                                                    //恢复开始游戏按钮为有效状态
            document.getElementById("btnBegin").disabled="";
        }
}
//画面打开时添加鼠标单击canvas元素时的事件处理
function window_onload()
{
    document.getElementById("canvas").onmouseup=canvas_mouseup;
}
</script>
```

上述代码的运行效果如图 4-21 所示。

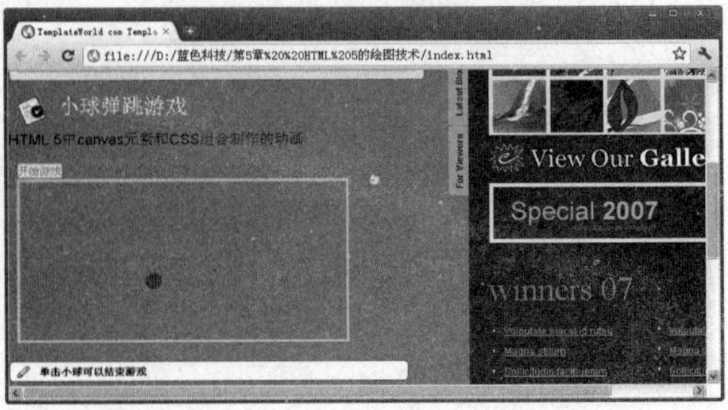

图4-21　canvas元素制作动画的运行效果

本章小结

本章从最基础的创建 canvas 元素开始讲解，详细介绍了如何在画布中创建路径，绘制各种图形，以及绘制的技巧。除此之外，介绍了如何在已有图形的基础上做修改，以达到内容与网页的相互配合。

此外，详细介绍了如何绘制图像，控制图像的方法，绘制文字，制作简单动画。在详细介绍知识点的同时附有案例，以使读者深入理解属性或方法。在本章最后附有综合案例，以便巩固前面所学的知识。通过本章的学习，读者将理解 canvas 元素绘制各种图形、图像的方法。

课后练习

一、填空题

（1）在 HTML 5 中获取上下文环境变量的方法 __________。

（2）HTML 5 中绘制图像的方法 __________。

（3）HTML 5 中绘制矩形边框的方法 __________。

（4）HTML 5 中保存当前绘图信息的方法 __________。

（5）HTML 5 中将绘制的图形展现出来的方法 __________。

二、选择题

（1）在 HTML 5 中，下列 drawImage() 方法的参数正确的是 __________。

A．drawImage (x)　　B．drawImage (x,y)
C．drawImage(image,dx,dy)　　D．drawImage(image)

（2）平移一个坐标需要用到下列哪个方法 __________。

A．translate()　　B．scale()　　C．rotate()　　D．fillRect()

（3）translate ()，scale ()，rotate () 三个方法可以用下列哪个方法代替 __________。

A．strokeRect ()　　B．save()　　C．drawImage()　　D．transform()

（4）将图像以 base64 位方式输出到浏览器中需要用到下列哪个方法 __________。

A．strokeRect()　　B．drawImage()　　C．fill()　　D．toDataURL()

三、简答题

（1）列举文档 fill() 方法和 toDataURL() 的作用与区别。

（2）描述如何动态地创建图像以及动态创建图像的缺点和解决办法。

（3）描述如何在 HTML 5 中使用 save() 和 restore()。

（4）transform() 可以拆分为哪些方法，拆分后的方法怎么使用？

（5）简述 beginPath() 的作用，为什么需要多次使用 beginPath()?

第5章 HTML 5处理视频和音频

学习目标

- 熟悉常用的视频容器格式
- 熟悉常用的编解码器
- 了解 HTML 5 对音频和视频有哪些限制
- 熟练掌握音频和视频的常用属性和事件
- 熟练使用 video 和 audio 元素，能够制作网页视频播放器

5.1 HTML 5中音频和视频概述

如果没有介绍音频和视频，那么这本书就不能称之为一本关于 HTML 5 的完整书，audio 元素和 video 元素是首批被添加到 HTML 5 规范中的特征标记。它们的加入使得浏览器能够以一种更易用的方式来处理音频及视频文件，让用户无须加载项或外部播放器即可添加播放，而且能够更加精准地对音频和视频进行控制。

5.1.1 视频容器

无论是音频文件还是视频文件，实际上都只是一个容器文件，这一点类似于压缩了一组文件的 ZIP 文件。

读者可以把视频文件看作是 AVI 文件或者 MP4 文件。在生活中，AVI 和 MP4 也仅仅是视频容器的格式。就像 ZIP 文件可以存储任意格式的文件一样，视频容器格式只是定义了如何在容器中存储东西，而不是定义什么类型的数据可以存储。

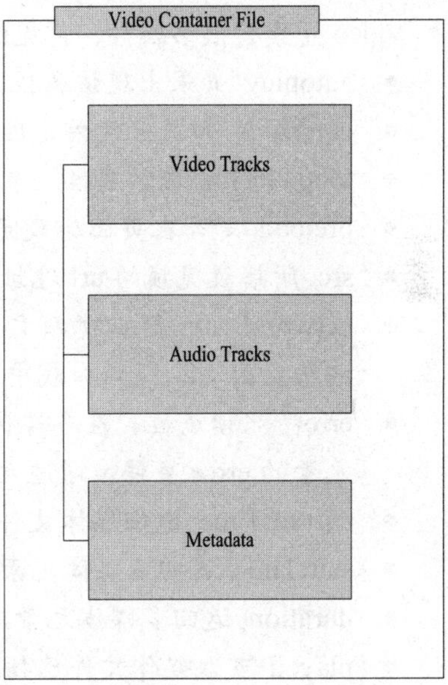

图5-1　视频容器（文件）

从图 5-1 可以看到，视频容器（文件）包含了音频轨道、视频轨道和其他一些元数据。视频播放的时候，音频轨道和视频轨道是关联绑定在一起的。一个音频轨道中存储着标记来帮助音频和视频同步。单一的轨道可以包含元数据，元数据部分包含了视频的封面、标题、子标题和字幕等相关信息。

视频的容器格式有很多，目前常用的有：

- Flash 通常以 .flv 结尾。
- MPEG-4 通常以 .mp4 或者 .m4v 为扩展名。
- Ogg 通常以 .ogv 作为其扩展名。
- Vudio Video Interleave 通常以 .avi 结尾。
- WebM WebM 是一个新的容器格式。

与 HTML 5 相关的视频容器格式是 MPEG-4、Ogg 和 WebM。

5.1.2 音频和视频编解码器

音频和视频编解码器是一组算法，用来对一段特定音频或者视频流进行解码和编码，以便音频和视频能够正常播放。原始的媒体文件体积非常大，如果不对其进行编码，那么构成一段视频和音频的数据会非常庞大，以至于在因特网上传播时耗费时间过长。编解码器可以读懂特定的容器格式，并且对其中的音频轨道和视频轨道进行解码。而解码器就是接收方把编码过的数据重组为原始的媒体数据。

HTML 5 中使用最多的视频解码器是：H.264、VP8 和 Ogg THeora。

HTML 5 中使用最多的音频解码器是：AAC 和 Ogg Vorbis。

5.2 使用video元素显示视频

通过上节的学习，读者一定对音频和视频有了初步的了解和认识。这一节将介绍 video 元素中的属性和事件，使读者能够熟练地使用 video 元素显示视频。

5.2.1 video元素的属性

在 HTML 4 版本之前，大多数视频是通过插件来显示的，然而并非所有的浏览器都拥有同样的插件。HTML 5 规定了一种通过 video 元素来包含视频的标准方法，刚好解决了 HTML 4 版本之前所遇到的必须使用第三方插件显示视频的问题。

video 元素有很多属性，常见的属性如下：

- autoplay 如果出现该属性，表示当前网页完成载入后自动播放。
- controlds 如果出现该属性，向用户显示控件，比如播放按钮，暂停按钮等控件。
- loop 如果出现该属性，表示视频结束时重新开始播放。
- preload 是否在页面加载完成后载入视频。如果使用了 autoplay，则忽略该属性。
- src 所播放视频的 url 地址。
- networkState 返回视频文件的网络状态（有 4 个可能值：0- 尚未初始化；1- 加载完成，网络空闲；2- 视频加载中；3- 加载失败）。
- error 只读属性。在多媒体元素加载或读取文件过程中，如果出现异常或错误，将触发元素的 error 事件。通过元素的 error 属性返回当前的错误值。
- currentTime 返回媒体文件当前播放时间，也可以修改该时间属性。
- startTime 返回多媒体元素开始播放的时间。
- duration 返回多媒体元素总体播放时间。
- played 获取媒体文件已播放完成的时间段。
- paused 返回当前播放的文件是否处于暂停状态。
- ended 返回当前播放的文件是否结束。
- defaultPlaybackRate 返回页面媒体元素默认的文件播放速度频率，即默认播放速率。一般情况下，该属性值是 1。
- playbackRate 返回当前正在播放的媒体文件的速度频率。
- volume 媒体元素播放时的音量。
- muted 表示是否设置为静音。
- height 设置视频播放器的高度。
- width 设置视频播放器的宽度。
- poster 用于指定一张图片，在当前视频数据无效时显示。视频数据无效可能是视频正在加载，也可能是视频地址错误等。

提示

video元素的常见属性已经介绍完毕，当然它的属性不止这些，感兴趣的读者可以在网上查找其他相关资料。

下面在 Dreamweaver 中创建一个新页面，实现显示视频的基本功能，具体代码如下所示：

```
<div>
<video src="http://demoplayer.inrete.eu/video/samplevideo_hq.old.mp4" autoplay="true" controls="true" loop="true" width=320 height=240 poster="2.jpg"></video>
浏览器不支持Video元素
</div>
```

上段代码使用 src 属性指定视频的 url 地址，controlds 属性指定使用内置的播放器，显示播放按钮、暂停按钮等控件，width 和 height 属性分别指定视频播放器的宽度和高度，poster 属性指定媒体元素加载时显示的图片。<video> 标签和 </video> 标签之间插入的内容是供不支持 video 元素的浏览器显示的。运行效果如图 5-2 所示。

图5-2 video显示效果图

如果用户需要为视频文件提供至少两种不同的解码器才能覆盖所有支持 HTML 5 的浏览器，这时用户需要用到一种新的元素——source 元素。

source 元素可以用来链接不同的媒体文件，例如音频和视频。source 元素常用的属性如下所示：

- src 提供媒体源的 url 地址。
- type 包含了媒体源的播放类型，通常出现在视频格式中。
- media 包含了制定媒体源所匹配的编解码器信息。

video 元素允许有多个 source 元素，浏览器将选择第一个可识别格式的文件地址。读者可以对上面的示例进行扩展，指定两种视频格式 Ogg Vorbis 和 MP4。具体代码如下所示：

```
<video controls autoplay loop>
    <source src= "http://demoplayer.inrete.eu/video/samplevideo_hq.old.ogg" type="video/ogg"></source>
    <source src= "http://demoplayer.inrete.eu/video/samplevideo_hq.old.mp4" type="video/mp4"></source>
</video>
```

执行上段代码解析视频元素时，浏览器按 source 元素的顺序检测其指定的视频是否能够正常播放（可能是视频格式不支持或者视频不存在等），如果不能正常播放，换下一个。一旦找到后，就播放该文件并忽略随后的其他元素。这种方法可用来兼容不同的浏览器。<source> 标签和 </source> 标签本身不代表任何含义，不能单独出现。

5.2.2 video元素的事件

介绍 video 事件之前，先了解一下媒介事件的相关知识。

媒介事件是指由视频、图像以及音频等媒介触发的事件。适用于所有 HTML 5 元素，但是在媒介元素中 audio、embed、img、image 以及 video 最为常用。媒介事件主要包括 loadstart、progress、suspend、abort、error、emptied、stalled、play、pause、seeking、seeked、timeupdate、ended 和 volumechange 等。

video 元素中比较常用的事件如下所示：

- loadstart 事件 浏览器开始请求媒介时运行脚本。
- progress 事件 浏览器正在获取媒介数据时运行脚本。
- suspend 事件 浏览器已在获取媒介数据，但在取回整个媒介文件之前停止时运行脚本。
- abort 事件 浏览器发生中止事件时运行脚本。
- error 事件 获取媒介出错，有错误发生时，才发送这个事件。另外，还有一个 error 属性。
- emptied 事件 媒介资源元素突然为空时（网络错误、加载错误等）运行脚本。
- stalled 事件 浏览器获取媒介数据过程中（延迟）存在错误时运行脚本。
- play 事件 媒介数据即将开始播放时运行脚本。
- pause 事件 媒介数据暂停播放时运行脚本。
- loadeddata 事件 加载当前播放位置的媒体数据时运行脚本。
- loadedmetadata 事件 当加载完媒体元数据时，发送此事件。它将包括尺寸、时长和文本轨道等。
- playing 事件 表明媒体已经开始播放。
- canplay 事件 浏览器能够开始媒介播放，但估计以当前速率播放不能直接将媒介播放完（播放期间需要缓冲）。
- canplaythrough 事件 浏览器估计以当前速率直接播放可以直接播放完整个媒介资源（期间不需要缓冲）。
- seeking 事件 当搜索操作开始时，将发送此事件（seeking 属性值为 true）。
- seeked 事件 当浏览器停止请求数据，搜索操作完成时，引发该事件（seeking 属性值为 false）。
- timeupdate 事件 当媒介改变其播放位置时运行脚本。
- volumechange 事件 音量（volume 属性）改变或静音（muted 属性）时触发事件。

提示

1．playing和play的区别在于：视频循环或再一次播放开始时，将不会发送play事件，但是会发送playing事件。

2．和属性一样，video元素的事件也远远不止这些。这里仅列出了一些常用事件，有兴趣的读者可以在网上查找其他相关资料。

下面在 Dreamweaver 中创建一个新页面，具体代码如下所示：

```
<div>
   <input id="source" value="http://demoplayer.inrete.eu/video/samplevideo_hq.old.mp4" type="text" />
   <p><input id="start" type="button" value="加载视频文件" onclick="start();" /></p>
   <p><input id="goon" type="button" value="设置静音" onClick="setyin();" /></p>
   视频播放时间：<span id="times"></span>
</div>
```

上段代码中添加了两个按钮，每个按钮都有一个 click 事件。单击某个按钮时，会触发自身的 click 事件。单击“加载视频文件”按钮，触发按钮的 click 事件，调用 JavaScript 中的 start() 函数。JavaScript 的具体代码如下所示：

```
function start() {
        var source=document.getElementById("source");
        var videoTest=document.getElementById("VideoTest");
        if(videoTest==null)
        {
             var video=document.createElement("video");
             video.id="VideoTest";
             video.width = 400;
             video.height = 250;
             video.src = source.value; //数据源
             video.controls = true;     //如果是true，则向用户显示控件，比如播放按钮
             video.autoplay = true;     //如果是true，则视频在就绪后马上播放
             document.body.appendChild(video);
        }
        else
        {
             var video = document.getElementById("VideoTest");
             video.pause();               //重新单击后的时间，这里的作用等同于暂停
        }
        var videoE1 = document.getElementsByTagName("video")[0];
        videoE1.addEventListener('timeupdate',function(){document.
getElementById("times").innerHTML = videoE1.currentTime},false);
        videoE1.addEventListener('ended',function(){videoE1.currentTime = 0;
videoE1.pause();},false);
    };
```

JavaScript 的函数 start() 动态地创建了一个 video 元素，将 video 元素的 width、height、src、control 等属性赋值。document.body.appendChild() 方法将 video 元素的视频显示在页面上。动态创建 video 元素且获得 video 元素之后，调用了 video 元素的 timeupdate 事件和 ended 事件。timeupdate 事件用来动态地更新视频播放的时间，ended 事件的代码表示若视频播放到结尾处，视频将发送回第一帧，准备再次播放。

单击“设置静音”按钮触发按钮的 click 事件，调用 JavaScript 代码中的函数 setin()。setyin() 函数的具体代码如下所示：

```
function setyin()
{
        var videoE1 = document.getElementsByTagName("video")[0];
        if(videoE1.muted){
             videoE1.muted = false;document.getElementById("goon").value="设
置静音";
        }
        else{
             videoE1.muted=true;document.getElementById("goon").value="取消静音";
    }
    }
```

上段代码中，单击“设置静音”按钮，将会把 video 元素的 muted 属性设置为 true，同时更改按钮的值为“取消静音”；单击“取消静音”按钮，则会把 video 元素的 muted 属性设置为 false，同时更改按钮的值为“设置静音”，可以重新设置是否静音。

到了这里，video 事件基本介绍完毕，运行效果如图 5-3 所示。

图5-3　video元素的运行效果

5.3 使用audio元素显示音频

和 video 元素一样，HTML 4 版本之前，大多数的音频文件都是通过第三方控件来实现的。上节介绍了如何使用 video 元素显示视频。下面介绍 HTML 5 中用于显示音频的元素——audio。HTML 5 规定了一种通过 audio 元素来包含音频的标准方法，解决了 HTML 4 版本之前只能通过第三方控件显示音频的问题。

5.3.1 audio元素的属性

audio 元素能够播放声音文件或者音频流。audio 元素的属性和 video 元素相比少了三个属性，这三个属性分别是 width、height、poster。除这三个属性以外，audio 元素的其他详细属性请参考 5.2.1 节。

了解 audio 元素的属性以后，在 Dreamweaver 中创建一个新页面，实现显示一段显示音频文件的功能。具体代码如下所示：

```
<audio controls autoplay loop src="a.mp3">
    浏览器不支持audio元素
</audio>
```

上段代码使用 src 属性指定音频的 url 地址，controlds 属性指定使用内置的播放器，显示播放按钮、暂停按钮等控件，autoplay 属性指定页面完成载入后自动播放此音频文件，loop 属性指定音频文件播放完毕后重新播放。<audio> 标签和 </audio> 标签之间插入的内容是供不支持 audio 元素的浏览器显示的。各个浏览器的内部播放器可能会在样式或者功能上有所不同。不同浏览器的效果如图 5-4、图 5-5 和图 5-6 所示。

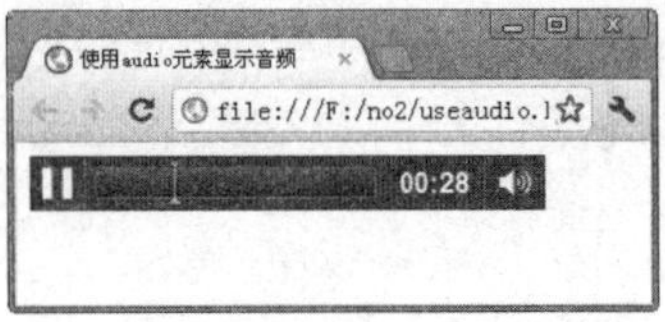

图5-4　Chrome浏览器

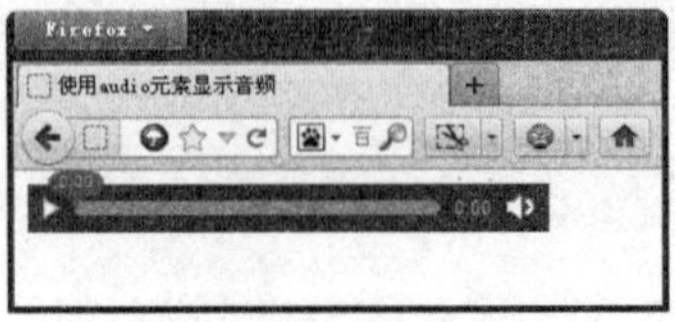

图5-5　Firefox浏览器

图5-6　Opera浏览器

如果用户也需要为音频文件提供至少两种不同的解码器才能覆盖所有支持 HTML 5 的浏览器，如同对视频元素的处理一样，也需要使用上节介绍的 source 元素来实现该功能。

一个 audio 元素能够包含多种 source 元素，因此用户能够为音频提供多种格式的支持。扩展上面的示例，用户也可以像下面这样为相同的音频内容指定两种音频格式 Ogg Vorbis 和 MP3。具体代码如下：

```
<audio controls autoplay loop>
    <source src= “a.ogg” type=” audio/ogg” ></source>
    <source src= “a.mp3” type=” audio/mp3” ></source>
</audio>
```

执行上段代码的原理和 video 元素中使用 source 元素的原理是一样的。当浏览器解析音频元素时，它将通过 source 元素列表循序地查找，直到找到一个它能播放的文件格式。一旦找到后，就播放该文件并忽略随后的其他元素。

5.3.2 audio元素的事件

前面已经学习了如何使用 video 元素显示视频，并介绍了 video 元素的事件。事实上，audio 元素的事件和 video 元素的事件是一样的。这里不再详细介绍，具体信息可以参考 5.2.2 节。

在 Dreamweaver 中创建一个新页面，添加一个按钮，单击按钮可显示音频文件。具体代码如下所示：

```
<div>
  <input id="source" value="http://bbsimg.shangdu.com/
UserFiles/File/542/60858542/1305294424690.mp3?" type="text"
style="border:none;"/><br/>
  <input id="start" type="button" value="加载音频文件"
onClick="start();"/><br/><br/>
  <span id="changes"></span>
</div>
```

上段代码中，单击“加载音频文件”按钮触发按钮的 click 事件，调用 JavaScript 代码中的 start() 函数。JavaScript 中的具体代码如下：

```
<script type="text/javascript">
     function start(){
        var source = document.getElementById("source");
        var audioTest=document.getElementById("AudioTest");
        if(audioTest==null)
        {
           var audio = document.createElement("audio");
           audio.id="AudioTest";
           audio.src = source.value; //数据源
           audio.controls =true; //如果是 true，则向用户显示控件，比如播放按钮。
           audio.autoplay =true; //如果是 true，则音频在就绪后马上播放。
           document.body.appendChild(audio);
        }
        else
```

```
        {
            var audio = document.getElementById("AudioTest");
            audio.pause(); //重新单击后的时间，这里暂时做了跟暂停一个效果
        }
    var audioEl=document.getElementsByTagName("audio")[0];
    audioEl.addEventListener('volumechange',function(){document.
getElementById("changes").innerHTML="更改了音量，触发了volumechange事件";},false);
    };
</script>
```

上段代码中，start() 函数动态地创建了一个 audio 元素，并且使用 audio 元素的 src、controls、autoplay 等属性动态赋值。音频文件加载完成后，单击声音图标，触发 audio 元素的 volumechange 事件，并且将 span 元素赋值。运行效果如图 5-7 所示。

图5-7　audio音频的效果

本章实例：制作属于自己的网页视频播放器

下面实例练习，使用 video 元素的相关属性、事件和方法制作一个属于自己的网页视频播放器，加深对 video 元素属性和事件的理解。

Step 1 在 Dreamweaver 中创建一个新的页面，页面的具体代码如下所示：

```
<video id="video" src="http://demoplayer.inrete.eu/video/samplevideo_
hq.old.mp4" width="800" controls autoplay>
您的浏览器不支持video元素
</video>
<div id="showTime" style="display:block; margin-left:750px;"></div>
<div id="state">当前播放状态：</div>
<div id="buttonDiv">
<button id="btnPlayOrPause" onclick="PlayOrPause()" />播放/暂停</button>
<button id="addVolume" onClick="AddVolume()">增大音量</button>
<button id="minVolume" onClick="MinVolume()">减小音量</button>
<button id="addSpeed" onClick="AddSpeed()">加速播放</button>
<button id="minSpeed" onClick="MinSpeed()">减速播放</button>
<button id="setMuted" onClick="SetMuted()">设置静音</button>
<button id="playback" onClick="PlayBack()">回放</button>
<button id="btnCatchPicture" onclick="CatchPicture()" />截图</button>
</div>
```

上段代码使用 video 元素显示了一个视频文件。video 元素的 controls 属性显示播放器控件，autoplay 属性表示页面加载完会自动播放此视频文件，width 属性设置视频文件的宽度。新建页面添加了 8 个按钮，单击某个按钮触发 click 事件，调用 JavaScript 中的不同函数，在后面会一一讲解。页面加载完毕后 JavaScript 中的具体代码如下所示：

```
var video = document.getElementById("video");
var showTime=document.getElementById("showTime");
if(video.canPlayType)
{
        video.addEventListener('loadstart',LoadStart,false);
        video.addEventListener('loadedmetadata',loadedmetadata,false);
        video.addEventListener('play',videoPlay,false);
        video.addEventListener('playing',videoPlay,false);
        video.addEventListener('pause',videoPause,false);
        video.addEventListener('ended',videoEnded,false);
        video.addEventListener('timeupdate',updateTime,false);
        video.addEventListener('volumechange',VolumeChange,false);
        video.addEventListener("error",catchError,false);
}
```

事件的处理方式有两种，本案例使用监听方式进行处理。页面加载完成时上段代码调用了video 元素的 8 个事件。

Step 2 当浏览器开始请求媒介时，就会触发 loadstart 事件，调用 LoadStart() 函数，将当前播放状态的文本设置为“开始加载”。JavaScript 中的具体代码如下所示：

```
function LoadStart()
{
    document.getElementById("state").innerHTML = "当前播放状态：开始加载";
}
```

Step 3 loadedmetadata 事件是其他媒介数据加载完毕时才触发的。在 loadedmetadata() 函数中，把当前的状态改为“加载完毕”，同时调用 video 元素的 play() 方法播放视频。JavaScript 中的具体代码如下所示：

```
function loadedmetadata()
{
    var btnPlay=document.getElementById("btnPlayOrPause");
    document.getElementById("state").innerHTML = "当前状态：加载完毕";
    video.play();
}
```

Step 4 play 事件、playing 事件、pause 事件、ended 事件很容易理解，读者需要在触发事件的时候将播放状态的值更改，调用对应的方法即可。JavaScript 中的具体代码如下所示：

```
function videoPlay()
{
    document.getElementById("state").innerHTML = "当前播放状态：即将播放";
}
function videoPlaying()
{
    document.getElementById("state").innerHTML = "当前播放状态：正在播放";
}
function videoPause()
{
```

```
        document.getElementById("state").innerHTML="当前播放状态：暂停播放";
    }
    function videoEnded()
    {
        video.currentTime = 0;
        video.pause();
        document.getElementById("btnPlayOrPause").innerHTML="重新播放";
        document.getElementById("state").innerHTML="当前播放状态：播放完毕";
    }
```

上段代码中，视频播放完毕触发 ended 事件，调用函数 videoEnded()，它使用 video 的 currentTime 属性将当前时间设置为 0，并调用 video 元素的 pause() 方法暂停播放视频。

Step 5 媒介改变其播放位置时会触发 video 元素的 timeupdate 事件，调用 timeUpdate() 函数显示播放的时间。JavaScript 的具体代码如下所示：

```
    function updateTime()
    {
      video.addEventListener('timeupdate',function(){
      var  durationtime=RumTime(Math.floor(video.duration/60),2)+":"+RumTime(Mat
h.floor(video.duration%60),2);
      var currenttime="播放时间: "+RumTime(Math.floor(video.currentTime/60),2)+":
"+RumTime(Math.floor(video.currentTime%60),2)+"|"+durationtime;
      document.getElementById("showTime").innerHTML=currenttime;
      },false);
    }
    function RumTime(num,n)
    {
      var len=num.toString().length;
      while(len<n)
      {
          num="0"+num;len++;
      }
      return num;
    }
```

上段代码使用 currentTime 属性获得当前播放的时间，使用 duration 属性显示总体播放时间。RumTime(m,n) 函数用来处理时间。

Step 6 音量改变或者设置静音可以触发 volumechange 事件，在 VolumeChange() 函数中弹出“音量已经改变，触发 volumechange 事件”的提示。JavaScript 中的具体代码如下所示：

```
    function VolumeChange()
    {
      alert("您的音量已经改变,触发volumechange事件");
    }
```

Step 7 浏览器加载过程中如果发生错误就会触发 error 事件，JavaScript 中的具体代码如下所示：

```
    function catchError()
    {
```

```
        var error=video.error;
        switch(error.code)
        {
             case 1:
                  alert("视频的下载过程被中止。");
                  break;
             case 2:
                  alert("网络发生故障，视频的下载过程被中止。");
                  break;
             case 3:
                  alert("解码失败。");
                  break;
             case 4:
                  alert("媒体资源不可用或媒体格式不被支持。");
                  break;
        }
}
```

上段代码使用 error 属性返回一个 MediaError 对象，使用该对象的“code”返回当前的错误值。此属性只能读取，不可更改。MediaError 对象中的“code”对应的返回值只有 1、2、3、4。

Step 8 目前为止，把本案例中涉及的 video 元素的事件已经介绍完毕了，下面讲解本案例中和页面按钮相关的 click 事件。如果当前视频正在播放，单击“播放 / 暂停”按钮就暂停播放；反之则播放。JavaScript 的具体代码如下所示：

```
function PlayOrPause()
{
        if(video.paused)
        {
             document.getElementById("btnPlayOrPause").value = "单击暂停";
             video.play();
        }else
        {
             document.getElementById("btnPlayOrPause").value = "单击播放";
             video.pause();
        }
}
```

上段代码使用 paused 属性来判断当前视频是否为暂停状态。如果为 true 则调用 video 元素的 play() 方法播放视频；否则调用 pause() 方法暂停视频播放。

Step 9 单击“增大音量”或“减小音量”按钮，实现音量的增加或减小功能。使用 volume 属性来控制音量的大小。JavaScript 的具体代码如下所示：

```
function AddVolume()
{
    if(video.volume<1)
        video.volume+=0.2;
    volume=video.volume;
}
```

```
function MinVolume()
{
    if(video.volume>0)
         video.volume-=0.2;
    volume=video.volume;
}
```

Step 10 单击“加速播放”或“减速播放”按钮，实现视频的快速或慢速播放功能。使用video元素的palybackrate属性来控制播放速度的快慢。JavaScript中具体代码如下所示：

```
function AddSpeed()
{
    video.playbackRate+=1;
    speed=video.playbackRate;
}
function MinSpeed()
{
    video.playbackRate-=1;
    if(video.playbackRate<0)
        video.playbackRate=0;
    speed=video.playbackRate;
}
```

Step 11 单击“设置静音”按钮，设置播放视频的音量为静音。使用muted属性判断当前视频是否处于静音模式。如果为true，将按钮链接改为“取消静音”，反之改为“设置静音”，同时更改muted对应的值。JavaScript中的具体代码如下所示：

```
function SetMuted()
{
   if(video.muted)
   {
      video.muted = false;
      document.getElementById("setMuted").innerHTML = "取消静音";
   }else
   {
       video.muted = true;
       document.getElementById("setMuted").innerHTML = "设置静音";
   }
}
```

Step 12 单击“回放”或“取消回放”按钮，调用JavaScript中的内置函数setInterval和clearInterval。setInterval运行时会按照规定的事件间隔一次将列出的参数传递给指定的函数。clearInterval则是清除setInterval函数的调用。JavaScript中的具体代码如下所示：

```
function PlayBack(){
    var playBackBtn=document.getElementById("playback");
    if(playBackBtn.innerHTML=="回放")
    {
        functionId=setInterval(playBack1,200);
        playBackBtn.innerHTML="取消回放";
```

```
        }
        else
        {
            clearInterval(functionId);
            playBackBtn.innerHTML="回放";
        }
    }
    function playBack1()
    {
        var playBackBtn=document.getElementById("playback");
        if(video.currentTime==0)
        {
            playBackBtn.innerHTML="回放";
            clearInterval(functionId);
        }
        else
            video.currentTime-=1;
    }
```

Step 13 单击“截图”按钮，实现当前播放视频的截图功能。使用 videoWidth 和 videoHeight 属性获得视频的长度和宽度，使用 canvas 元素绘制在页面上截取的图片（上章介绍过，本章就不再详细介绍）。JavaScript 中的具体代码如下所示：

```
function CatchPicture()
{
    var canvas=document.getElementById("canvas");
    var ctx=canvas.getContext('2d');
    canvas.width=video.videoWidth;
    canvas.height=video.videoHeight;
    ctx.drawImage(video,0,0,canvas.width,canvas.height);
    canvas.style.display="block";
}
```

Step 14 到了这里，本章的案例已经完成，通过这个案例的学习，相信读者一定会有新的收获。案例运行的效果如图 5-8 所示。

图5-8　网页视频播放器

本章小结

本章从视频容器、音频和视频的编解码器等基本信息开始介绍，然后又具体讲述了 video 元素和 audio 元素的属性和事件，以及如何使用 video 元素和 audio 元素显示视频和音频。采用理论和实例相结合的方式，使读者一步步了解 video 元素和 audio 元素。

通过对 video 元素和 audio 元素的探索和实现，基本可以实现网页内嵌入视频和音频的需求，本章仅仅演示了它们的基本功能，仅此也足以证明 HTML 5 在流媒体方面的强大功能。

课后练习

一、填空题

（1）__________ 元素用来链接不同的文件。

（2）音频或者视频结束时重新开始播放指的是 __________ 属性。

（3）指定一张图片，在视频数据无效时显示指的是 video 元素中的 _________ 属性。

（4）_________ 属性返回当前播放文件的各种状态。

（5）在 <audio src="song.mp3" controls></audio> 中，controls 属性的默认值是 _________。

（6）_________ 属性返回媒体文件当前播放时间。

二、选择题

（1）判断当前视频是否处于暂停状态使用 __________。

A．autoplay 属性　B．play 属性　C．paused 属性　D．muted 属性

（2）下列选项中，__________ 不是 audio 元素中的属性。

A．error 属性　B．readyState 属性　C．autoplay 属性　D．poster 属性

（3）改变音量或者设置静音可以触发 video 元素或 audio 元素的 __________ 事件。

A．volumechange　B．canplaythrough　C．seeked　D．progress

（4）如果用户想实现自动播放一段视频，并且该视频有能重复播放的功能，代码 _________ 是正确的。

A．<video controls loop src="song.mp3"></video>

B．<video loop src="song.mp3"></video>

C．<audio controls src="song.mp3"></audio>

D．<video controls src="song.mp3"></video>

（5）play 事件和 playing 事件的区别是 _________。

A．视频循环或再一次播放开始时，将不会发送 playing 事件，但是会发送 play 事件。

B．视频循环或再一次播放开始时，将不会发送 play 事件，但是会发送 playing 事件。

C．视频循环或再一次播放开始时，会发送 play 事件和 playing 事件。

D．没有什么区别，它们两个可以互换使用。

三、简答题

（1）列举出常用的视频解码器和音频解码器。

（2）列举几种 video 元素和 audio 元素最常用的属性和事件。

（3）请说出 HTML 5 对音频和视频的限制。

（4）简述如何使用 video 元素显示一段视频文件。

第 6 章

HTML 5与文件

学习目标

- 掌握如何获取文件的各种信息
- 掌握选择一个和多个文件的方法
- 掌握如何限制文件选择类型
- 掌握文件上传的实现过程
- 熟悉 FileReader 接口的使用
- 掌握读取文件、二进制文件和图片的方法
- 了解常见读取错误的处理方法
- 熟悉拖放式文件上传的实现代码

6.1 选择文件

与 HTML 4 一样，HTML 5 同样可以使用 file 类型来创建一个文件域。不同的是 HTML 5 允许在文件域中选择多个文件。本节首先来学习如何选择一个和多个文件，然后进一步学习如何获取选中文件的类型以及对它进行限制。

6.1.1 选择一个文件

选择一个文件上传，这是最简单的上传方式。这种上传方式在 HTML 5 和 HTML 4 中的使用方法相同。具体方法是在 form 内创建一个 input 类型为 file 的元素，然后运行即可。浏览器会自动识别并创建相应的浏览按钮和选择文件对话框。

在 file 类型中选择的文件其实是一个 file 对象。file 对象有以下 4 个属性：

- name 属性 表示选中文件不带路径的名称。
- size 属性 使用字节表示的文件长度。
- type 属性 使用 MIME 类型表示的文件类型。
- lastModifiedDate 属性 表示文件的最后修改日期。

下面创建一个使用这些属性获取选中文件信息的示例。表单部分的代码非常简单，如下所示：

```
<form id="form1">
   <h2><img src="imgs/bullet1.gif" />文件上传</h2>
    选择一个封面图片
     <input type="file" id="bookfile" />
     <input type="button" value="提 交" onclick="selectedFile()" />
</form>
```

在表单中指定用于选择文件的 file 类型的 id 是 bookfile，单击“提交”按钮后执行 selectedFile() 函数。如下所示是用于显示选择文件信息的代码：

```
<ul class="prod clear">
   <li>文件名称：<span id="fName"></span></li>
   <li>文件大小：<span id="fSize"></span></li>
   <li>文件类型：<span id="fType"></span></li>
   <li>上次修改日期：<span id="fDate"></span></li>
</ul>
```

运行代码后将看到图 6-1 所示的效果。虽然可以选择文件但无法显示文件的信息，这是因为缺少 selectedFile() 函数。下面是该函数的实现代码：

```
<script type="text/javascript" language="javascript">
 function selectedFile()
 {
     var bookfile=$("bookfile").files[0];              //获取选中的文件
     $("fName").innerHTML=bookfile.name;               //获取文件名称
     $("fSize").innerHTML=bookfile.size+"字节";        //获取文件大小
     $("fType").innerHTML=bookfile.type;               //获取文件类型
     $("fDate").innerHTML=bookfile.lastModifiedDate;   //获取文件修改日期
```

```
}
function $(id) {return document.getElementById(id);}
</script>
```

再次运行示例，先单击“选择文件”按钮，在弹出的对话框中选择一个文件。然后单击“提交”按钮查看文件信息，运行效果如图 6-2 所示。

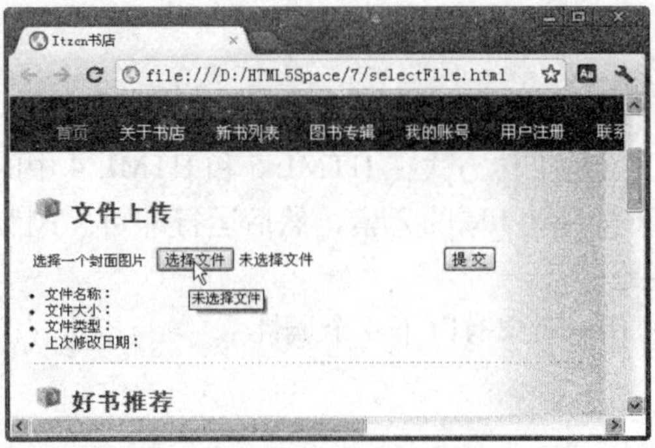

图6-1　未选择文件时的效果

图6-2　显示文件信息的效果

6.1.2 选择多个文件

HTML 5 为表单新增了 multiple 属性。当该属性应用到 file 类型并且值为 true 时，用户可以在弹出的对话框中选择多个文件。

下面就来看一个选择多个文件的示例。表单代码如下所示：

```
<form id="form1">
 <h2><img src="imgs/bullet1.gif" />文件上传</h2>
 选择封面图片
 <input type="file" id="bookfile" multiple="true" />
<input type="button" value="提 交" onclick="selectedFiles()" />
 </form>
```

在上述代码中，为 input 元素的 file 类型添加了值为 true 的 multiple 属性。如下所示是用于显示选择结果的布局代码：

```
<table width="450" class="prod">
 <tr>
    <th>文件名称</th>
    <th>文件大小</th>
    <th>文件类型</th>
    <th>上次修改日期</th>
 </tr>
 <tbody id="tFiles"></tbody>
</table>
```

运行示例代码，即可在弹出的对话框中选择多个文件。图 6-3 为 Chrome 浏览器显示多个选中文件的效果。

为了实现在单击“提交”按钮后显示这些文件的信息，还需要编写 selectedFiles() 函数，具体实现代码如下所示：

```
function selectedFiles()
{
    var result=$("tFiles");
     for(var i=0;i<$(“bookfile”).files.length;i++)  //遍历选中的多个文件
     {
         var aFile=$("bookfile").files[i];
         var str="<tr><td>"+aFile.name+"</td><td>"
         +aFile.size+"字节</td><td>"+aFile.type+"</td><td>"
         +aFile.lastModifiedDate+"</td></tr>";
         result.innerHTML+=str;
    }
}
```

当使用 multiple 属性后，用户选择的多个文件实际上保存在一个 files 数组中，其中的每个元素都是一个 file 对象。因此，为了获取每个文件的信息，需要对 files 数组进行遍历，再逐个获取文件名称、大小、类型和修改日期。代码运行效果如图 6-4 所示。

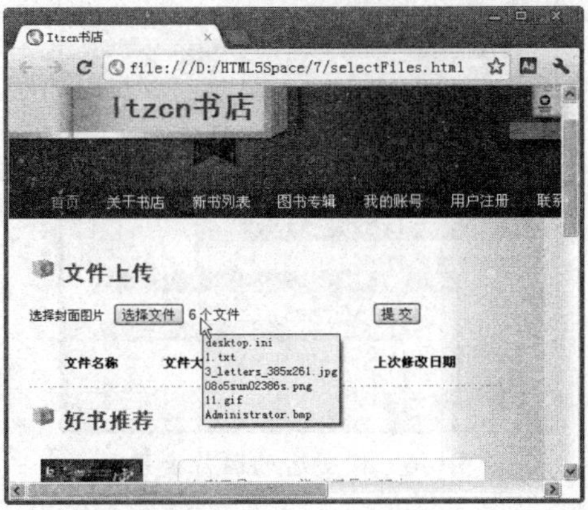

图6-3 选中多个文件

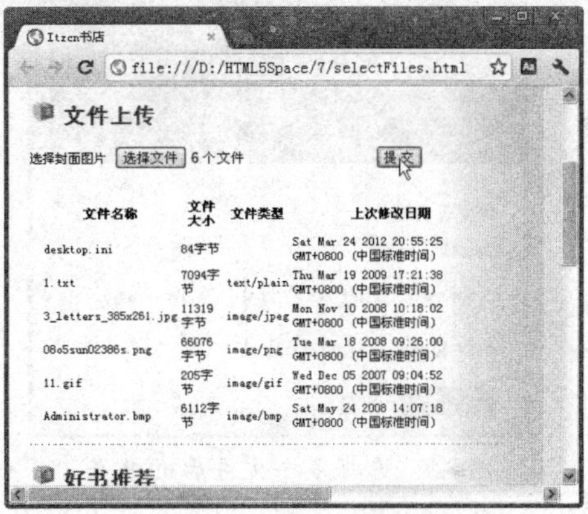

图6-4 显示多个文件信息

6.1.3 对文件类型进行限制

通过前两节的学习，知道使用 file 对象的 type 属性可以获取文件的类型。利用这个属性可以在 JavaScript 中判断用户选择的文件是否为特定类型，从而实现对文件类型进行限制的功能。例如，在相册图片批量上传时，只允许上传 JPG 图片，如果不是则给出错误提示或者跳过该文件。

下面对 6.1.2 节的 selectedFiles() 函数进行修改，增加文件类型判断的功能，使用户可以上传图像类型的文件。修改后的函数代码如下所示：

```
function selectedFiles()
{
    var result=$("tFiles");
     for(var i=0;i<$("bookfile").files.length;i++)
     {
        var aFile=$("bookfile").files[i];
        if(!/image\/\w+/.test(aFile.type))   //判断类型是否匹配
        {
            alert(aFile.name+"不是图像文件不能上传.");
```

```
                continue;
            }
            var str="<tr><td>"+aFile.name+"</td><td>"
                +aFile.size+"字节</td><td>"+aFile.type+"</td><td>"
                +aFile.lastModifiedDate+"</td></tr>";
            result.innerHTML+=str;
        }
    }
```

在这里主要是通过判断 type 属性的值是否以“image/”开头来区分图像类型。现在运行程序仍然可以在对话框中选择任何类型的文件，图 6-5 为选择 6 个文件后的效果。

单击“提交”按钮将会对文件类型进行判断，不匹配时将弹出提示对话框。最终仅在列表中显示符合条件的文件，如图 6-6 所示。

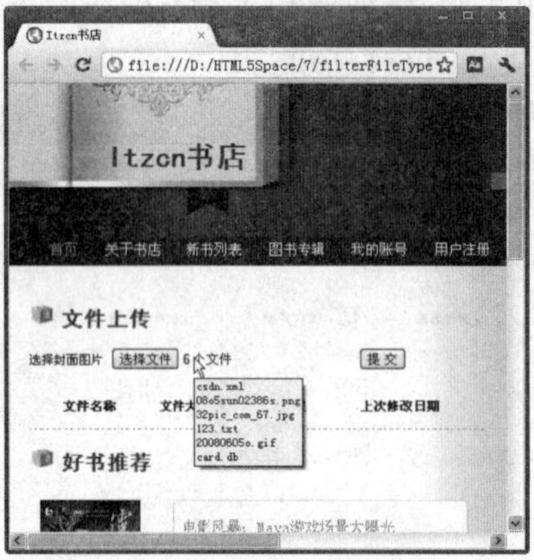

图6-5　选择多个文件后的效果

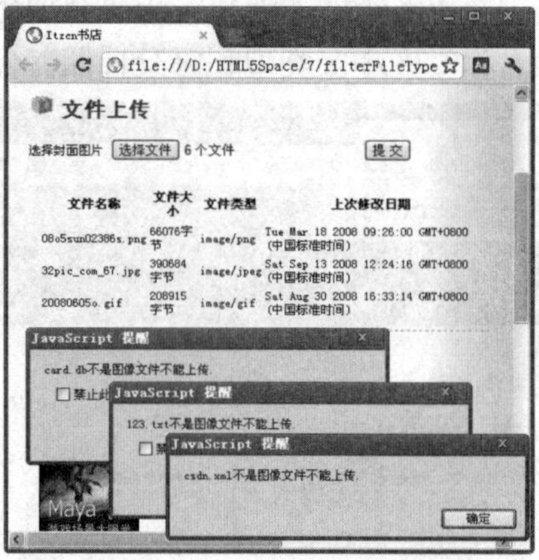

图6-6　提交后的运行效果

使用这种方法虽然能够根据文件返回的类型过滤所选择的文件，但是需要编写额外的代码。在 HTML 5 中还可以为 file 类型添加 accept 属性来指定要过滤的文件类型。在设置完 accept 属性之后，在浏览器中选择文件时会自动筛选符合条件的文件。

例如，下面的代码演示了 accept 属性的使用方法：

```
<input type="file" id="bookfile" multiple="true" accept="image/jpeg"/>
```

这里限制可选择的文件类型为 image/jpeg，图 6-7 为在 Chrome 浏览器中选择文件的效果，图 6-8 为在 Opera 浏览器中选择文件的效果。

图6-7　Chrome浏览器效果

图6-8　Opera浏览器效果

6.2 读取文件

使用 file 对象提供的各种属性可以获取文件的相关信息，像名称、大小和类型等。但是如果要读取文件的内容，则需要调用 HTML 5 中新增的 FileReader 接口。FileReader 接口提供了很多用于读取文件的方法，以及监听读取进度的事件，本节将详细介绍该接口的使用方法。

6.2.1 FileReader接口简介

FileReader 接口主要用于将文件载入内存并读取文件中的数据。FileReader 接口提供了一组异步 API，通过这些 API 可以从浏览器的主线程中异步访问文件系统。

由于 FileReader 接口是 HTML 5 的新特性，并非所有浏览器都支持，因此，在使用之前必须先判断浏览器是否对 FileReader 接口提供支持，代码如下所示：

```
if(typeof FileReader=="undefined")
{
    alert("对不起，您的浏览器不支持FileReader接口，将无法正常使用本程序。");
}else{
    alert("您的浏览器环境正常。");
    var fd=new FileReader();
}
```

当访问不同的文件时，必须创建不同的 FileReader 接口实例。因为每调用一次 FileReader 接口都将返回一个新的 FileReader 对象，这样才能访问不同文件中的数据。

表 6-1 列出了 FileReader 接口中用于读取文件的方法及其说明。需要注意，无论读取成功或者失败，读取方法都不会返回读取结果，而是将结果保存在 result 属性中。

除了上述方法之外，FileReader 接口还包含了一套完整的事件模型来监视读取文件时的各个状态。这些事件主要有：

- onabort 当读取数据中断时触发。
- onerror 当读取数据出错时触发。
- onloadstart 当读取数据开始时触发。
- onprogress 正在读取数据时触发。
- onload 当读取数据成功时触发。
- onloadend 当读取操作完成时触发，无论成功或者失败都触发。

表6-1 FileReader接口方法

方法名称	说　明
readAsBinaryString()	使用二进制格式读取文件内容
readAsText()	使用文本格式读取文件内容
readAsDataURL()	使用URL格式读取文件内容
abort()	中断当前读取操作

6.2.2 读取文本文件内容

使用 FileReader 接口的 readAsText() 方法可以以文本格式读取文件的内容。readAsText() 方法有两个参数，第一个参数是 file 类型，表示要读取的文件，第二个参数字符串类型用于指定读取时使用的编码，默认值为 UTF-8。

下面使用 readAsText() 方法制作一个实现读取用户选择文本文件内容的案例，并最终将内容显示到页面上。首先创建一个表单，添加文件上传域和结果显示布局。代码如下所示：

```
<form id="form1">
   <h2><img src="imgs/bullet1.gif" />文件上传</h2>
   选择图书目录的文件
   <input type="file" id="bookfile" accept="text/plain"/>
  <input type="button" value="读取" onclick="readFileContent()" />
</form><br />
<div class="prod" id="fileContent">     </div>
```

上述代码的重点是 file 类型和读取按钮，file 类型允许用户选择一个文件。单击“读取”按钮后将执行 readFileContent() 函数，将文件内容显示到下方的 div 中。

```
readFileContent()函数的实现代码如下所示:
   function readFileContent()                         //读取文本文件的内容
   {
       if($("bookfile").files.length)                 //判断是否选择了文件
       {
           var aFile=$("bookfile").files[0];
           if(!/text\/\w+/.test(aFile.type))          //判断是否为文本文件
           {
                alert(aFile.name+"不是文本文件不能上传.");
                return false;
           }
           if(typeof FileReader=="undefined")         //判断当前浏览器是否支持
FileReader接口
           {
               alert("对不起，您的浏览器不支持FileReader接口，将无法正常使用本程
序。");
           }else
           {
               var fd=new FileReader();               //创建FileReader接口的对象
               fd.onload=function(res){               //显示文件内容
                   $("fileContent").innerHTML=this.result;
               }
               fd.readAsText(aFile);                  //开始读取
           }
       }
       else{
           alert("没有选择文件 ，不能继续。");
           return false;
       }
   }
```

如上述代码所示，在 readFileContent() 函数中针对没有选择文件、文件类型不对以及浏览器不支持 FileReader 接口的情况进行了判断。真正使用 readAsText() 方法读取文件内容的代码非常简单，不过要注意结果属性 result 只能在 onload 事件中使用。

现在运行即可查看读取文本文件内容的效果。但是这里要注意，虽然 Chrome 浏览器支持 FileReader 接口，但如果要使用其中的方法必须通过服务器运行页面。图 6-9 为 Firefox 浏览器的运行效果，图 6-10 为 Opera 浏览器的运行效果。

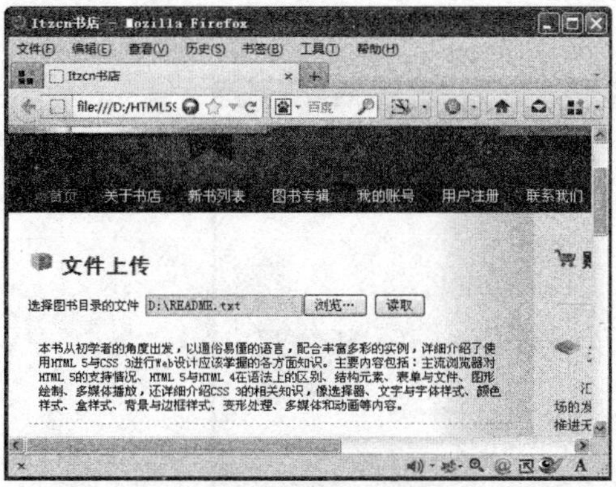

图6-9　Firefox浏览器的运行效果

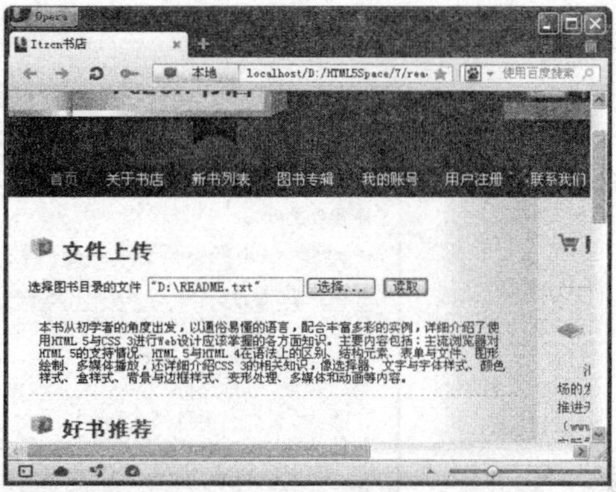

图6-10　Opera浏览器的运行效果

6.2.3 读取二进制文件内容

readAsText() 方法仅适用于读取文本文件的内容。如果要读取二进制文件的内容，可以使用 FileReader 接口的 readAsBinaryString() 方法。readAsBinaryString() 方法只有一个要读取的文件 file 作为参数，读取结果保存在 result 属性中。

以上节读取文本文件内容的案例为基础，在这里实现单击“读取”按钮之后显示二进制文件的内容。如下所示为实现该功能所需的 readFileContent() 函数代码：

```
    function readFileContent()                          //读取二进制文件的内容
    {
        if($("bookfile").files.length)                  //判断是否选择了文件
        {
            var aFile=$("bookfile").files[0];
            if(typeof FileReader=="undefined")          //判断当前浏览器是否支持
FileReader接口
            {
                alert("对不起，您的浏览器不支持FileReader接口，将无法正常使用本程
序。");
            }else
            {
                var fd=new FileReader();                //创建FileReader接口的对象
                fd.readAsBinaryString(aFile);           //开始读取
                fd.onload=function(res){
                    $("fileContent").innerHTML=this.result;
                }
            }
```

```
        }
        else{
            alert("没有选择文件，不能继续。");
            return false;
        }
    }
```

再次运行案例，选择一个二进制文件，然后单击“读取”按钮看效果。图 6-11 为 Firefox 浏览器下的运行效果。

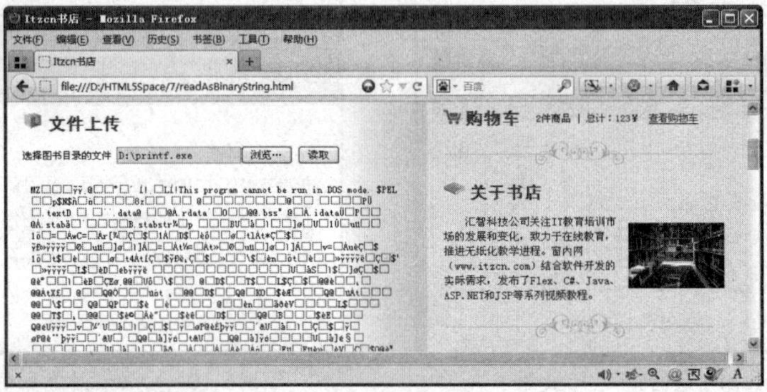

图6-11　读取二进制文件内容

6.2.4 读取图像文件内容

使用 FileReader 接口的 readAsDataURL() 方法可以将文件读取为一串 URL 字符串。该字符串通常会使用特殊格式的 URL 形式直接读入页面，像图像格式等。

下面创建一个使用 readAsDataURL() 方法的案例。该案例允许用户选择多个图片文件，在提交表单后，页面上将显示上传图片的总数以及各图片的缩略图。

第一步是创建选择图片文件的表单，代码如下所示：

```
<form id="form1">
    <h2><img src="imgs/bullet1.gif" />文件上传</h2>
    选择图书目录的文件
    <input type="file" id="bookfile"  multiple="true" accept="image/jpeg"/>
    <input type="button" value="读取" onclick="readFileContent()" />
</form><br />
<div class="prod" id="fileContent">    </div>
```

这里为 file 类型添加了 multiple 属性，允许用户选择多个文件。接下来编写 readFileContent() 函数，具体实现代码如下所示：

```
function readFileContent()                          //读取用户选择的多个图片
{
    if($("bookfile").files.length)
    {
     var count=0;                                   //保存文件数量
     for(var i=0;i<$("bookfile").files.length;i++)
     {
```

```
            var aFile=$("bookfile").files[i];
            if(!/image\/\w+/.test(aFile.type)){   //判断文件类型是否匹配
                alert(aFile.name+"不是图像文件不能上传."); continue;
            }
            count++;                                  //数量增加
           if(typeof FileReader=="undefined")
           {
                alert("对不起，您的浏览器不支持FileReader接口，将无法正常使用本程
序。");
           }else
           {
                var fd=new FileReader();
                fd.readAsDataURL(aFile);
                fd.onload=function(res){
                    $("fileContent").innerHTML+="<img src="+this.result+"
width=100/>";
                }
           }
        }
      $("fileContent").innerHTML+="<h4>本次一共上传了"+count+"张图片。</h4>";
     }
     else{
          alert("没有选择文件，不能继续。");
          return false;
     }
  }
```

与 readAsText() 方法和 readAsBinaryString() 方法不同，readAsDataURL() 方法读取后获取的是文件的 URL 路径而不是内容。因此，这里可以将它作为 img 元素的 src 属性的值来显示图片。

图 6-12 为在 Firefox 浏览器上传多个图片的运行效果，图 6-13 为 Opera 浏览器的运行效果。

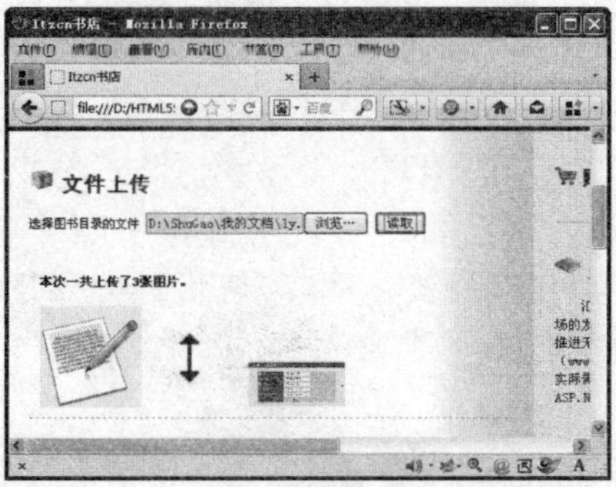

图6-12　Firefox浏览器的运行效果

图6-13　Opera浏览器的运行效果

6.2.5 监听读取事件

前面介绍 FileReader 接口中的读取方法时，仅对 onload 事件进行了处理。在读取正常的情况下，FileReader 接口中事件的触发顺序如下：

```
onloadstart -> onprogress -> onload -> onloadend
```

除了执行顺序外，在实际使用时还应该注意如下区别。

（1）大部分的文件读取过程都集中在 onprogress 事件，该事件耗时最长。

（2）如果文件在读取过程中出现异常或者中止，那么 onprogress 事件将结束，并直接触发 onerror 或者 onabort 事件，而不触发 onload 事件。

（3）onload 事件是文件读取成功时触发的，而 onloaded 事件虽然也是文件操作成功时触发，但是 onloaded 事件无论读取成功与否都会触发，这一点需要注意。因此，如果要正确获取文件数据，必须在 onload 事件中编写代码，而不是在 onloaded 事件中编写。

FileReader 接口中的每个事件都表示读取文件时的一个状态。下面创建一个示例来监听读取过程中的所有事件，并输出事件执行的先后顺序。布局代码如下所示：

```
    <h2><img src="imgs/bullet1.gif" />文件上传</h2>
    <div class="prod clear"> <img class="pic" id="bookpic"/>
    <div class="explain_box">
      <div class="top"></div>
      <div class="content">
      <form id="form1">
      选择封面图片  <input type="file" id="bookfile"  accept="image/jpeg"/>
        <input type="button" value="读取" onclick="readFileContent()" />
     </form>
      </div>
      <div class="bottom"></div>
    </div>
  </div>
  <ol id="eventList"></ol>
```

在上述代码中，id 为 bookpic 的 img 元素，用于显示选中的图片；id 为 eventList 的 ol 元素，用于显示事件的执行顺序。

如下所示是单击“读取”按钮调用 readFileContent() 函数的实现代码：

```
function readFileContent()
{
  var aFile=$("bookfile").files[0];
  if(typeof FileReader=="undefined")
  {
      alert("对不起，您的浏览器不支持FileReader接口，将无法正常使用本程序。");
  }else
  {
      var fd=new FileReader();
      fd.readAsDataURL(aFile);
  //处理onload事件
      fd.onload=function(e){
           $("bookpic").src=this.result;
           $("eventList").innerHTML+="<li>触发了onload事件</li>";
      }
  //处理onprogress事件
  fd.onprogress=function(e){$("eventList").innerHTML+="<li>触发了onprogress
```

```
事件</li>";}
        //处理onabort事件
        fd.onabort=function(e){$("eventList").innerHTML+="<li>触发了onabort事件</
li>";}
        //处理onerror事件
        fd.onerror=function(e){$("eventList").innerHTML+="<li>触发了onerror事件</
li>";}
        //处理onloadstart事件
        fd.onloadstart=function(e){$("eventList").innerHTML+="<li>触发了
onloadstart事件</li>";}
        //处理onloadend事件
        fd.onloadend=function(e){$("eventList").innerHTML+="<li>触发了onloadend事
件</li>";}
        }
    }
```

上述代码对使用 readAsDataURL() 方法读取图像过程中触发的所有事件进行了监听，并依次显示。最终通过显示的结果了解事件的执行顺序。图 6-14 为 Firefox 浏览器下的运行效果，图 6-15 为 Opera 浏览器的运行效果。

图6-14　Firefox浏览器的运行效果

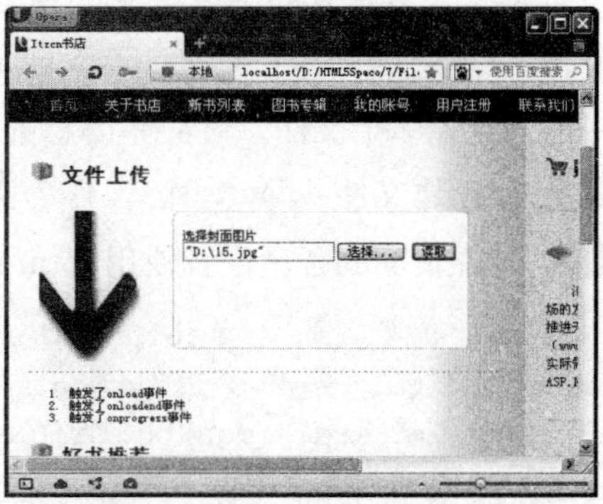

图6-15　Opera浏览器的运行效果

6.2.6 错误处理方案

虽然使用 FileReader 接口中的方法可以快速实现对文件的读取。但是在文件读取的过程中，不可避免地会出现各种类型的错误和异常。这时便可以通过 FileError 接口获取错误与异常所产生的错误代码，再根据返回的错误代码分析具体发生错误与异常的原因。

通常在使用 FileReader 接口异步操作文件的过程中，出现下列情况时，可能会出现潜在的错误与异常。

- 访问某个文件的过程中，该文件被移动或者删除，或被其他应用程序修改。
- 由于权限原因，无法读取文件的数据信息。
- 文件出于案例因素的考虑，在读取文件时返回一个无效的数据信息。
- 读取文件太大，超出 URL 网址的限制，将无法返回一个有效的数据信息。
- 在读取文件的过程中，应用程序本身触发了中止读取的事件。

上述列举了各种形成错误与异常的条件，都可能在读取文件过程中出现，从而导致无法使用 FileReader 接口中的对象与方法读取文件数据。

在异步读取文件的过程中，出现错误与异常都可以使用 FileError 接口。该接口主要用于异步提示错误，当 FileReader 对象无法返回数据时，将形成一个错误属性，而该属性则是一个 FileError 接口，通过该接口列出错误与异常的错误代码信息。

表 6-2 列出了 FileError 接口中提供的错误代码以及对应的说明。

表6-2　FileError接口错误代码

错误代码	说　明
NOT_FOUND_ERR	无法找到文件或者原文件已被修改
SECURITY_ERR	由于安全考虑，无法读取文件数据
ABORT_ERR	由abort事件触发的中止读取过程
NOT_READABLE_ERR	由于权限原因，不能读取文件数据
ENCODING_ERR	读取的文件太大，超出读取时地址的限制

本章实例 1：实现文件上传

在网页中上传文件是非常常见的。前面学习了如何让用户选择文件以及对文件进行各种操作，下面通过结合 ASP.NET 实现一个文件上传的案例，讲解 file 如何与后台进行数据传输。该案例允许用户选择多个文件，对文件信息进行预览以及上传到服务器。

Step 1 创建文件 default.aspx，作为实例文件。

Step 2 在页面的合适位置使用 form 创建一个表单，再添加 file 类型和其他按钮。

```
    <form id="form1" action="default.aspx" enctype="multipart/form-data"
method="post" target="_self" runat="server">
        <h2><img src="imgs/bullet1.gif" />文件上传</h2>
        选择一个或者多个文件
        <input type="file" id="bookfile" multiple="true"  name="bookfiles"/>
         <input type="button" value="预览" onclick="getFilesInfo()" /> <input
type="submit" value="上传"/>
    </form><br />
```

在上述代码中，file 类型使用了 multiple 属性，从而可以选择多个文件。单击“预览”按钮后执行 getFilesInfo() 函数，再单击“上传”按钮提交表单。

Step 3 在表单下方制作一个用于显示选中文件信息的表格。代码如下所示：

```
    <table width="450" class="prod">
        <tr>
        <th>文件名称</th>
        <th>文件大小</th>
        <th>文件类型</th>
        </tr>
        <tbody id="tFiles"></tbody>
    </table>
```

这里仅定义了表格的标题行，具体内容是由选择的文件动态创建的，并显示到 id 为 tFiles 的标记内。

Step 4 编写 getFilesInfo() 函数获取文件的名称、大小和类型信息，再显示到页面。实现代码如下所示：

```
function getFilesInfo() {
    var result = $("tFiles");
    for (var i = 0; i < $("bookfile").files.length; i++) {
        var aFile = $("bookfile").files[i];
        var str = "<tr><td>" + aFile.name + "</td><td>"
            + aFile.size + "字节</td><td>" + aFile.type + "</td> </tr>";
        result.innerHTML += str;
    }
     result.innerHTML += "<tr><td colspan='3'>本次一共上传" +
$("bookfile").files.length + "个文件。</td></tr>";
}
```

Step 5 转到后台页面 index.aspx.cs 文件，编写单击“上传”按钮之后用于实现上传的代码。具体如下所示：

```
private string _msg = "上传成功！";        //定义默认返回信息
protected void Page_Load(object sender, EventArgs e)
{
    if (IsPostBack)
    {
        int iTotal = Request.Files.Count;                              //
获取文件数量
        if (iTotal == 0)
        {
            _msg = "没有数据";
        }
        else
        {
            for (int i = 0; i < iTotal; i++)                            //
循环进行上传
            {
                HttpPostedFile file = Request.Files[i];
                          if (file.ContentLength > 0 || !string.
IsNullOrEmpty(file.FileName))
                {
                    //保存文件
                          file.SaveAs(System.Web.HttpContext.Current.
Server.MapPath("./file/" + Path.GetFileName(file.FileName)));
                }
            }
            _msg += "一共上传" + iTotal + "个文件。";
        }
```

```
                Page.ClientScript.RegisterStartupScript(Page.GetType(), "",
"<script>alert('" + _msg + "');</script>");
            }
        }
```

上述代码非常容易理解。首先判断是否有文件，如果有则通过循环逐一进行上传处理，将文件保存到程序所在的 file 目录中，最后提示上传成功。

Step 6 至此，实例就制作完成了。运行 default.aspx 文件，选择多个文件之后单击“预览”按钮查看它们的信息，如图 6-16 所示。

Step 7 单击“上传”按钮确认上传。完成之后会给出提示信息，如图 6-17 所示。

图6-16　预览运行效果

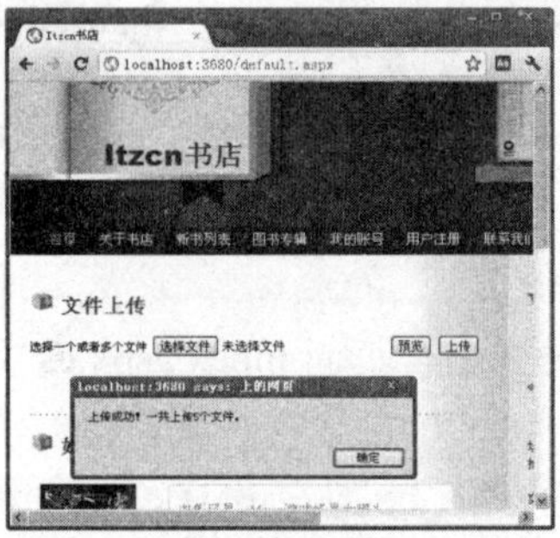

图6-17　上传运行的效果

Step 8 为了验证文件是否上传成功，可以打开程序所在的 file 目录，查看刚才上传的文件，如图 6-18 所示。

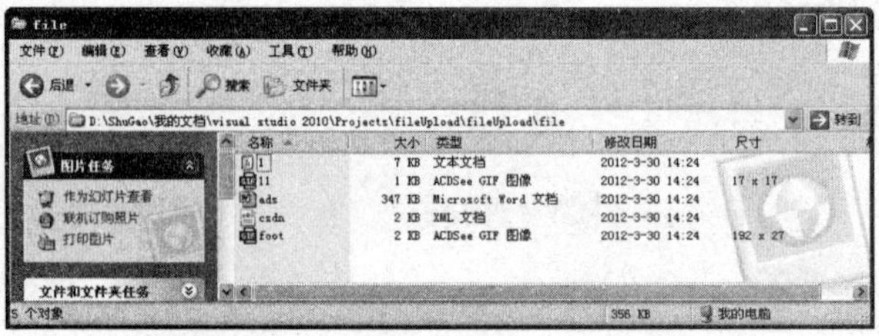

图6-18　查看上传的文件

本章实例 2：通过拖放实现文件上传

在 HTML 5 之前的版本中，只能使用 mousedown、mousemove 和 mouseup 事件实现在浏览器内部的拖放。HTML 5 则可以在浏览器与其他应用程序之间互相拖动数据，而且也简化了有关拖放的代码。下面使用拖放功能结合本章的 FileReader 接口实现一个可拖放的文件上传功能。

具体步骤如下：

Step 1 新建一个静态 HTML 页面 index.html 作为前台文件。

Step 2 在页面中使用 form 创建一个表单，并定义用于存放用户拖放文件的区域。代码如下所示：

```
<form id="upload" action="upload.aspx" enctype="multipart/form-data"
method="post" target="_self" runat="server">
    <div id="dropbox">
      <span class="message">拖动图片到此处</span>
    </div>
</form>
```

Step 3 添加一个用于显示上传进度的容器。代码如下所示：

```
<div id="progress"></div>
```

Step 4 由于实例需要使用 FileReader 接口，而该接口并不是所有浏览器都支持。因此编码的第一步就是判断当前浏览器是否支持该接口。代码如下所示：

```
<script language="javascript" type="text/javascript">
    // 判断当前浏览器是否支持FileReader接口
    if (window.File && window.FileList && window.FileReader) {
        Init();
    }
</script>
```

Step 5 如果当前浏览器支持 FileReader 接口，将调用 Init() 函数对页面进行初始化操作。该函数的实现代码如下所示：

```
    // 初始化操作
    function Init() {
        var filedrag = $id("dropbox");              //获取页面中响应拖放的id
        // 创建一个XMLHttpRequest对象
        var xhr = new XMLHttpRequest();
        if (xhr.upload) {
            // 监听拖放事件
            filedrag.addEventListener("dragover", FileDragHover, false);
            filedrag.addEventListener("dragleave", FileDragHover, false);
            filedrag.addEventListener("drop", FileSelectHandler, false);
            filedrag.style.display = "block";
        }
    }
```

上述代码中使用 filedrag 来表示页面上 id 为 dropbox 的元素，即接收拖放的容器。然后创建一个 XMLHttpRequest 对象实例 xhr，通过它的 upload 属性判断是否可以处理拖放。如果 upload 为 true，则对 filedrag 监听 dragover 事件、dragleave 事件和 drop 事件。

这些事件的具体含义如下：

- dragover 事件 当被拖放的元素正在本元素范围内移动时触发。
- dragleave 事件 当被拖放的元素离开本元素范围内时触发。
- drop 事件 当有元素被拖放到本元素内时触发。

提示 除了这里用到的3个拖放事件外，在HTML 5中还有其他拖放事件，有兴趣的读者可以参考相关资料。

Step 6 当在页面 dropbox 元素内拖放和移动多个文件时，将触发 dragover 事件和 dragleave 事件。这两个事件使用相同的函数 FileDragHover()，实现代码如下所示：

```
// dragover事件和dragleave事件处理函数
function FileDragHover(e) {
    e.stopPropagation();                          //阻止事件冒泡
    e.preventDefault();                           //取消默认处理方式
    e.target.className = (e.type == "dragover" ? "hover" : "");
}
```

Step 7 上述代码首先取消了事件冒泡和浏览器的默认处理方式，然后对当前容器更新样式，以区别于内容响应。如下所示为所需的样式代码：

```
#dropbox.hover
{
  color: #f00;
  border-color: #f00;
  border-style: solid;
  box-shadow: inset 0 3px 4px #888;
}
```

Step 8 drop 事件是处理拖放时最核心的事件，在这里它会调用 FileSelectHandler() 函数来处理拖放列表中的所有文件。代码如下所示：

```
// drop事件处理函数
function FileSelectHandler(e) {
    // 调用FileDragHover()函数
    FileDragHover(e);
    // 获取当前拖动的文件列表
    var files = e.target.files || e.dataTransfer.files;
    // 循环文件列表进行处理
    for (var i = 0, f; f = files[i]; i++) {
        ParseFile(f);                             //获取文件信息并显示
        UploadFile(f);                            //上传文件
    }
}
```

在 FileSelectHandler() 函数的 files 变量中，保存的就是当前拖放列表中需要上传的文件，所以使用 for 循环依次处理每个文件。

Step 9 ParseFile() 函数可以获取文件的名称、路径、类型和大小。代码如下所示：

```
//获取文件信息并显示
function ParseFile(file) {
    var fileinfo = "类型: " + file.type + "<br/>大小: " + file.size + "字节";
    // 显示图片
    if (file.type.indexOf("image") == 0) {
        var reader = new FileReader();
        reader.onload = function (e) {
              Output("<div class='preview'> <span class='imageHolder'>"
 + file.name + "<img  src='" + e.target.result + "'/>" + fileinfo + "</span></
```

```
div>");   //显示到页面
                }
                reader.readAsDataURL(file);            //读取图片文件
            }
        }
```

Step 10 ParseFile()函数使用了FileReader接口中的readAsDataURL()方法来读取文件信息。它又调用了Output()函数输出提示信息，实现代码如下所示：

```
        // 输出提示信息
        function Output(msg) {
            var m = $id("dropbox");
            m.innerHTML += msg;
        }
```

Step 11 FileSelectHandler()函数又调用了UploadFile()函数，UploadFile()是真正实现上传的函数。实现代码如下所示：

```
        // 使用异步方式将文件上传到服务器
        function UploadFile(file) {
            var xhr = new XMLHttpRequest();
            //判断文件类型是否为图片
            if (xhr.upload && file.type == "image/jpeg") {
                // 创建一个上传进度条
                var o = $id("progress");
                var progress = o.appendChild(document.createElement("p"));
                  progress.appendChild(document.createTextNode("upload " + file.
name));
                // 监听上传进度
                xhr.upload.addEventListener("progress", function (e) {
                    var pc = parseInt(100 - (e.loaded / e.total * 100));
                    progress.style.backgroundPosition = pc + "% 0";
                }, false);
                // 上传成功后触发
                xhr.onreadystatechange = function (e) {
                    if (xhr.readyState == 4) {
                        progress.className = (xhr.status == 200 ? "success" :
"failure");
                        if (xhr.status == 200) { alert(xhr.responseText); }
                    }
                };
                // 开始上传
                xhr.open("POST", $("upload").action, true);
                xhr.setRequestHeader("X_FILENAME", file.name);
                xhr.send(file);
            }
        }
```

如上述代码所示，在文件上传时使用了异步方式传输，并且创建了一个进度条显示上传结果。

Step 12 至此，使用拖放方式实现文件上传的前台布局和代码就制作完成了。如果不考虑后台，现在就可以运行查看效果。图 6-19 为默认打开之后的运行效果。

图6-19　实例默认运行效果

Step 13 这里没有给出有关实例的 CSS 样式，有兴趣的读者可以参考实例源代码。从本驱动器中选择一些文件拖放到实例的接收区域中，此时将发生变化，如图 6-20 所示。

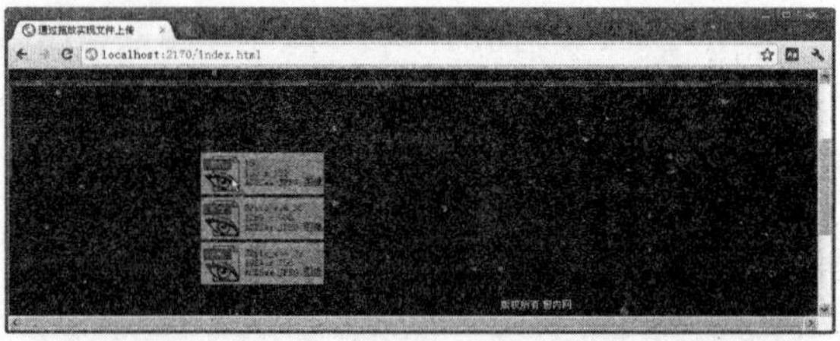

图6-20　拖动文件到区域时的运行效果

Step 14 拖放完成后释放鼠标，即可看到这些图片的缩略图和详细信息，如图 6-21 所示。

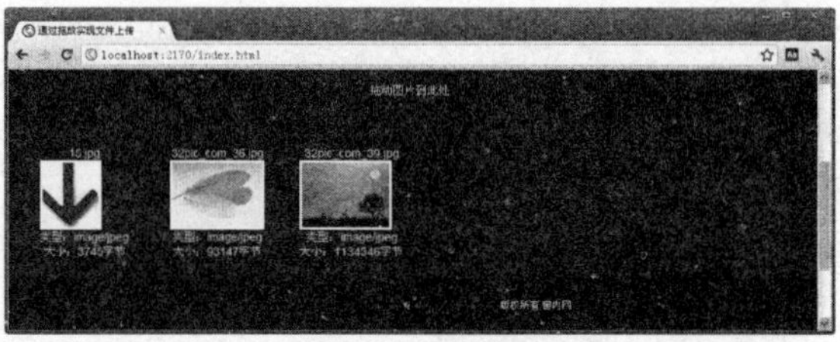

图6-21　查看图片信息运行效果

Step 15 现在虽然可以拖放但是文件并没有上传到服务器。实现这一功能需要与服务器后台结合，本实例使用 ASP.NET 来完成，实现页面是 uplod.aspx。打开 upload.aspx.cs 文件，编写如下代码：

```
private string _msg = "上传成功！";//返回信息
protected void Page_Load(object sender, EventArgs e)
{
    if (Request.Headers["X_FILENAME"] != "")
    {
       //文件名称
        string fn = Request.Headers["X_FILENAME"];
       //文件流
        Stream sin = Page.Request.InputStream;
        System.Drawing.Image img = System.Drawing.Bitmap.FromStream(sin);
        Bitmap bmp = new Bitmap(img);
```

```
                MemoryStream bmpStream = new MemoryStream();
                //保存文件到程序的uploads目录下
                bmp.Save(bmpStream, System.Drawing.Imaging.ImageFormat.Jpeg);
                FileStream fs = new FileStream(System.Web.HttpContext.
Current.Server.MapPath("uploads/" + fn), FileMode.Create);
                bmpStream.WriteTo(fs);
                //关闭流并释放资源
                bmpStream.Close();
                fs.Close();
                bmpStream.Dispose();
                fs.Dispose();
            }
            else
            {
                _msg = "没有数据";
            }
            Response.Write(_msg);
        }
```

上述代码的实现原理是获取异步 POST 提交的文件流，然后将它转换为图片，并保存到程序所在的 uploads 目录下，最后输出结果。

Step 16 现在运行实例，拖放文件后将看到上传成功后的提示对话框和上传结果，如图 6-22 所示。

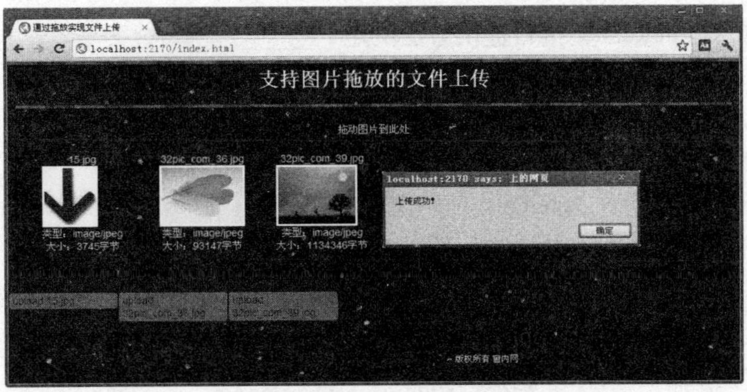

图6-22 上传成功后的效果

本章小结

本章首先从如何选择一个文件开始，结合实例详细介绍了如何获取选择的文件以及文件信息。然后学习如何处理多个文件的选择操作，以及对文件类型进行限制和筛选。

接下来通过 FileReader 接口详细剖析了每个读取方法的具体使用，以及如何处理在文件读取过程中出现的错误和异常。最后通过一个可拖放的文件上传实例作为结束。通过对本章的学习，读者可以掌握在 HTML 5 中操作文件所需的各种知识。

课后练习

一、填空题

(1) 使用 file 对象的 ________ 属性可以获取不带路径的文件名称。

(2) 使用 ________ 代码可以判断当前浏览器是否支持 FileReader 接口。

(3) 在 FileReader 接口中，________ 方法负责读取文本文件。

(4) 通过对 FileReader 接口中的 ________ 事件进行处理可以获得读取的结果。

(5) FileError 接口中的错误代码 ________ 表示由 abort 事件触发的读取中止异常。

二、选择题

(1) 下列不属于 file 对象属性的是 ________。

A．type　　B．name　　C．lastModifiedDate　　D．path

(2) 假设要获取用户选择文件的数量应该使用代码 ________。

```
<input type="file" id="fileselect" multiple="true" />
```

A．document.getElementById("fileselect").files

B．document.getElementById("fileselect").files.count

C．document.getElementById("fileselect").files.length

D．document.getElementById("fileselect"). length

(3) 为 file 类型添加 ________ 属性可以限制用户选择文件的类型。

A．accept　　B．ext　　C．name　　D．type

(4) 下列不属于 FileReader 接口提供方法的是 ________。

A．readAsText()　　B．readAsImage()

C．readAsBinaryString()　　D．readAsDataURL()

(5) 调用 abort() 方法将触发 FileReader 接口的 ________ 事件。

A．abort　　B．onabort　　C．onerror　　D．onend

(6) 下列关于 FileReader 接口中事件的描述，不正确的是 ________。

A．总是先执行 onloadstart 事件，再执行 onloadend 事件

B．如果执行了 onerror 事件，将不会执行 onloadend 事件

C．只有在 onload 事件中能获取内容

D．在 onload 事件和 onloadend 事件中都可以获取内容

三、简答题

(1) 简述从 file 类型中获取用户选择的多个文件的步骤。

(2) 简述限制用户选择文件类型的方法和实现步骤。

(3) 举例说明如何在服务器端接收文件和上传。

(4) 简述对 FileReader 接口的理解。

(5) 简述读取文件和读取图片的区别。

(6) 简述如何处理读取过程中的异常和错误。

第 7 章

CSS 3样式入门

7

学习目标

- 了解产生 CSS 的背景
- 了解 CSS 的特点及其优势
- 掌握 RGBA、HSL、HSLA 和 opacity 的使用
- 掌握使用 text-shadow 设置文本阴影的方法
- 熟悉控制文本换行的方法
- 掌握 @font-face 属性的使用

7.1 CSS背景知识

CSS全称为Cascading Style Sheets(层叠样式表),是一组用于定义Web页面外观格式的规则。在网页制作时使用CSS技术，可以有效地对页面的布局、字体、颜色、背景和其他效果实现更加精确的控制。只要对相应的代码做一些简单的修改，就可以改变同一页面的不同部分，或者不同网页的外观和格式。

7.1.1 CSS简介

CSS其实是一种描述性的文本，用于增强或者控制网页的样式，并允许将样式信息与网页内容相分离。用于存放CSS样式的文件扩展名为.css。

最初，HTML标签被设计为定义文档结构的功能，通过使用像<h1><p><table>和<img>之类的标签，分别在浏览器中展示一个标题、一个段落、一个表格或一个图片等内容。

页面中内容的布局，由浏览器根据标签表示的内容以从上到下、从左到右的“流”式布局依次排列。如果想要对内容进行定位，则需要使用表格进行分栏控制。

HTML只是标识页面结构的标记语言。而Web发展初期的两大浏览器厂商Netscape和Internet Explorer为了表示更加丰富的页面效果，争夺Web浏览器市场，不断地添加新的标记和属性到HTML规范中（比如设置文本样式的font元素），这使得原本结构比较清晰的HTML文档变得非常混乱。

随着Web页面效果的要求越来越多样化，依赖HTML的页面表现已经不能满足网页开发者的需求。

CSS的出现，改变了传统HTML页面的样式效果。CSS规范代表了Web发展史上的一个独特的阶段。

7.1.2 CSS特点

CSS为HTML标记语言提供了一种样式描述，定义了其中元素的显示方式。CSS在Web设计领域是一个突破。用它可以实现修改一个小的样式，更新与之相关的所有页面元素。

总体来说，CSS具有以下特点：

- 丰富的样式定义

CSS提供了丰富的文档样式外观，以及设置文本和背景属性的能力；允许为任何元素创建边框，设置元素边框与其他元素间的距离，元素边框与元素内容间的距离；允许随意改变文本的大小写方式、修饰方式以及其他页面效果。

- 易于使用和修改

CSS可以将样式定义在HTML元素的style属性中，也可以将其定义在HTML文档的header部分，还可以将样式声明在一个专门的CSS文件中，供HTML页面引用。总之，CSS样式表可以将所有的样式声明统一存放，进行统一管理。

另外，相同样式的元素可以归类，使用同一个样式进行定义，也可以将某个样式应用到所有同名的HTML标签中，或将一个CSS样式指定到某个页面元素中。

如果要修改样式，只需要在样式列表中找到相应的样式声明进行修改即可。

- 多页面应用

CSS 样式表可以单独存放在一个 CSS 文件中，这样就可以在多个页面中使用同一个 CSS 样式表。CSS 样式表理论上不隶属于任何页面文件，在任何页面文件中都可以将其引用。这样就可以实现多个页面风格的统一。

- 层叠

简单地说，层叠就是对一个元素多次设置同一个样式，这将使用最后一次设置的属性值。

比如对一个站点中的多个页面使用了同一套 CSS 样式表，而某些页面中的某些元素使用其他样式，此时就可以针对这些样式单独定义一个样式表应用到页面中。这些后来定义的样式将重写前面设置的样式，在浏览器中看到的将是最后设置的样式效果。

- 页面压缩

在使用 HTML 定义页面效果的网站中，往往需要大量或重复的表格和 font 元素形成各种规格的文字样式，这样做的后果就是会产生大量的 HTML 标签，从而使页面文件的大小增加。

而将样式的声明单独放到 CSS 样式表中，可以大大减小页面的体积，这样在加载页面时使用的时间也会大大减少。

另外，CSS 样式表的复用，更大程度地缩减了页面的体积，减少了下载的时间。

7.1.3 使用CSS的优势

一个新技术的发展壮大需要其有许多不可替代、不可超越的优点，才能从诸多技术中脱颖而出。CSS 做到了这一点，因为其有以下优点。

- Web 页面样式与结构分离

HTML 并不用来控制网页的格式及外观，而是用来替代页面的结构，所以 CSS 样式表单独存放，使 Web 页面保持样式和结构相互分离。

- 页面下载时间更快

CSS 可以重用样式，这会大大减少样式设置的代码。另外，因为 CSS 样式表可以单独存放到一个文件中，而像 IE 之类的浏览器的缓存功能会自动判断下载过的资源文件，进行重复使用，从而缩短下载时间。

- 节省开发和维护的成本

只需改动很少的 CSS 文档，就能够轻松控制具有上千页容量网站的外观，网页开发者可以更快更容易地维护及更新大量的网页。

- 令人满意的版面式样控制

CSS 控制排版样式的功能要比 <table> 和 <font> 标签强得多，因此网页设计者不再需要使用 <font> 标签或单独的图片创建导引线、更改字体颜色、字体大小及种类等。

- 轻松创建及编辑

创建和编辑 CSS 如同 HTML 一样容易，利用简单的记事本就可以完成。当然也可以使用像 Dreamweaver 一样的 IDE 来辅助开发。

- 兼顾打印和 Web 页面设计

CSS 样式表创建的外观样式能够同时适应浏览器、打印等环境使用。

- 较好地控制元素在 Web 页面中的位置

CSS 的定位属性允许用户精确地定义元素出现的相对位置，相对于其他元素或浏览器窗体本身。

- 有利于搜索引擎的搜索

使用 CSS 样式表的 HTML 仅仅被用来创建结构，简洁的页面对搜索引擎的友好程度大大增加，可以更加有效地被搜索引擎收录，所以网页被搜索到的机率就会提高。

7.2 CSS 3基本功能

很多以前需要图片结合脚本才能实现的效果，使用 CSS 3 后仅需几行代码就能实现。这不仅简化了开发人员的工作，还提高了页面加载速度。

尽管 CSS 3 的很多新增功能目前还不能被所有浏览器支持，或者说支持得还不够好，但它仍然让我们看到网页样式的发展方向。本节将简述 CSS 3 的主要新增功能。

1. 属性选择器

CSS 3 可以使开发人员更加精确地定位页面中的特定值。CSS 3 的属性选择器可以避免在页面中添加大量的 class、id 和 JavaScript 脚本。

例如，如下示例代码表示匹配有 title 属性并以“IBM”结尾的超链接。

```
a[title$="IBM"] {
  //定义详细样式
 }
```

CSS 3 中的连字符“~”用于选择同级（兄弟）元素。它将应用到某一元素父级节点下的所有同级元素。

提示　在第11章中将会详细介绍CSS 3中各个新增选择器的具体用法。

2. 透明度

CSS 3 允许开发人员为颜色添加 Alpha 通道，即指定单个元素上颜色的透明度。

例如，如下示例代码设置使用蓝色作为背景，并且透明度为 50%。

```
background:rgba(0,0,255,0.5);
```

目前基于 Webkit 和 Gecko 引擎的浏览器都支持该属性。图 7-1 为在带背景图片的页面上设置不同透明度的运行效果。

3. 多栏布局

使用这个特性可以将元素的内容划分为多栏布局，而不必使用多个 div 元素，这也是 CSS3 中使用最多的特性之一。

例如，下面的示例代码定义了一个 3 栏布局，各栏间隔为 20 像素。

```
-moz-column-count : 3;
-moz-column-gap : 20px;
```

图 7-2 为网站中使用该功能显示 3 栏的运行效果。

图7-1 透明度运行效果

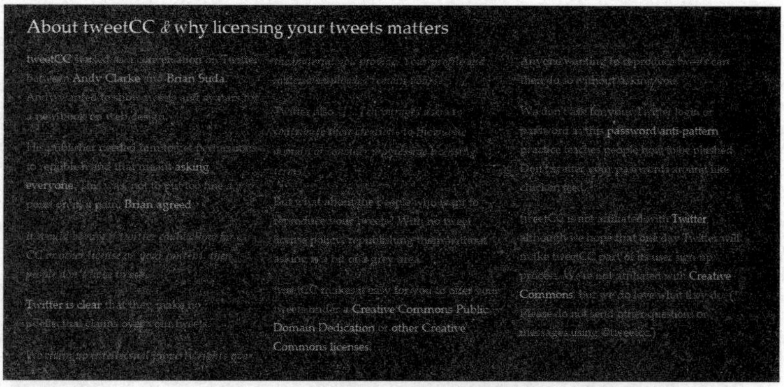

图7-2 多栏布局的运行效果

4. 多个背景图片

CSS 3 允许使用多个属性设置背景，像 background-image、background-repeat、background-size、background-position、background-originand 和 background-clip 等，这样就可以在一个元素上添加多层背景图片。

在一个元素上添加多个背景的最简单方法是使用缩写形式。示例代码如下：

```
background: url(example.jpg) top left no-repeat,
 url(example2.jpg) bottom left no-repeat,
 url(example3.jpg) center center repeat-y;
```

图 7-3 为网站中使用该功能显示两个背景图片的运行效果。

图7-3 多背景图片运行效果

5. 文本和块阴影

CSS 3 对文本阴影和块阴影重新进行了定义，提供了一种新的跨浏览器的解决方案，使文本和边框更加醒目。

例如，下面的示例代码演示了文本阴影和块阴影的使用。

```
<style type="text/css">
div{
    width:400px;
    box-shadow:10px 10px 25px #DE04FF;
    text-shadow:4px 4px 10px #FF0000;
    height: 100px;
    padding: 20px;
    background-color: #9C0;
    }
</style>
<div>这是一个块，用CSS 3定义了块阴影和文本阴影。</div>
```

运行后将看到图 7-4 所示的效果。

6. 圆角

在 CSS 3 的众多特性中，圆角是最受欢迎的功能之一。在 CSS 3 之前，想要显示圆角，需要使用多个 HTML 标签和结合 JavaScript 脚本。现在使用 CSS 3 的圆角属性 Border-radius 即可轻松解决。

图 7-5 为网站中使用圆角的示例运行效果。

图7-4　阴影运行效果

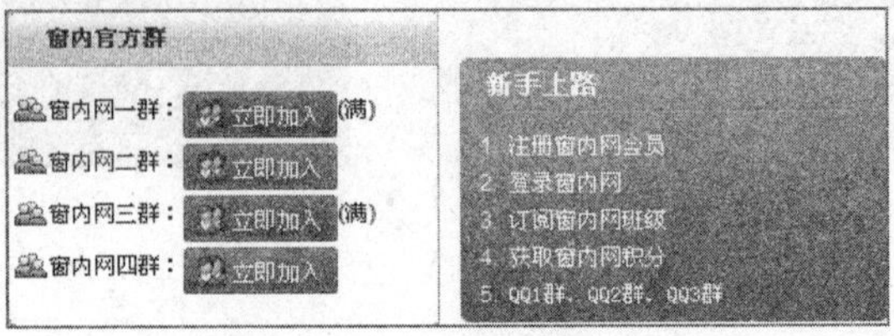

图7-5　圆角运行效果

7. 边框图片

solid、dotted 和其他几个有限的值只能设置边框的样式，但是 border-image 属性允许使用图片作为边框，而且还可以控制缩放或者平铺显示。

如下是 border-image 属性的使用示例代码：

```
border:5px solid #cccccc;
border-image:url(/images/border-image.png) 5 repeat
```

图 7-6 为网站中使用边框图片的示例的运行效果。

8. 变形

CSS 3 中的变形模块可以实现局部旋转、伸缩或者倾斜效果，实现这些效果非常简单。

图 7-7 为一些变形示例的运行效果。

图7-6　边框图片的运行效果

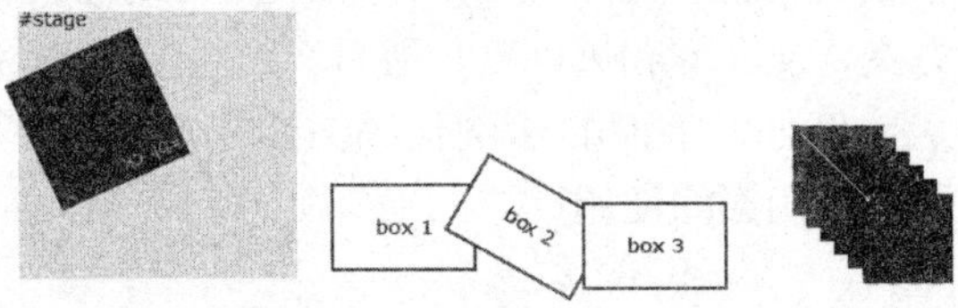

图7-7　变形运行效果

9. 媒体查询

媒体查询可以为不同的显示设备定义与其性能相匹配的样式。例如，在可视区域的宽度小于 360 像素的情况下，将网页的侧边栏显示到主要内容的下方，而不是浮动显示在左侧。

使用媒体查询不再需要为单独的不同设备编写样式表，也无须编写 JavaScript 脚本判断浏览器，就能轻松实现更加通用、智能的流体布局，以满足用户浏览器多样的要求。

10. 嵌入字体类型

允许将字体嵌入页面中，这是 CSS 3 最早通过实现的模块，也是最被期待的特性之一。

CSS 3 允许用户浏览当前系统中没有的字体效果。图 7-8 是一个在网站中使用嵌入字体的效果，并不影响用户的阅读体验。

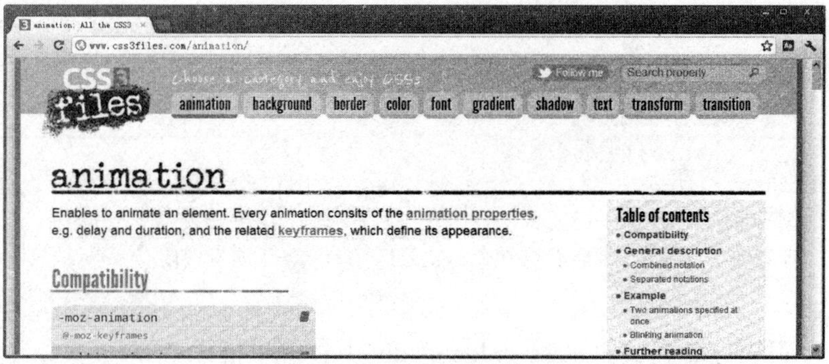

图7-8　嵌入字体的运行效果

7.3　CSS 3的颜色

颜色模块是 CSS 3 的最大亮点之一，它不仅允许开发人员对颜色进行设置，还可以控制色调、饱和度、亮度和透明度。

本节将对 CSS 3 中与颜色相关的样式进行详细介绍。包括使用 RGBA 和 HSLA 模式设置透明度，HSL 模式设置颜色以及 opacity 设置不透明度。

7.3.1　RGBA

RGBA 是对 CSS 2 中使用 RGB 表示颜色的增强。使用 RGB 方式表示颜色有 4 种方式：

- #rrggbb 三个两位的 16 进制无符号整数，取值范围为 00~ff，如 #e7cc5b。
- #rgb 三个一位的 16 进制无符号整数，取值范围为 0~f，如 #ce8，等同于第一种形式的 #ccee88。
- rgb(r,g,b) 括号中的 r、g、b 都是一个 0~255 的十进制整数。
- rgb(r%,g%,b%) 括号中的 r、g、b 都是一个 0~100 的十进制数字。

例如，要表示蓝色，可以使用下面 4 种方式中的任意一种：

```
rgb(0%,0%,100%)
rgb(0,0,255)
#00f
#0000ff
```

RGBA 方式是 RGB 色彩模式的扩展，在红、绿、蓝三个基色的基础上，增加了表示不透明度的参数 Alpha。其语法格式如下：

```
rgba(r,g,b,alpha);
```

其中，前三个参数与 RGB 中含义相同，alpha 参数是一个介于 0.0（完全透明）和 1.0（完全不透明）之间的数字。

例如，下面的示例代码使用 RGBA 模式为 p 元素指定了透明度为 0.5，颜色为红色的样式。

```
p{
background-color:rgba(255,0,0,0.5);
}
```

目前支持 RGBA 颜色的浏览器有 WebKit 核心系列浏览器、Firefox 3+、Opera 9.5+ 和 IE 9。

下面使用 RGBA 颜色模式制作一个案例。案例用到的布局代码如下所示：

```
<div class="log">
  <h3>打虎歌</h3>
  <div>一二三四五</div><div>上山打老虎</div> <div>老虎不在家</div><div>打到小松鼠</div> <div>松鼠有几只</div><div>让我数一数 </div><div>一二三四五</div><div>上山打老虎</div><div>老虎不在家</div><div>打到小松鼠</div>
</div>
```

可以看到，在 class 为 log 的 div 中包含了很多子 div 元素，这里利用 RGBA 来改变它们的透明度，使透明度从 1.0 依次降低到 0.1。案例用到的 CSS 样式代码如下所示：

```
<style type="text/css">
.log div {height: 20px;}
.log div:nth-child(10) {background-color:rgba(255,0,0,0.1);}
.log div:nth-child(9) {     background-color:rgba(255,0,0,0.2);}
.log div:nth-child(8) {     background-color:rgba(255,0,0,0.3);}
.log div:nth-child(7) {     background-color:rgba(255,0,0,0.4);}
.log div:nth-child(6) {     background-color:rgba(255,0,0,0.5);}
.log div:nth-child(5) {     background-color:rgba(255,0,0,0.6);}
.log div:nth-child(4) {     background-color:rgba(255,0,0,0.7);}
.log div:nth-child(3) {     background-color:rgba(255,0,0,0.8);}
.log div:nth-child(2) {     background-color:rgba(255,0,0,0.9);}
.log div:nth-child(1) {background-color:rgba(255,0,0,1);}
</style>
```

如上述代码所示，为了精确设置每个 div 元素，这里使用了 nth-child 选择器。最终运行效果如图 7-9 所示。

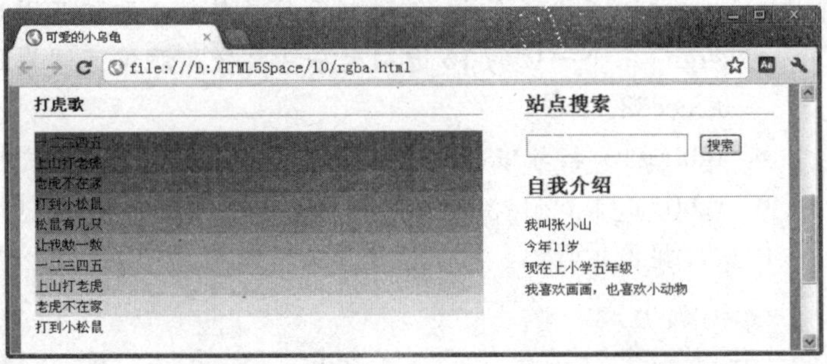

图7-9　RGBA更改透明度的运行效果

7.3.2 HSL和HSLA

在 CSS 3 中，除了使用 RGB 颜色外，还可以使用 HSL 颜色。HSL 色彩模式是工业界的一种颜色标准，是通过对色调、饱和度和亮度三个颜色通道的变化以及它们相互之间的叠加来得到各式各样的颜色。HSL 即是代表色调（Hue）、饱和度（Saturation）和亮度（Lightness）三个通道的颜色，这个标准几乎包括了人类视力所能感知的所有颜色，是目前运用最广的颜色系统之一。

CSS 3 的 HSL 颜色表示语法如下：

```
hsl(hue, saturation ,lightness)
```

其中各个参数的含义如下：

- hue　表示色调的任意数字，其中，0 和 360 表示红色，120 表示绿色，240 表示蓝色。

当值大于 360 时，实际值等于该值除以 360 之后的余数。假设，色调值为 600，则实际值为 600/360 的余数，也就是 240。

- saturation 表示饱和度的百分比，取值范围为 0%~100%。用于指定该颜色被使用了多少，即颜色的深浅和鲜艳程度，其中，0% 表示没有颜色（使用灰度），100% 表示饱和度最高（颜色最鲜艳）。
- lightness 表示亮度的百分比，取值范围为 0%~100%。其中，0% 表示最暗（显示为黑色），100% 表示最亮（显示为白色）。

例如，如下示例代码使用 HSL 模式为 p 元素指定颜色为绿色，饱和度为 65%，亮度为 75%。

```
p{
background-color:hsl(120,65%,75%);
}
```

HSLA 模式是对 HSL 模式的扩展，在色调、饱和度和亮度三个元素的基础上增加了表示不透明度的参数 Alpha。HSLA 模式表示颜色的语法格式如下：

```
hsla(hue, saturation ,lightness, alpha)
```

其中，前三个参数的含义与 HSL 相同，alpha 参数含义与 RGBA 相同。下面是一个使用 HSLA 定义颜色的示例代码：

```
p{
background-color:hsla(120,65%,75%,0.3);
}
```

下面通过一个登录表单讲解 HSLA 模式如何设置颜色的透明度。如下所示为表单的代码：

```
<form>
  <p class="name">
    <label for="name">用户名：</label>
    <input type="text" name="name" id="name"/>
  </p>
  <p class="email">
    <label for="password">密  码：</label>
    <input type="password" name="password" id="password"/>
  </p>
  <p class="submit">
    <input type="submit" value="登录"/>
  </p>
</form>
```

在这里主要用到了 3 个样式，第一个用于定义表单中输入框的默认样式，代码如下所示：

```
input {
    padding:5px;
    border:solid 1px #DEDEDE;
    background:hsla(160, 30%, 75%, 0.1);
    width:200px;
}
```

第二个是鼠标经过和单击输入框时的样式，代码如下所示：

```
input:hover, input:focus {
    border-color:#F00;
    background:hsla(349, 50%, 50%, 0.8);
}
```

第三个是定义表单提交按钮的样式，代码如下所示：

```
.submit input {
    padding:5px;
    background:hsla(120, 100%, 100%, 0.3);
    font-size:14px;
    color:#000;
}
```

运行实例将会看到图 7-10 所示的表单的默认运行效果。当在表单中输入用户名或者密码时，输入框的样式会发生变化，如图 7-11 所示。

图7-10　默认运行效果

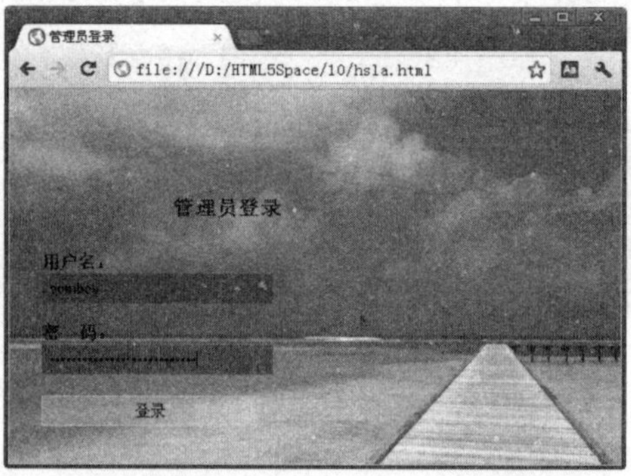

图7-11　输入内容时的运行效果

7.3.3 opacity属性

在 CSS 3 中，除了使用 RGBA 和 HSLA 模式来指定颜色的透明度外，还专门定义了透明属性 opacity。使用该属性能够使任何元素呈现出透明效果，其语法格式如下：

```
opacity:opacityValue
```

参数 opacityValue 是一个介于 0.0（完全透明）和 1.0（完全不透明）之间的数字，默认值为 1，即完全不透明。

例如，下面的示例代码设置 p 元素为半透明效果。

```
p{
opacity:0.5;
}
```

在使用时要注意一点，RGBA 和 HSLA 可以针对元素的背景色和文本颜色单独设置透明度，而 opacity 属性只能设置元素的背景透明度。例如，下面的代码向页面中插入了 6 张图片。

```
<div id="wrap">
<img src="imgs/tls.gif" width="25%" height="25%"  id="pic1"/>
<img src="imgs/tls.gif" width="25%" height="25%"  id="pic2"/>
```

```
<img src="imgs/tls.gif" width="25%" height="25%"  id="pic3"/>
<img src="imgs/tls.gif" width="25%" height="25%"  id="pic4"/>
<img src="imgs/tls.gif" width="25%" height="25%"  id="pic5"/>
<img src="imgs/tls.gif" width="25%" height="25%"  id="pic6"/>
</div>
```

接下来使用 CSS 为图片添加边框，并依次设置它们的透明度。代码如下所示：

```
<style type="text/css">
    #wrap img{border:solid 1px #999; }
    #pic1{ opacity:0.8}
    #pic2{ opacity:0.7}
    #pic3{ opacity:0.5}
    #pic4{ opacity:0.3}
    #pic5{ opacity:0.2}
    #pic6{ opacity:0.1}
</style>
```

上述代码使用 opacity 属性为 6 个图片设置了透明度，其中，值越小表示透明度越高，运行效果如图 7-12 所示。

图7-12　设置透明度的运行效果

7.4 CSS 3文本与字体样式

CSS 的最初作用就是修饰页面上显示的文本和字体样式。在早期的版本中也定义了丰富的属性来设置字体的大小、颜色、对齐方式、行高、换行方式和缩进等。

CSS 3 在这方面进行了重大革新，添加了很多属性，使 CSS 的功能更加强大。本节将详细介绍新增的文本和字体样式属性。

7.4.1 text-shadow属性

CSS 3 的 text-shadow 属性用于为页面上的文本添加阴影效果。目前 Safari、Firefox、Chrome 和 Opera 浏览器都支持该属性，Internet Explorer 9 以上支持。

text-shadow 属性的语法格式如下：

```
text-shadow: h-shadow v-shadow blur color;
```

其中各个参数的含义如下：

- h-shadow 指定水平方向上阴影的位置，可以为负值。
- v-shadow 指定垂直方向上阴影的位置，可以为负值。

- blur 指定阴影的模糊半径，值越大模糊范围越大，省略时表示不向外模糊。
- color 指定阴影的颜色。

图 7-13 为上述语法中的 h-shadow、v-shadow 和 blur 参数如何影响阴影的产生效果。

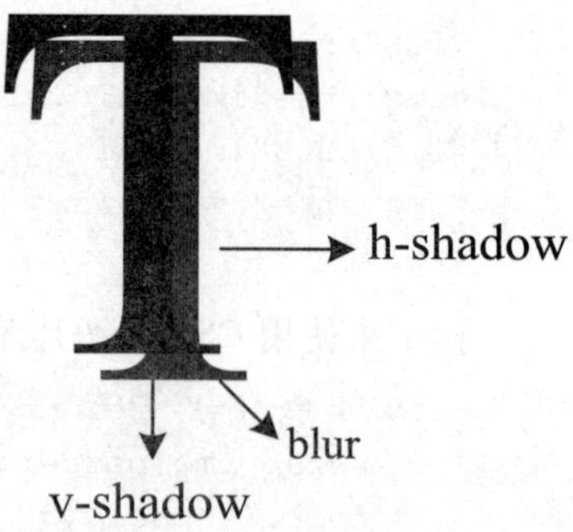

图7-13　阴影产生示意图

提示

参数顺序不可以颠倒。当使用三个参数作为该属性的值时，第1个参数表示h-shadow和v-shadow的值，后面不变。此时将第1个参数设置为0，表示只有模糊效果，不产生阴影。

例如，下面的代码为 h1 元素定义了一个阴影。

```
<h1>美丽风景</h1>
<style>
h1 {text-shadow:14px 14px 4px #FF0000;}
</style>
```

在这里定义阴影的水平和垂直位置均为 14 像素，模糊半径为 4 像素，阴影颜色为 #FF000。图 7-14 为最终的运行效果，从左至右依次是 Chrome 浏览器、Firefox 浏览器、Opera 浏览器。

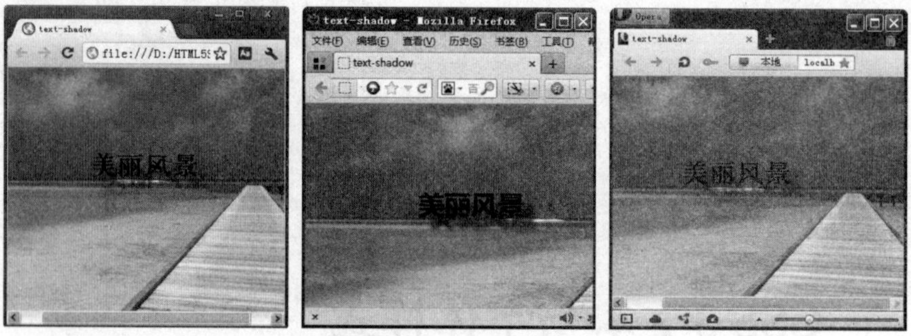

图7-14　阴影显示效果

在使用 text-shadow 属性时，如果前两个参数的值为负值，那么阴影将沿着反方向显示。例如，对上面 h1 元素使用下面的样式代码：

```
h1 {text-shadow:-15px -15px 5px #FFFFFF;}
```

在这里 text-shadow 属性的第 1 个和第 2 个参数使用了负数值，运行后将看到图 7-15 所示的效果。

图7-15　阴影显示效果

除了上述 text-shadow 属性的简单应用之外，该属性还可以实现显示多个阴影的效果，并且针对每个阴影使用不同的参数。具体方法是使用一个以逗号分隔的阴影列表作为该属性的值。此时阴影效果按照指定的顺序显示，因此有可能出现互相覆盖，但是它们永远不会覆盖文本本身，另外阴影效果不会改变边框的尺寸，但可能延伸到边界之外。

借助 text-shadow 的这个多阴影机制，可以利用阴影制作出一些非常漂亮的文本效果。例如，下面的示例代码：

```
<style>
h1{
  color:#FFF;
  font-size:40px;
  padding-bottom:20px;
  text-shadow:20px 10px #999, 30px 30px #778, 50px 40px #666;
}
<style>
<h1>春    晓</h1>
```

如上述代码所示，这里使用 text-shadow 属性为 h1 元素定义了 3 个阴影，而且在定义时省略了模糊半径参数。运行之后将在页面上看到 4 个“春晓”文字，如图 7-16 所示。

下面再来看一个多阴影的示例，代码如下所示：

```
<style>
h1{
  color:#7BBE21;
  font-weight:bold;
  font-size:82px;
  padding:20px;
  text-shadow:0 0 4px #FFF,
       0 -5px 4px #FF3,
       2px -10px 6px  #FD3,
       -2px -15px 11px #F80,
       2px 15px 18px #F20;
}
<style>
<h1>美丽风景</h1>
```

这里为 h1 元素定义了 5 个阴影，运行效果如图 7-17 所示。

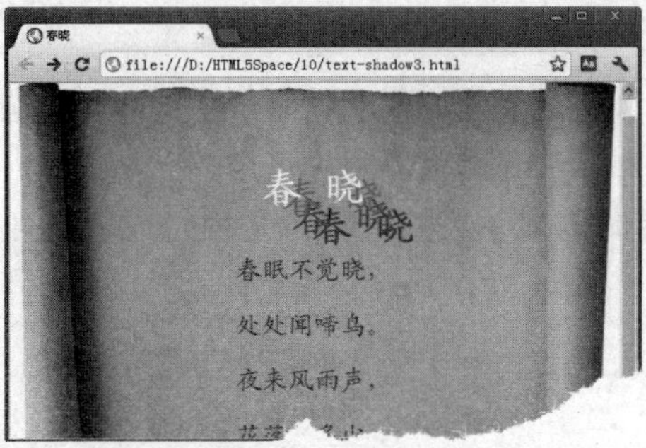

图7-16　多阴[illegible]

图7-17　多阴影运行效果2

7.4.2 text-overflow属性

在设计 Web 页面时，设计师通常会给栏目设置固定宽度。这样一来，当实际内容超过宽度时，为了避免不影响整体的布局必须对内容进行截取。这个工作之前多是使用 JavaScript 脚本来完成。CSS 3 中的 text-overflow 属性可以快速解决这个问题。

text-overflow 属性的作用非常明确，就是决定当内容超过宽度时的显示方式。例如，当一个列表的宽度为 100 像素，而内容有 120 像素时，使用该属性可以在 100 像素处显示一个省略号，而不是截取。其语法格式如下：

```
text-overflow:clip | ellipsis
```

从语法可以看出，该属性有两个值，含义如下：

- clip 当内容超出宽度时对其进行截取。
- ellipsis 当内容超出宽度时在最后显示省略号标记。

下面通过一个简单的实例来实现让超出的内容显示省略号。代码如下所示：

```
<div style="width:420px;overflow:hidden;text-overflow:clip;white-space:nowrap"> 一二三四五，上山打老虎，老虎不在家，打到小松鼠，松鼠有几只，让我数一数，一二三四五。 </div>
```

在上述代码中，首先为 div 元素指定了固定宽度，设置超出的内容隐藏并显示一个省略号，“white-space:nowrap”的作用是使内容不换行显示。最终运行效果如图 7-18 所示。如果将 text-overflow 属性的值更改为 clip，将对超出的内容进行截取，运行效果如图 7-19 所示。

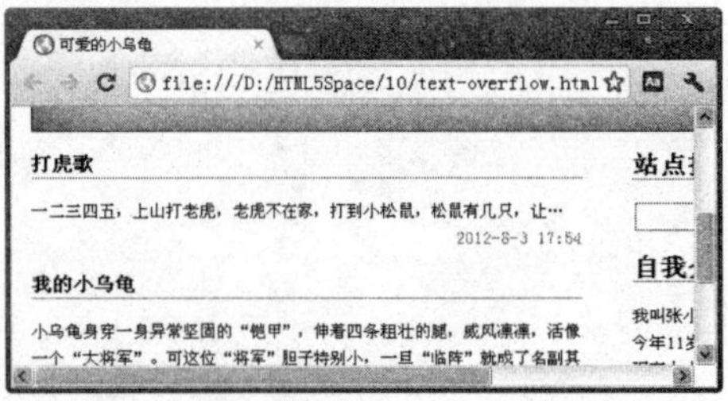

图7-18　显示省略号标记的运行效果

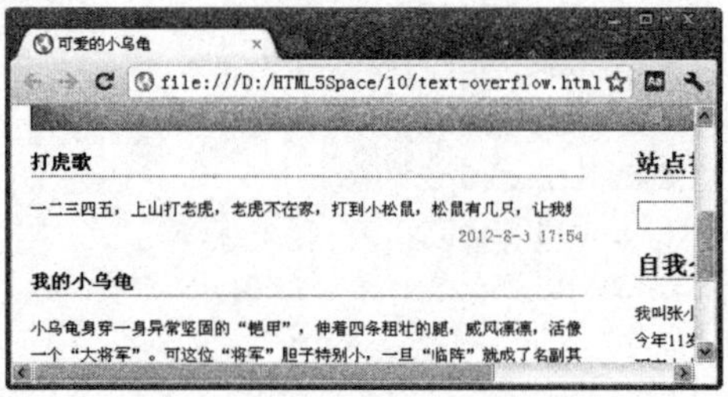

图7-19　截取内容的运行效果

提示 text-overflow在显示省略号时，实际内容是标题，仅是受宽度的限制没有显示出来而已。这样的好处是有益于搜索引擎收录。

7.4.3 word-wrap属性

在 CSS 3 之前 word-wrap 是 Internet Explorer 浏览器的私有属性，不被其他浏览器支持。CSS 3 将它标准化后，在 Firefox、Safari、Chrome 和 Opera 浏览器中均可用。

word-wrap 属性用于确定当内容达到容器边界时的显示方式，可以是换行或者断开。具体语法如下所示：

```
word-wrap:normal | break-word
```

从语法可以看出，该属性有两个值，含义如下：

- normal 普通换行方式，即采用浏览器的默认换行方式。

- break-word 当内容遇到边界时断开换行显示。

该属性的两个值都是用来控制内容的换行显示方式。下面通过一个简单的实例比较两个值的差别，详细代码如下所示：

```
<div id="wrap" style="word-wrap:break-word; width: 300px;">
我有一个小毛驴，我从来也不骑。有一天我心血来潮骑着去赶集。(Happy,Happy,Happy,Happy,Happy,Happy,VeryHappy)<br/>我手里拿着小皮鞭，我心里正得意。不知怎么哗啦啦啦啦我摔了一身泥。
</div>
```

在上述代码中，break-word 作为换行方式，因此在内容碰到边界时会换行显示，而不管单词（连续的字母）是否显示完整，运行效果如图 7-20 所示。如果将值设置为 normal，此时只有单词显示完整后才会换行，运行效果如图 7-21 所示。

图7-20 break-word运行效果

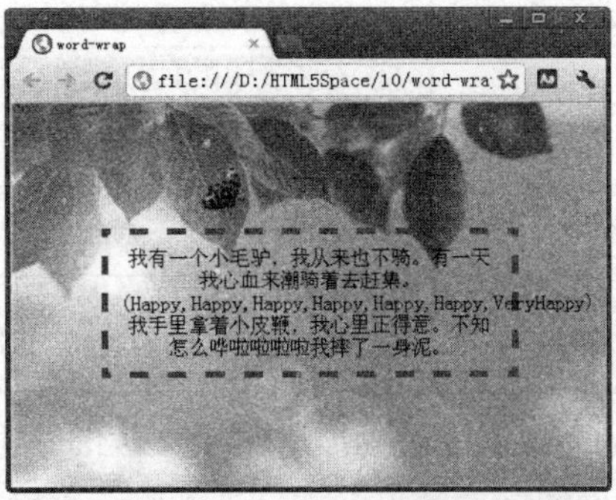

图7-21 normal运行效果

CSS 中提供了很多用于处理换行的属性，像 line-break、word-break、white-space 和 word-wrap 属性。下面对它们的处理方式分别进行介绍：

- line-break 主要用于处理日文的换行方式，使用得比较少。
- white-space 具有格式化文本的作用，当值为 nowrap 时，会强制在同一行显示所有文本；当值为 pre 时，表示使用预定义的格式显示文本。
- word-break 主要针对亚洲语言和非亚洲语言的文本换行进行控制。当值为 break-all 时，可以在非亚洲语言文本行的任意字符内断开换行；当值为 keep-all 时，表示在中文、韩文和日文中不允许字符内断开换行。
- word-wrap 控制换行，当属性取值为 break-work 时会强制换行，对中文文本和英文语句都有作用，但是对长字符串不起作用。也就是该属性用于控制是否断词，而不是断字符。

7.4.4 @font-face属性

@font-face 属性可以说是 CSS 3 中最具创新的一项功能，它属于 CSS 3 规范中的字体模块。在传统的页面设计中，设计师总是非常小心地使用字体，因为需要考虑每位浏览者的系统中是否安装了所用的字体。虽然可以指定当字体不能正常显示时的替代字体，但是这将严重影响页面的美观程度。

而在 CSS 3 中，提供了 @font-face 属性，它允许在网页中使用服务器端已经安装的字体，而不影响浏览者的显示效果。也就是说，@font-face 属性可以加载服务器端的字体文件，并让客户端的浏览器显示正常。

提示　目前，所有主流浏览器都支持@font-face，但是要注意，Internet Explorer仅支持.eot（Embedded Open Type）类型字体，而Firefox、Chrome、Safari和Opera浏览器支持.ttf（True Type Font）和.otf（Open Type Font）类型字体。

严格来说，CSS 3 中的 @font-face 其实是一个选择器，具体语法格式如下：

```
@font-face{属性:值}
```

CSS 3 为 @font-face 提供了独有的属性，当需要多个属性时使用分号作为分隔。如表 7-1 中列出了这些可用的属性及其功能。

表7-1　@font-face属性

属性名称	功　能
font-family	定义字体的名称，必需
src	定义该字体的URL地址，必需
font-stretch	定义该字体的拉长方式。可选值有normal（默认值）、condensed、ultra-condensed、extra-condensed、semi-condensed、expanded、semi-expanded、extra-expanded和ultra-expanded
font-style	定义该字体的显示方式。可选值有normal（默认值）、italic和oblique
font-weight	定义字体的粗细。可选值有normal（默认值）、bold、100~900

例如，下面的示例演示了 @font-face 的使用方法。

```
@font-face{
  font-family:UserCustomFont;
  src:url('font/font_Scmon.otf') format("opentype");
  font-weight:normal;
  font-stretch:normal;
}
```

在上述代码中，使用名称 UserCustomFont 作为服务器端字体“font/font_Scmon.otf”的引用。src 中的 format 是可选的，在这里指定字体类型为 opentye，它还有另一个值 truetype。font-weight 属性和 font-stretch 属性指定了字体的其他样式。

当使用 @font-face 属性定义了服务器端字体之后，如果需要在样式中使用它，还必须通过 font-family 属性进行引用。例如，对 h1 元素应用上面的 UserCustomFont 字体，示例代码如下：

```
h1{ font-family: UserCustomFont ;}
```

运行之后，在 h1 元素中的所有内容将会应用 UserCustomFont 关联的 font_Scmon.otf 字体。

下面使用 @font-face 属性创建一个具体的实例。首先是在 HTML 页面中添加需要显示的内容，代码如下所示：

```
<h3>you and me</h3>
<div>you and me from one world</div>
<div>we are family</div>
<div>travel dream</div>
<div>a thousand miles</div>
<div>meeting in beijing</div>
<div>come together</div>
<div>put your hand in mine</div>
```

然后通过 CSS 3 的 @font-face 属性定义两个外部字体，代码如下所示：

```
<style>
@font-face {
font-family: myFirstFont1;
src: url( 'fonts/veteran_typewriter-webfont.ttf' );
}
@font-face {
font-family: myFirstFont2;
font-style: normal;
font-weight: normal;
src: url( 'fonts/league_gothic-webfont.ttf' );
}
</style>
```

上述代码创建了两个字体，分别是 myFirstFont1 和 myFirstFont2，它们引用的字体文件都位于 fonts 目录下。接下来，将定义好的字体分别应用到页面中的 h3 元素和 div 元素。代码如下所示：

```
h3 {
  font-family:myFirstFont1;
  font-size:48px;
}
div {
  font-family:myFirstFont2;
  font-size:24px;
}
```

上述代码将字体 myFirstFont1 应用到 h3 元素，字体 myFirstFont2 应用到 div 元素，最终的运行效果如图 7-22 所示。如果将 font-family 去掉，将看到图 7-23 使用默认字体的效果。

图7-22　使用自定义字体的运行效果

图7-23　使用默认字体的运行效果

注意

@font-face虽然提供了可以浏览没有安装字体的显示效果，但是它的代价是需要预先将字体下载到本地。所以，如果字体文件太大则不适合使用这种方式。

本章实例 1：设计网页色调

在网页设计中，搭配颜色是一个难点，需要有一定的审美观和对颜色的把握。这一点对于初学者来说总是很难掌握。其实只要把握住配色的基本规律和原则，也不会很难。首先就是确定网站的主色调，然后在同一色系中选色和配色，这样既能保证网页色彩丰富，又不显得花哨。

那么具体如何选色和配色呢？这就需要在配色中确定占大面积的颜色，并根据这一颜色来选择不同的配色方案，从而得到不同的整体色调。

在 CSS 3 中使用 HSL 可以控制色调、饱和度和亮度。下面就以 HSL 的使用为例演示如何设计网页的色调，并给出模拟效果。

具体步骤如下：

Step 1 新建一个 HTML 页面，添加显示的标题，再使用 table 制作一个表格。具体代码如下所示：

```
<h2>色调：H=0</h2>
<h3>饱和度(&rarr;)</h3>
<table width="90%" border="0"  align="center">
  <tr>
    <th>亮度(&darr;)</th>
    <th >100%</th>
    <th >80%</th>
    <th >60%</th>
    <th >40%</th>
    <th >25%</th>
    <th >10%</th>
    <th >0%</th>
  </tr>
  <tbody id="main">
  </tbody>
</table>
```

上述代码使用 h2 和 h3 定义了两个标题，使用 th 定义亮度的标签，具体的颜色块会显示到 id 是 main 的 tbody 中。

Step 2 为上一步添加的 HTML 布局定义 CSS 样式，代码如下所示：

```
<style type="text/css">
table {padding:5px;}
th {   color:red;font-size:14px;  font-weight:normal;}
td {   width:80px;    height:30px;}
h2 {   margin:0 auto; width:400px;     background:hsla(0, 0%, 40%, 0.5);
text-align:center;}
h3 {   margin:0 auto; width:400px;     background:hsla(0, 30%, 60%,
0.8);text-align:center;}
</style>
```

如上述代码所示，这里使用 hsla 对 h2 和 h3 的透明度进行了设置。

Step 3 HSL 有三个参数，分别表示色调、饱和度和亮度。在确定色调之后，只要不断改变饱和度和亮度就可以得到不同的色块。根据这个思路，通过 JavaScript 脚本来实现，具体代码如下所示：

```
<script language="javascript" type="text/javascript">
```

```
window.onload=function(){
  //定义页面的主色调，这里为0表示红色
  var h=0;
  //定义饱和度数组
  var arr1=new Array("100%","80%","60%","40%","25%","10%","0%");
  //定义亮度数组
  var arr2=new Array("100%","88%","75%","63%","38%","25%","13%","0%");
  for(var i=0;i<arr2.length;i++)
  {
       var tds=""
       for(var j=0;j<arr1.length;j++){
            //创建颜色块
              tds+="<td style='background:hsl("+h+","+arr1[j]+","+arr2
[i]+")'></td>";
       }
       //显示亮度和颜色块
       $("main").innerHTML+="<tr><th>"+arr2[i]+"</th>"+tds+"</tr>";
  }
}
  //快速获取页面上的元素
  function $(id){return document.getElementById(id);}
</script>
```

实现代码非常简单、易懂，而且里面包含了注释。当需要添加其他饱和度和亮度时，只需要向数组中添加新值即可，非常方便。

Step 4 运行 HTML 页面，将看到以红色为色调的页面颜色搭配方案，如图 7-24 所示。如果将色调值修改为 120，将看到图 7-25 所示的运行效果。

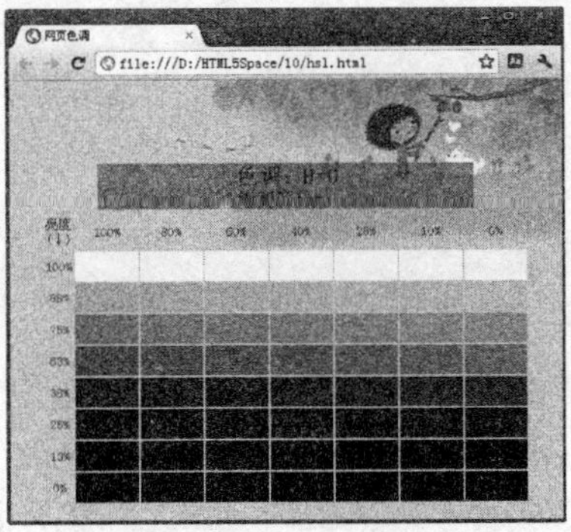

图7-24　色调为0运行效果

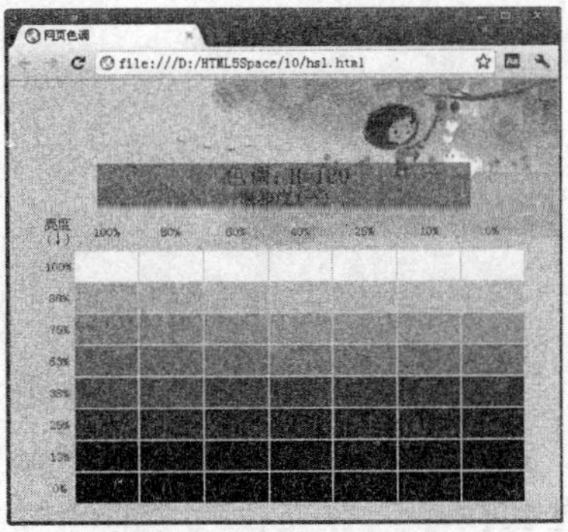

图7-25　色调为120运行效果

本章实例 2：制作个性的图书列表

在网页中文本占着非常大的比例，可以说主要表现的内容是通过文本来定义的。CSS 3 也注意到了这一点，为此增加了很多与文本相关的样式。下面制作一个显示个性化的图书列表。具体步骤如下：

Step 1 新建 HTML 页面，为页面定义一个标题，代码如下所示：

```
<div id="logo">
    <a href="#">打造一流IT学习乐园  推进无纸化教学进程</a>
</div>
```

Step 2 为了使标题在页面中能够突出显示，使用 CSS 定义它的显示样式。具体如下：

```
<style type="text/css">
#logo a {
  color:#000;
  text-decoration:none;
  text-transform:uppercase;
  text-shadow:8px -4px 8px #f08, -3px 1px 9px #F00,
           -1px 1px 5px #FFF, 2px 1px 6px #FFF,
           1px 1px 5px #FFF, 1px -1px 7px #FFF;
}
</style>
```

如上述代码所示，这里使用了 text-shadow 属性为标题定义多个阴影效果。

Step 3 有了页面标题之后，还需要为列表定义一个标题。假设这里要显示的是关于图书的数据，使用的标题如下：

```
    <h1>畅销图书排行榜</h1>
```

Step 4 与页面标题类似，接下来使用 CSS 定义 h1 标题的显示样式。具体代码如下所示：

```
@font-face {
  font-family: WebFont2;
  font-style:normal;
  font-weight: normal;
  src: url( 'fonts/zhangcao.ttf' ) format("truetype");
}
h1 {
  margin:20px 0 10px 0;
  text-transform:uppercase;
  font-family:WebFont2;
  font-size:32px;
  font-weight:normal;
}
```

在上述代码中，首先使用 @font-face 属性创建了一个来自外部的字体，字体名称为 WebFont2。然后将该名称应用到 h1 元素，并设置大小和其他样式。

Step 5 现在创建用于显示图书数据的列表，包含图书名称、价格、出版社和 ISBN。代码如下所示：

```
    <table width="90%">
      <tr>
        <th width="39%">名称</th>
        <th width="10%">价格</th>
        <th width="28%">出版社</th>
```

```
        <th width="23%">ISBN</th>
      </tr>
      <tr>
        <td class="name" >SQL Server 2008完全学习手册</td>
        <td>58</td>
        <td>清华大学出版社</td>
        <td class="number">978-7-121-06353-4 </td>
      </tr>
         <!-- 省略其他行 -->
    </table>
```

Step 6 编写 CSS，定义 table 和 th 的显示外观。

```
table {           font-size:14px;}
th {
  background-color: #000;
  color: #FFF;
  font-size: 18px;
  line-height: 24px;
  opacity:0.6;
}
```

上述代码在定义 th 时设置了字体颜色和背景色，同时又使用 opacity 属性设置了透明度为 0.6。

Step 7 为了避免图书名称过长时将单元格撑开，影响其他列的布局效果，因此，使用 text-overflow 属性显示一个省略号，代码如下所示：

```
.name {
  display:block;
  width:190px;
  overflow:hidden;
  text-overflow:ellipsis;
  white-space:nowrap
}
.name:hover {    overflow:visible;}       /*鼠标经过图书名称时显示完整内容*/
```

Step 8 再创建一个样式来定义图书 ISBN 的显示效果。代码如下所示：

```
@font-face {
  font-family: WebFont1;
  font-style:normal;
  font-weight: normal;
  src: url( 'fonts/league_gothic-webfont.ttf' ) format("truetype");
}
.number {
  font-family: WebFont1;
  font-size:18px;
}
```

Step 9 在上述代码中使用了自定义的字体。现在运行实例页面，将看到图 7-26 所示的效果。

Step 10 为了演示本案例 CSS 样式的重要性。可以将样式全部去除，然后再运行，将看到图 7-27 所示的效果。

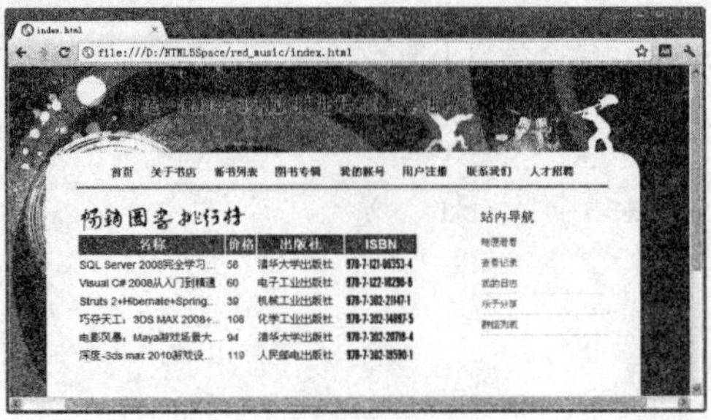

图7-26　实例运行效果

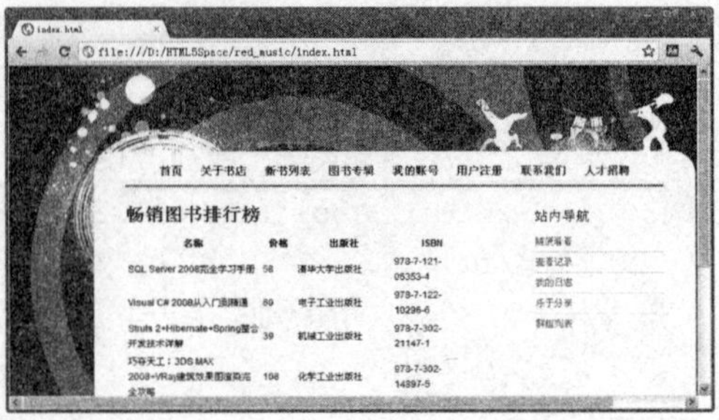

图7-27　去除样式后的运行效果

本章小结

HTML 5 和 CSS 3 自出现以来就一直是互联网技术中最受关注的两个话题。在本章之前，本书对 HTML 5 新出现的各种技术进行了详细讨论。本章的目的是带领读者快速了解 CSS 3，并掌握最基本的颜色和文本模块的使用。

为此，本章在最开始首先介绍了有关 CSS 的背景知识，然后是本章的重点，通过理论结合实践的形式使读者加深对 CSS 3 新增特性的应用的理解。

课后练习

一、填空题

（1）Internet Explorer 浏览器支持 CSS 3 的私有属性是 __________。

（2）样式 hsl(500,50%,20%) 中色调的实际值是 __________。

（3）在使用 opacity 属性设置透明度时，值为 __________ 时表示完全透明。

（4）创建一个水平和垂直都是 5px、模糊半径为 2px、使用 #123456 作为颜色的阴影，应该使用代码 __________。

（5）text-overflow 属性的值为 __________ 表示显示省略号标记。

二、选择题

（1）在下面关于 CSS 样式的说明中，__________ 不是 CSS 的优势。

A．Web 页面样式与结构分离

B．页面下载时间更快

C．轻松创建及编辑

D．使用 CSS 能够增加维护成本

（2）使用 CSS 样式表对页面进行设置，设置背景色为 rgb(0, 255, 0)，那么在浏览器中页面的背景色将为 __________ 色。

A．红　　B．蓝　　C．绿　　D．黄

（3）为了使 CSS 3 的新特性可以运行在 Chrome 浏览器上，可以使用私有属性

__________。

A．-webkit-　　B．-khtml-　　C．-moz-　　D．-chr-

（4）下列特性中不属于 CSS 3 新增的是 __________。

A．使用 RBGA 更改透明度

B．可以设置多个背景图片

C．可以在边框中使用图片

D．可以使用选择器

（5）下列关于 RGBA 的用法，错误的是 __________。

A．rgba(20%,20%,20%,1)

B．rgba(20,20,20,0)

C．rgba(20,20,20,-1)

D．rgba(20,20,20,1)

（6）假设要使页面中的 p 元素为半透明，下面代码中错误的是 __________。

A．p{background-color:hsla(120,65%,50%,0.5);}

B．p{background-color:rgba(20,20,20,0.5);}

C．p{background-color:rgb(20,20,20); opacity:0.5}

D．p{background-color:hsl(120,65%,75%);}

（7）下列关于 text-shadow 的用法，错误的是 __________。

A．text-shadow:0 1px #FF0000;

B．text-shadow:-20px 0 1px #FF0000;

C．text-shadow: 1px #FF0000 10px 10px;

D．text-shadow:0 1px #FF0000, 50px 40px #666;

（8）下列不属于 @font-face 属性的是 __________。

A．font-family　　B．font-name　　C．font-style　　D．font-weight

三、简答题

（1）简述 CSS 的发展史及其优势。

（2）请举例说明 CSS 3 的主要新增功能。

（3）简述使用 CSS 3 需要注意的兼容性问题。

（4）在 CSS 3 中使用透明有几种方法，分别是什么？

（5）简述 text-shadow 的语法以及各个参数对效果的影响。

（6）列举在 CSS 3 中控制文本换行的几种方式。

（7）简述 @font-face 的使用方法及优缺点。

第 8 章

使用CSS 3选择器

学习目标

- 掌握 CSS 3 中的属性选择器
- 掌握常用的结构化伪类选择器
- 掌握 4 种常用的伪元素选择器
- 熟练常用的 UI 元素状态伪类选择器
- 熟悉通用兄弟元素选择器的用法
- 了解 content 属性常用的取值方法
- 熟悉选择器插入文字、图像文件和项目编号的方法

8.1 CSS 3的选择器

选择器是 W3C（World Wide Web Consortium）在 CSS 3 工作草案中独立引进的一个概念，它是 CSS 3 的重要组成部分。实际上，在 CSS 1 和 CSS 2 中已经定义了很多常用的选择器，本节主要介绍 CSS 3 中新增加的常用选择器。

8.1.1 属性选择器

CSS 3 的属性选择器，使属性选择器引进了通配符的概念。这 3 种常用的属性选择器如下所示：

- [att*=val] 匹配具有 att 属性、且值包含 val 的元素。
- [att^=val] 匹配具有 att 属性、且值以 val 开头的元素。
- [att$=val] 匹配具有 att 属性、且值以 val 结尾的元素。

1. [att*=val] 属性选择器

[att*=val] 选择器的含义是：选择匹配的元素，该元素中定义了 att 属性，且属性值是包含 val 的字符串。例如，p[title*=“show”] 表示匹配包含 title 属性，且 title 的属性值是包含“show”字符串的 p 元素。

在 Dreamweaver 中新建一个页面，匹配 id 的属性值是包含“news”字符串的所有 p 元素。主要代码如下所示：

```
<style type="text/css">
p[id*="news"]{
     font-weight:bold;
     color:blue;
     font-family:Arial, Helvetica, sans-serif;
}
</style>
<body>
<div>
<p id="news1">番外三 听说那时你哭了</p>
<p style="font-size:14px">我也是偶然听说，那时候你哭了。对不起，当初我不应该不告而别的。可是，我不后悔，现在的你很幸福很幸福，我也感觉很幸福。</p>
<span id="news2">番外二 琴瑟在御 莫不静好</span>
<p style="font-size:14px">琴瑟在御 莫不静好。</p>
<p id="old1">第二十四章 阮阮，只有你的青春永不腐朽</p>
<p  style="font-size:14px">青春是什么，是一首诗，一幅画，一句永远都忘不掉的关怀……阮阮，很高兴，在我生命中最美丽的时刻遇到你。那时青春，那时快乐，也是在那时，你的青春永不腐朽。</p>
<p id="old2">第二十三章 那就一辈子吧，何需伤感</p>
<div>
</body>
```

在上段代码中，id 相当于选择器 [att*=val] 中的属性 att，“news”相当于属性值 val，匹配出所有的 p 元素，将字体加粗并且设置字体为“Arial”，颜色为蓝色。运行效果如图 8-1 所示。

2. [att^=val] 属性选择器

[att^=val] 选择器的含义是选择匹配的元素，该元素中定义了 att 属性，且属性值是以 val 开头的字符串。例如，p[title^= “show”] 表示匹配包含 title 属性，且 title 的属性值是以“show”字符串开头的 p 元素。

在 Dreamweaver 中新建一个页面，匹配 id 的属性值是以“news”开头的所有 p 元素。主要代码如下所示：

```
<style type="text/css">
p[id^="news"]{
    color:orange;
    font-size:16px;
}
</style>
<body>
<div>
<p>赠汪伦</p>
<p id="news num1">李白乘舟将欲行，</p>
<p id="ingnews">忽闻岸上踏歌声。</span>
<p id="news">桃花潭水深千尺，</p>
<p id="endnews">不及汪伦送我情。</p>
<div>
</body>
```

在上段代码中，主要使用 [att^=val] 选择器，查找出所有符合条件的 p 元素，并且更改 p 元素的样式。运行效果如图 8-2 所示。

图8-1　[att*=val]属性选择器效果图

图8-2　[att^=val]属性选择器效果图

3. [att$=val] 属性选择器

[att$=val] 选择器的含义是选择匹配的元素，该元素中定义了 att 属性，且属性值是以 val 结尾的字符串。例如，p[title$="show"] 表示匹配包含 title 属性，且 title 的属性值是以“show”字符串结尾的 p 元素。

在 Dreamweaver 中新建一个页面，更改上面的示例，匹配 id 的属性值以 "news" 结尾的所有 p 元素。主要代码如下所示：

```
<style type="text/css">
p[id$="news"]{
    font-weight:bold;
    color:blue;
    font-size:16px;
}
</style>
<body>
<p>赠汪伦</p>
<p id="news num1">李白乘舟将欲行，</p>
<span id="ingnews">忽闻岸上踏歌声。</span>
<p id="news">桃花潭水深千尺，</p>
<p id="endnews">不及汪伦送我情。</p>
</body>
```

上段代码中使用 [att$=val] 属性选择器，查找出所有匹配的 p 元素，并且更改 p 元素的样式。运行效果如图 8-3 所示。

> **提示** CSS 3选择器引进了通配符的概念，选用了^、$、*这3个通用匹配运算符，其中，^表示匹配起始符，$表示匹配终止符，*表示匹配任意字符。

图8-3 [att$=val]属性选择器效果图

8.1.2 结构化伪类选择器

在学习结构性伪类选择器之前，首先来了解一个伪类选择器的概念。伪类选择器是已经定义好的选择器，不能随便取名。常用的伪类选择器有 a:hover、a:link、a:visited 等。

常用的结构性伪类选择器如下所示：

- root 选择器 将样式绑定到页面的根元素中。
- first-child 选择器 对父元素中的第一个子元素指定样式。
- last-child 选择器 对父元素中的最后一个子元素指定样式。
- nth-child(n) 选择器 对指定序号的子元素设置样式（正数）。参数可以是数字（1、2、3）、关键字（odd、even）、公式（2*n*、2*n*+3），参数的索引起始值是 1，而不是 0。
- nth-last-child(n) 选择器 对指定序号的子元素设置样式（倒数），语法和用法可参考 nth-

child(n) 选择器。

- not 选择器 若想对某个结构元素使用样式，但想排除这个结构元素下的子结构元素，就用 not 选择器。
- empty 选择器 指定当元素内容为空白时使用的样式。
- target 选择器 对页面中某个 target 元素指定样式，该样式只在用户单击了页面中的链接，并且跳转到 target 元素后生效。
- nth-of-type(n) 选择器 匹配指定序号的同一种类型的子元素（正数）。参数可以是数字（1、2、3）、关键字（odd、even）、公式（2*n*、2*n*+3），参数的索引起始值是 1，而不是 0。
- nth-last-of-type(n) 选择器 匹配指定序号的同一种类型的子元素（倒数），语法和用法参考 nth-of-type(n) 选择器。
- only-child 选择器 当某个父元素中只有一个子元素时使用的样式。

1. root 选择器

root 选择器就是将样式绑定到页面的根元素中。在整个 HTML 页面中，指的就是整个“html”部分。

在 Dreamweaver 中新建一个页面，实现使用 root 选择器改变整个 HTML 页面背景颜色的功能。主要代码如下所示：

```
<style type="text/css">
:root{
    background-color:lightblue;
}
body{
    background-color:orange;
}
</style>
<body>
<h3>第一回  甄士隐梦幻识通灵  贾雨村风尘怀闺秀</h3>
<p>原来女娲氏炼石补天之时，于大荒山无稽崖练成高经十二丈，方经二十四丈顽石三万六千五百零一块．娲皇氏只用了三万六千五百块，只单单剩了一块未用，便弃在此山青埂峰下．谁知此石自经煅炼之后，灵性已通，因见众石俱得补天，独自己无材不堪入选，遂自怨自叹，日夜悲号惭愧</p>
</body>
```

上段代码使用不同样式指定 root 元素和 body 元素的背景颜色，根据不同的颜色取值，背景色就会发生相应的变化。如果不指定 root 元素的背景色，而仅仅指定 body 元素的背景色，那么整个页面都会变成橘红色。运行效果如图 8-4 和图 8-5 所示。

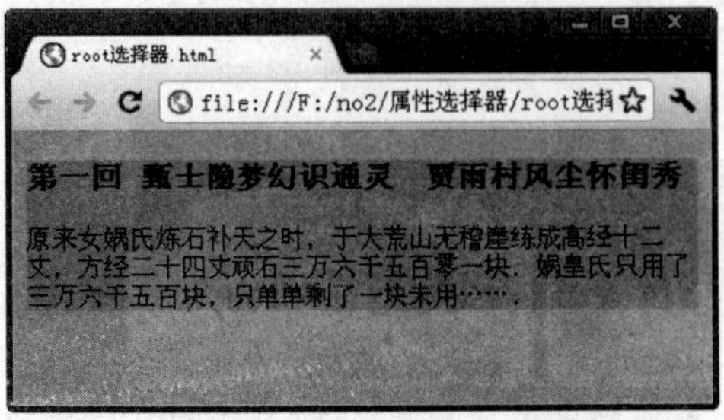

图8-4 root选择器显示的背景色

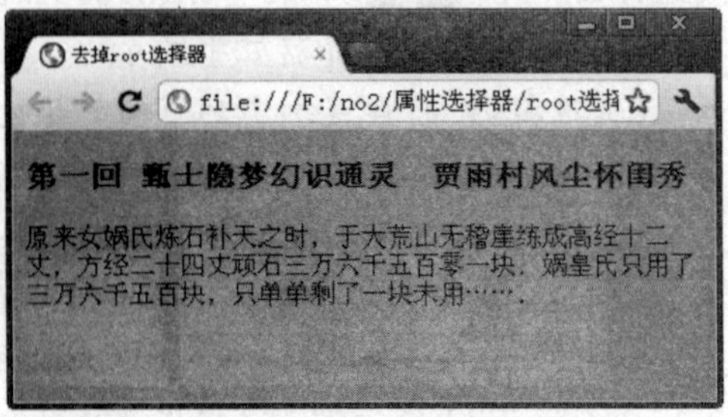

图8-5 去掉root选择器显示的背景色

2. first-child 选择器和 last-child 选择器

如果用户想为文章列表的第一篇标题和最后一篇标题设置不同的背景颜色，到目前为止，采取的做法就是：给这两篇文章的标题添加不同的 class 属性，然后给每个属性的样式定义不同的背景颜色。但是，在 CSS 3 中新增加了 first-child 选择器和 last-child 选择器以后，同样可以解决设置背景颜色的问题，多余的 class 属性就可以不要了。

first-child 选择器和 last-child 选择器分别用于为父元素中的第一个或者最后一个子元素设置样式。

在 Dreamweaver 中新建一个页面，使用选择器实现设置文章标题背景颜色的功能。主要代码如下所示：

```
<style type="text/css">
p:first-child{
    background-color:skyblue;
}
p:first-child a:hover{
    color:white;
    background-color:orange;
}
p:last-child{
    color:darkblue;
    background:lightblue;
}
</style>
<body>
<div>
<p><a>第一篇　让浪漫永恒</a></p>
<p>第二篇　记忆中的故乡小村庄</p>
<p>第三篇　第一次飞出国门——巴厘岛旅游</p>
<p>第四篇　母亲的微笑</p>
<p>第五篇　剔透无暇的空间是光环还是魔咒</p>
<p>第六篇　关于生命绿色的一点无聊遭遇</p>
</div>
</body>
```

上段代码中使用 first-child 选择器设置第一篇文章的标题背景颜色为天蓝色，最后一篇文章的标题背景颜色为浅蓝色，字体为深蓝色。运行效果如图 8-6 所示。

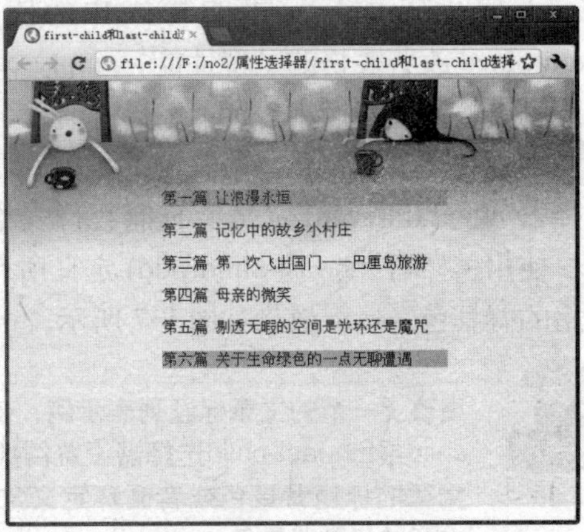

图8-6　first-child和last-child选择器效果图

3. nth-child 选择器和 nth-last-child 选择器

使用 first-child 选择器与 last-child 选择器可以定义某个父元素中第一个或最后一个子元素的样式，但是如果用户想要为上面示例的第三篇文章标题或倒数第二篇文章标题定义样式，使用这两个选择器就不行了。为了解决这个问题，下面介绍另外两种选择器：nth-child 选择器和 nth-last-child 选择器。它们是 first-child 和 last-child 的扩展选择器。

在 Dreamweaver 中新建一个页面，添加一个六行五列的表格，使用 nth-child 选择器和 nth-last-child 选择器实现隔行分色的功能。主要代码如下所示：

```
<style type="text/css">
table{
    width:100%;
    font-size:12px;
    table-layout:fixed;
    empty-cells:show;
    border-collapse:collapse;
    margin:0 auto;
    border:1px solid #cad9ea;
    color:#666;
}
tr:nth-child(even){
    background-color:#f5fafe;
}
tr:nth-last-child(odd){
    background-color:#D3CAF4;
}
</style>
<body>
<div>
<h1>设计优雅的数据表格</h1>
<table summary="设计优雅的数据表格">
<tr><th>姓名</th><th>性别</th><th>外语成绩</th><th>语文成绩</th><th>数学成绩</
th></tr>
<tr><td>李思洋</td><td>男</td><td>119</td><td>102</td><td>148</td></tr>
<!-- 省略其他tr -->
</table>
</div>
</body>
```

上段代码 table 元素的样式中，使用 table-layout:fixed 改善表格的呈现性能，empty-cells:show 隐藏不必要的干扰因素，border-collapse:collapse 能让表格看起来更加精致。最关键的地方在于：使用选择器 nth-child(even) 定义所有偶数行表格的背景色，使用选择器 nth-last-child(odd) 定义所有奇数行表格的背景色。运行效果如图 8-7 所示。

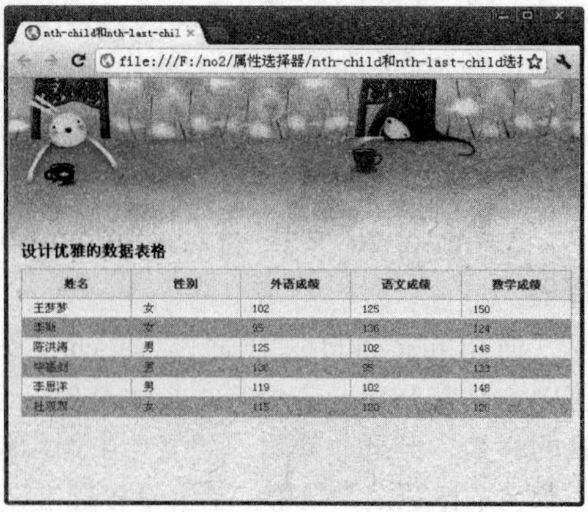

图8-7　表格隔行分色效果图

试一试

更改上一节的文章标题列表示例，使用nth-child或nth-last-child选择器设置倒数第二篇文章的标题背景色或者循环定义父元素中文章的标题背景色。

4. nth-of-type(n) 选择器和 nth-last-of-type(n) 选择器

上一节介绍了 nth-child 选择器和 nth-last-child 选择器，实现了表格隔行分色的功能。但是，任何事物的存在都是各有利弊的。那么这两个选择器有没有弊端呢？答案是肯定的。

在 Dreamweaver 中新建一个页面，主要代码如下所示：

```
<style type="text/css">
h3:nth-child(odd){
    color:red;
}
h3:nth-child(even){
    color:yellow;
}
</style>
<body>
<div>
<h3>第一篇 关于生命绿色的一点无聊遭遇</h3>
<p>春天到了，是绿色来临的时候，只是今年有些不对劲儿，世界显得有些令人匪夷所思。许多地方遇上了前所未有的寒冷，甚至于有些地方大雪厚度超过两米。</p>
<!-- 省略其他代码 -->
</div>
</body>
```

上段代码主要针对 h3 标题定义样式，nth-child 选择器分别根据参数 odd 和 even 设置奇数行的字体颜色为红色，偶数行的字体颜色为黄色。运行效果如图 8-8 所示。

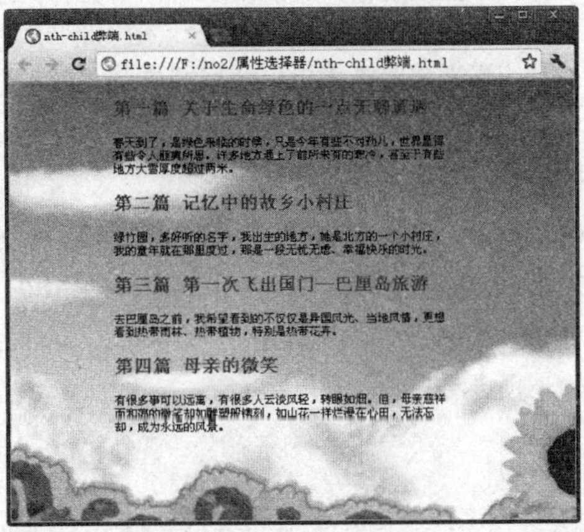

图8-8　nth-child选择器定义奇数行、偶数行的样式

从图 8-8 中可以看到：所有文章标题的字体颜色都变成了红色，而不是预期的那样。这个时候问题就出现了，nth-child 选择器在计算子元素是第奇数个还是第偶数个的时候，是连同父元素中的所有子元素一起计算的。从另一方面讲，“h3：nth-child(odd)”并不是指“div 元素中第奇数个 h3 子元素使用此样式”，而是指“div 元素中第奇数个元素如果是 h3 子元素的时候使用此样式”。

所以，如果父元素是列表元素，并且列表中只有一种子元素的时候，不会发生任何问题；如果父元素是 div 元素，而 div 元素中不止有一种子元素的时候，问题就出现了。

为了避免类似问题的发生，CSS 3 引入了另外两种选择器：nth-of-type 选择器和 nth-last-of-type 选择器。使用这两个选择器，CSS 3 在进行计算的时候就已经针对相同类型的子元素了。

在 Dreamweaver 中新建一个页面，更改上面的示例，实现在 div 父元素中改变子元素 h3 奇数行和偶数行字体颜色的功能。主要代码如下所示：

```
<style type="text/css">
h3:nth-of-type(odd){
```

```
    color:red;
}
h3:nth-of-type(even){
    color:yellow;
}
</style>
<body>
<div>
<h3>第一篇 关于生命绿色的一点无聊遭遇</h3>
<p>春天到了，是绿色来临的时候，只是今年有些不对劲儿，世界显得有些令人匪夷所思。许多地方遇上了前所未有的寒冷，甚至于有些地方大雪厚度超过两米。</p>
</div>
</body>
```

上段代码使用 nth-of-type 选择器定义文章标题的颜色，使所有奇数行文章标题的字体为红色，所有偶数行文章标题的字体为黄色。运行效果如图 8-9 所示。

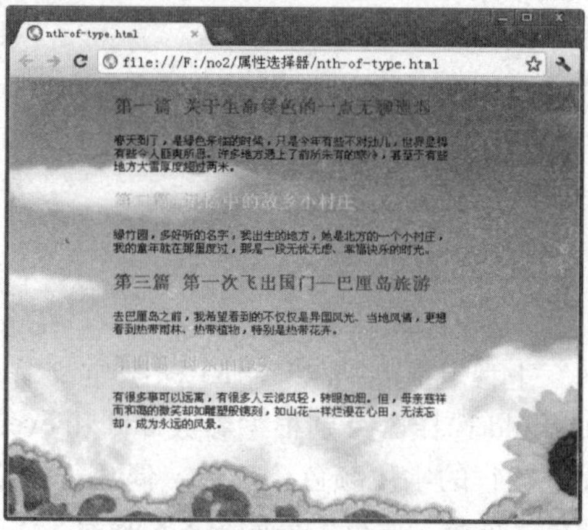

图8-9 nth-of-type选择器效果图

试一试

如果需要定义奇数行或偶数行的效果为从下往上的话，可以用nth-last-of-type选择器替代nth-of-type选择器，进行倒数计算。感兴趣的读者可以亲自动手试一试。

5. only-child 选择器

only-child 选择器用于匹配父元素下仅有的一个子元素，它的效果和“E:first-child:last-child”或者“E:nth-child(1):nth-last-child(1)”的效果一样。

在 Dreamweaver 中新建一个页面，页面包括 3 个 ul 列表，每个列表包含不同的项目。主要代码如下所示：

```
<style type="text/css">
body{
    background-image:url(../images/http_imgload13.jpg); background-repeat:no-repeat;
}
li:only-child{color:red;}
</style>
<body>
<div>
张韶涵歌曲：
<ul><li>隐形的翅膀</li><li>不想懂得</li><li>亲爱的那不是爱情</li></ul>
王菲歌曲：
<ul><li>因为爱情</li></ul>
陈奕迅歌曲：
<ul><li>富士山下</li><li>爱情转移</li><li>十年</li></ul>
</div>
```

```
</body>
```

在上段代码中，当 ul 父元素下的子元素 li 的列表仅有一个项目时，使用 only-child 选择器设置 li 元素中字体的颜色为红色。运行效果如图 8-10 所示。

图8-10　only-child选择器效果图

6. empty 选择器

empty 选择器非常好理解，当元素没有任何内容时，就可以使用 empty 选择器定义样式。

在 Dreamweaver 中新建一个页面，使用 empty 选择器定义单元格没有内容时的样式。主要代码如下所示：

```
<style type="text/css">
td{
    border:1px solid #cad9ea;
    padding:0 1em 0;
}
:empty{background-color:#E9BFFB}
</style>
<body>
<div>
 <table>
  <tr>
    <td width="30%">书名</td><td width="20%">作者</td><td width="50%">其他作品
</td>
  </tr>
  <tr><td>《烈火如歌》</td><td>可爱淘</td><td>《狼的诱惑》、《那小子真帅》</td></tr>
  <tr><td>《基督山伯爵》</td><td>大仲马</td><td></td></tr>
 </table>
</div>
</body>
```

上段代码的运行效果如图 8-11 所示。

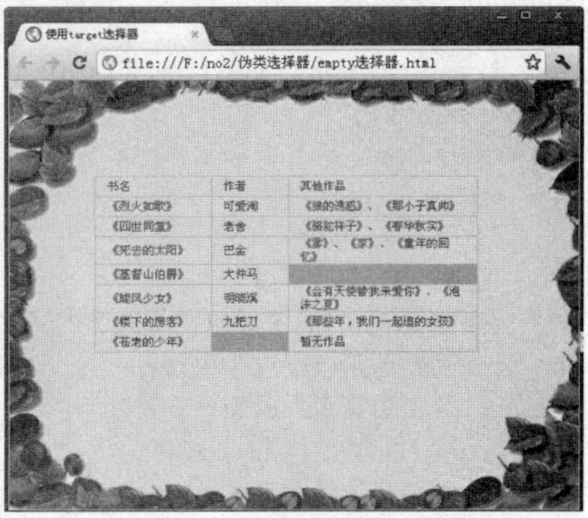

图8-11　empty选择器效果图

7. target 选择器

使用 target 选择器为页面中的某个 target 元素（该元素的 id 被当做页面中的超链接来使用）指定样式，该样式只在用户单击了页面中的超链接，并且跳转至 target 元素后起作用。

在 Dreamweaver 中新建一个页面，使用 target 选择器为页面内的个人简介内容定义样式。主要代码如下所示：

```
<style type="text/css">
body{
    background-image:url(../images/http_imgload12.jpg); background-repeat:no-repeat;
}
:target{color:red; font-size:14px; background-color:#DBDBDB}
</style>
<body>
<div>
<a href="#p1">海子个人简介</a>|
<a href="#p2">达芬奇个人简介</a>|
<a href="#p3">贝多芬个人简介</a>
<p id="p1">    海子简介：海子原名查海生，生于1964年3月24日，在农村长大。1979年15岁时考入北京大学法律系，大学期间开始诗歌他曾长期不被世人理解，但他是中国70年代新文学史中一位全力冲击文学与生命极限的诗人。创作。</p>
</div>
</body>
```

上段代码的作用是单击不同的人物简介链接时跳转至页面的相应内容，实现了页内导航和定位的功能。运行效果如图 8-12 所示。

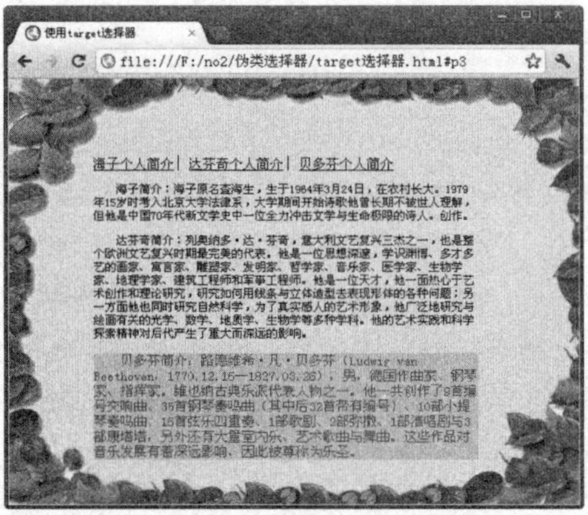

图8-12　target选择器效果图

8. not 选择器

如果用户想对某个结构元素使用样式，但想排除这个结构元素下的子结构元素，就可以使用 not 选择器。

在 Dreamweaver 中新建一个页面，主要代码如下所示：

```
<style type="text/css">
body{
    background-image:url(../images/http_imgload12.jpg); background-repeat:no-repeat;
}
div *:not(h3){color:#32CD64; font-size:14px; font-family:"宋体", Geneva, sans-serif;}
</style>
<body>
<div>
<h3>从头再来</h3>
<p>昨天 所有的荣誉已变成遥远的回忆</p>
<p>勤勤苦苦已度过半生</p>
<p>今夜重又走入风雨</p>
<p>我不能随波浮沉</p>
<p>为了我致爱的亲人</p>
<p>再苦再难也要坚强</p>
```

```
<p>只为那些期待眼神</p>
<p>心若在 梦就在 天地之间还有真爱</p>
<p>看成败 人生豪迈 只不过是从头再来</p>
</div>
</body>
```

在上段代码中,“div *”指定div元素中所有的字体颜色为“#32CD64”,字体大小为14像素,且设置字体为“宋体”,“:not(h3)”表示使用not选择器排除h3元素。换句话说,除了h3元素外,div元素中的其他子元素全部使用上述样式。运行效果如图8-13所示。

8.1.3 伪元素选择器

伪元素选择器：并不是针对真正的元素使用的选择器，而是针对已经定义好的伪元素使用的选择器。常用的4种伪元素选择器如下所示：

- first-line选择器 为某个元素的第一行文字指定样式。
- first-letter选择器 为某个元素中文字的首字母或第一个字设置样式。
- before选择器 在某个元素之前插入内容。
- after选择器 在某个元素之后插入内容。

在Dreamweaver中新建一个页面,使用上面的4种选择器显示一首古诗,主要代码如下所示:

```
<style type="text/css">
p:first-child:first-line{
    font-size:18px;
    color:red;
}
p:first-child:first-letter{
    font-size:24px;
    color:orange;
}
div:before{
    content:"静 夜 思";
    color:white;
}
div:after{
    content:"作 者:(李 白)";
    margin-left:40px;
}
</style>
<body>
<div>
<p>窗 前 明 月 光，</p>
<p>疑 是 地 上 霜。</p>
<p>举 头 望 明 月，</p>
<p>低 头 思 故 乡。</p>
</div>
</body>
```

在上段代码中，使用 first-line 选择器定义第一句古诗的字体为红色；使用 first-letter 选择器设置古诗的第一个字的样式；然后分别使用 before 选择器和 after 选择器在古诗的前面插入古诗标题，古诗后面插入古诗的作者。运行效果如图 8-14 所示。

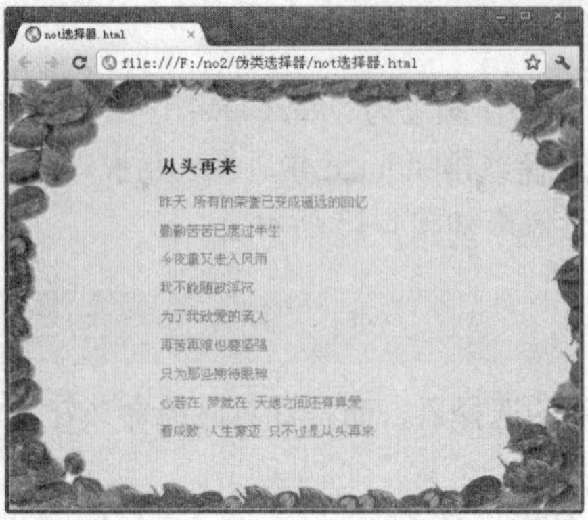

图8-13　not选择器的效果图

图8-14　古诗展示效果图

8.1.4 UI元素状态伪类选择器

上一节已经介绍了伪元素选择器，有些 HTML 元素有 enable 或 disable 状态（例如：输入框）和 checked 或 unchecked 状态（例如：单选按钮、复选框）。这些状态就可以使用 enabled 选择器、disabled 选择器、checked 选择器等伪类元素来分别定位。它们的共同特征是：指定的样式只有当元素处于某种状态下才起作用，在默认状态下不起作用。

UI 元素的状态一般包括：可用、不可用、选中、未选中、获取焦点、失去焦点、锁定、待机等。在 CSS 3 中，一共有 11 种 UI 元素状态伪类选择器，它们分别是：

- hover 选择器　鼠标指针移动到某个文本框控件上使用的样式。
- active 选择器　元素被激活（鼠标在元素上按下还没有松开）时使用的样式。
- focus 选择器　获得光标焦点时使用的样式，主要是在文本框控件获得焦点并输入文字时使用。
- read-only 选择器　指定当元素处于只读状态时的样式。
- write-only 选择器　指定当元素处于只写状态时的样式。
- default 选择器　指定当页面打开时处于默认状态的单选按钮或者复选框的样式。
- indeterminate 选择器　指定当页面打开时，若是一组单选按钮中任何一个单选按钮都没有设定为选中，那么该选择器定义的样式对整组的单选按钮有效。若是用户选中这组中的任何一个单选按钮，那么整组的单选按钮的样式被作废。
- selection 选择器　指定当元素处于选中状态时的样式。
- checked 选择器　指定当表单中的单选按钮或复选框处于选中状态时的样式。
- enabled 选择器　指定当前元素处于可用状态时的样式。
- disabled 选择器　指定当前元素处于不可用状态时的样式。

CSS 3 兼容了 CSS 2 和 CSS 1 版本的内容，相信读者对上面的部分选择器并不陌生。下面以示例来详细了解它们的使用方法。

在 Dreamweaver 中新建一个页面，使用上面的选择器定义不同的样式，实现用户身份注册的功能。页面主要代码如下所示：

```
<form style="width:65%;margin-left:100px;margin-top:100px;">
<fieldset>
<legend><h3>身份注册</h3></legend>
用户ID:<input readonly="readonly" id="uid" type="text" value="FK201204111000"
/><br/>
用户名:<input name="uname" id="uname" /><span>用户名必须合法</span><br/>
密   码:<input name="upass" type="password" id="upass"
/><br/>
爱   好:
<input type="checkbox" />上网<input type="checkbox" />看书
<input type="checkbox" />旅游<input type="checkbox" checked="checked" />阅读
<br/>
是否学生:
<input checked value="shi" type="radio" name="ustu" onChange="change()"
id="isdent" />是
<input value="no" name="ustu" type="radio" onChange="change()" id="nodent"
/>否<br/>
<div>
身份证号:<input id="ucard" type="text" name="ucard" maxlength="18"
placeholder="请输入证件号码" /><br/>
学校名称:<input id="uschool" type="text" name="uschool" placeholder="学校名称
" /><br/>
专业名称:<input id="uzhuanye" type="text" name="uzhuanye" placeholder="专业名
称" /><br/>
<input type="button" style="margin-left:110px;" value="提交" />
</fieldset>
</form>
```

页面代码已经完成，样式的主要代码如下所示：

```
<style type="text/css">
#uid:read-only{
  background:#808080;
}
#uname:focus{
  border:2px solid #D8B0FF;
  background-color:#C5C5C5;
}
span::selection{
  background:red;
}
input[type="text"]:enabled{
  border:1px solid skyblue;
  background-color:#FFFFC1;
}
input[type="text"]:disabled{
  border:1px solid orange;
  background-color:#FFD9D9;
}
```

```
input[type="checkbox"]:checked{
    outline:2px solid blue;
}
input[type="checkbox"]:default{
    outline:2px solid red;
}
</style>
```

在上面的代码中，使用 read-only 选择器定义用户 ID 只读文本框的背景颜色；focus 选择器定义了鼠标焦点在用户名输入框时的样式；用户名的合法提示使用 span 元素，选中 span 元素的内容样式由 selection 选择器设置；用户的爱好默认选中“阅读”，当页面打开时，默认处于选中状态的复选框控件的样式使用 default 选择器来定义。

然后分别使用 enabled 选择器和 disabled 选择器定义文本输入框可用和不可用状态时的样式。选择“是”或“否”单选按钮会触发单选按钮的 change 事件，调用函数 change() 更改学生信息的文本框是否可用。JavaScript 中的主要代码如下所示：

```
<script language="javascript" type="text/javascript" >
function change()
{
    var radios = document.getElementById("isdent");
    if(radios.checked)
    {
        document.getElementById("ucard").value = "";
        document.getElementById("ucard").placeholder = "请输入证件号码";
        document.getElementById("ucard").disabled = "";
        //<!-- 其他JavaScript代码 -->
    }else
    {
        document.getElementById("ucard").value = "暂时不可用";
        document.getElementById("ucard").disabled = "disabled";
        //<!-- 其他JavaScript代码 -->
    }
}
</script>
```

运行上述示例，图 8-15 为使用 read-only、enabled、default、focus 选择器的效果图，图 8-16 为使用 selection、checked、disabled 选择器的效果图。

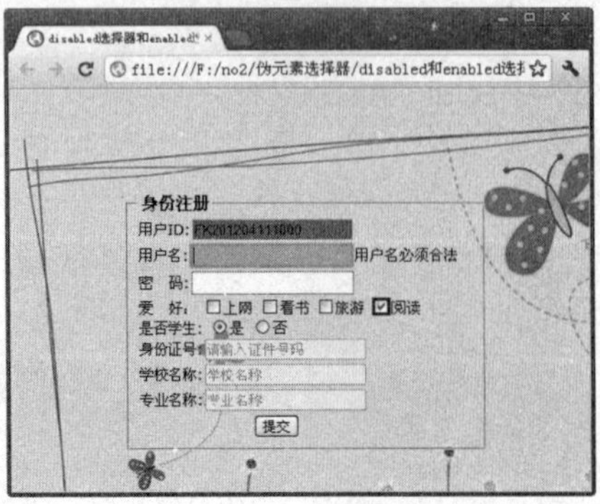

图8-15　身份注册效果图1

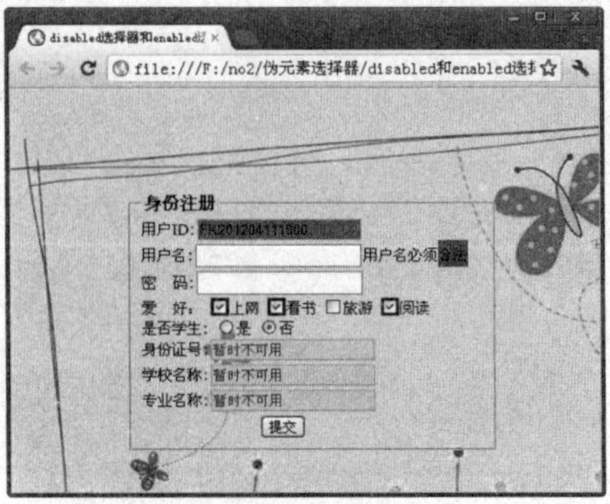

图8-16　身份注册效果图2

> **提示**　在上面的示例中，使用比较常用的选择器向读者展示了用户身份注册页面的效果图，感兴趣的读者也可以亲自动手试试，观察每个选择器的显示效果。

8.1.5 通用兄弟元素选择器

除了上面的选择器外，还有最后一种选择器：通用兄弟元素选择器。它是用来指定位于同一个父元素之中的某个元素之后的兄弟元素所使用的样式。

在 Dreamweaver 中新建一个页面，实现使用通用选择器定义样式的功能。主要代码如下所示：

```
<style type="text/css">
div~p{
    color:red;font-size:14px;
}
div~p:last-child{
    background-color:orange;
}
</style>
<body>
<div>
<h4>今天天气不错啊</h4>
<p>今天天气确实不错，很暖和，太阳照到身上全身舒舒服服的。</p>
<p>早上跑步的时候碰到了隔壁家的赵大叔，他说今天菜市场的菜又涨价了，这年头啊！什么都涨，就是工资不涨。</p>
</div><br>
<p>我愿意：思念是一种很玄的东西，如影相随，无声又无息……</p>
<p>不想懂得：当世界不知不觉的变了，有时候，我怀念以前的我，做的梦虽然远远的，想象是，一种快乐……</p>
</body>
```

上段代码使用通用兄弟元素选择器"div~p"匹配 div 元素之后和它同级的 p 元素，并且设置字体颜色为红色，字体大小为 14 像素，使用 last-child 选择器定义最后一个同级的 p 元素背景颜色为橘红色。运行效果如图 8-17 所示。

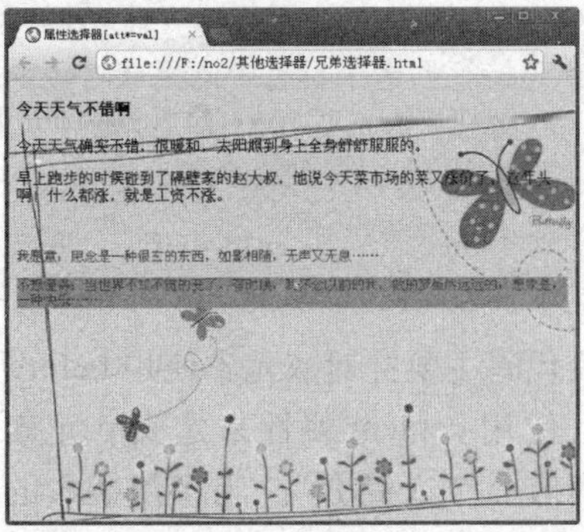

图8-17　通用兄弟元素选择器的效果图

8.2 使用选择器来插入文字

上一节对不同类型的选择器进行了详细介绍，包括属性选择器、伪类选择器、伪元素选择器等。下面介绍如何使用选择器来插入文字，主要包括使用选择器来插入内容和指定个别元素不进行插入两个部分。

8.2.1 使用选择器来插入内容

在 8.1.3 节已经提到，伪元素选择器主要有 4 种。但是，如果想要用选择器插入内容，主要使用的是 before 选择器和 after 选择器。

before 选择器在元素前面插入内容，而 after 选择器在元素后面插入内容，使用选择器的 content 属性定义要插入的内容。

1. 使用 before 选择器插入内容

在 Dreamweaver 中新建一个页面，实现使用 before 选择器在元素前面插入内容的功能。主要代码如下所示：

```
<style type="text/css">
body{
    background-image:url(images/http_imgload17.jpg); background-repeat:no-repeat;
}
p:before{
    content:"个人简介";
    color: white;
    background-color: orange;
    font-family: 'Comic Sans MS', Helvetica, sans-serif;
    padding: 1px 5px;
    margin-right: 10px;
}
</style>
<body>
<p>
朱自清（1898—1948），原名自华，号秋实，改名自清，字佩弦；原籍浙江绍兴，生于江苏东海；现代著名散文家、诗人、学者、民主战士；其散文朴素缜密，清隽沉郁、语言洗炼，文笔清丽，极富有真情实感，朱自清以独特的美文艺术风格，为中国现代散文增添了瑰丽的色彩，为建立中国现代散文全新的审美特征创造了具有中国民族特色的散文体制和风格；主要作品有《雪朝》《踪迹》《背影》《春》《欧游杂记》《你我》《精读指导举隅》《略读指导举隅》《国文教学》《诗言志辨》《新诗杂话》《标准与尺度》《论雅俗共赏》。
</p>
</body>
```

上段代码主要针对 p 元素使用 before 选择器，并且使用 content 属性来定义 p 元素前面插入的内容“个人简介”。为了使插入的效果更加美观，在 before 选择器中，指定文字的颜色为白色，背景色为橘红色，并且使用 font-family 设置字体样式，使用 padding 属性和 margin-right 属性对文字周围的内容进行设定。运行效果如图 8-18 所示。

图8-18　使用before选择器插入内容

2. 使用 after 选择器插入内容

在 Dreamweaver 中新建一个页面，更改上述示例的样式代码，实现使用 after 选择器在元素后面插入内容的功能。主要代码如下所示：

```
<style type="text/css">
p:after{
    content:"Thanks,OVER";
    font-size:14px;
    color:orange;
    background-color:lightblue;
    padding:1px 5px;
    margin-left:10px;
}
</style>
```

上段代码主要针对 p 元素使用 after 选择器，并且使用 content 属性来定义 p 元素后面插入的内容“Thanks，OVER”。同样，为了使插入的效果更加美观，可以在 after 选择器中指定 p 元素后面插入的文字颜色为橘红色，背景色为浅蓝色，并且使用 font-size 设置插入字体的大小，使用 padding 属性和 margin-left 属性对文字周围的内容进行设定。运行效果如图 8-19 所示。

注意 当使用content属性指定插入的内容是文字的时候，必须要在插入文字的两旁指定单引号或者双引号。

图8-19 使用after选择器插入内容

8.2.2 指定个别元素不进行插入

在上节中介绍了如何使用 before 选择器向 p 元素前面插入内容。这样一来，所有的 p 元素前面都会插入“个人简介”的字样。但是，如果读者只想实现在一个 p 元素或者某几个 p 元素前面插入“个人简介”的字样，应该怎么办？

大家都知道，content 属性用于插入生成的内容，它常常与 before 选择器和 after 选择器配合使用。content 属性常用的属性值如下所示：

- normal 默认值。
- string 插入文本内容，使用引号括起的字符串。
- attr() 插入元素的属性值。
- url() 插入一个外部资源（图像、音频、视频或浏览器支持的其他任何资源）。
- counter(name) 使用已命名的计数器。
- counter(name,list-style-type) 使用已命名的计数器并遵从指定的 list-style-type 属性。
- counter(name,string) 使用所有已命名的计数器。
- counter(name,string,list-style-type) 使用所有已命名的计数器，并遵从指定的 list-style-type 属性。

- open-quote 插入 quotes 属性的前元素。
- cloas-quote 插入 quotes 属性的后元素。
- no-open-quote 不插入 quotes 属性的前元素。但增加其嵌套级。
- no-close-quote 不插入 quotes 属性的后元素。但减少其嵌套级。

在 Dreamweaver 中新建一个页面，实现指定部分元素插入内容的功能。主要代码如下所示：

```
<style type="text/css">
p:first-child{margin-top:260px;}
p:before{
    content:"关于《晚秋》：";
    color: white;
    background-color: orange;
    font-family: '宋体', Helvetica, sans-serif;
    padding: 1px 5px;
    margin-right: 10px;
}
p.details:before{
    content:normal;
}
</style>
<body>
<p>《晚秋》根据李满熙导演1966年的同名经典文艺爱情片改编而成，影片以美国西雅图为背景，讲述两名男女在异国他乡的爱情故事。</p>
<p>安娜（汤唯Wei Tang 饰）杀死丈夫被判入狱，七年后因为母亲过世获得狱方几天的外出许可，于是Anna乘上前往家乡西雅图的长途汽车，同上一辆车的勋（玄彬饰）因没带够车钱，前来向同是亚裔的Anna借补车钱，并将自己的手表作为抵押交给对方，并单方约定西雅图再相见。</p>
<p class="details">就这样，一段各自不同背景的两个陌生人由此展开了一段简单却……</p>
</body>
```

上段代码主要给 p 元素增加了一个新增加的类名，在指定这个新增加的样式中，将 content 属性定义为默认值 “normal”，然后在不需要插入内容的元素中将 class 属性的属性值指定给这个类名即可。运行效果如图 8-20 所示。

图8-20　使用normal属性实现的效果图

在 CSS 2 中，content 属性有另外一个属性值 none，它的作用和使用方法与属性值 normal 一样，读者也可以将 none 属性更改为 normal 属性。

虽然normal属性和none属性的作用和使用方法一样，但是它们也是有区别的。none 属性值只能应用在这两个选择器中，而 normal 属性值还可以应用在其他插入内容的选择器中。在 CSS 2 中，只有当使用 before 选择器和 after 选择器的时候，normal 属性值的作用和 none 属性值的作用完全相同。在 CSS 3 中，已经追加了其他一些可以用来插入内容的选择器，针对这一类选择器，就只能使用 normal 属性值了。

试一试　**将本节示例中的content属性的属性值normal改为none，重新运行上面的示例，观察运行效果。**

8.3 插入图像文件

上一节讲解了如何使用 before 选择器和 after 选择器插入一段文字内容，那么用户能不能使用这两个选择器插入图像文件呢？答案是肯定的。下面介绍如何使用这两个选择器插入图像文件。

8.3.1 在标题前插入图像文件

使用 before 选择器和 after 选择器插入图像文件的时候，需要将 url 的属性值指定为插入的图像路径。

在 Dreamweaver 中新建一个页面，实现在图书章节前面插入图像文件的功能。主要代码如下所示：

```
<style type="text/css">
p:first-child{margin-top:150px;}
p:before{
    content:url(images/new.gif)
}
</style>
<body>
<p>第九回 林教头风雪山神庙 陆虞候火烧草料场</p>
<p>第八回 柴进门招天下客 林冲棒打洪教头</p>
<p>第七回 林教头刺配沧州道 鲁智深大闹野猪林</p>
<p>第六回 花和尚倒拔垂杨柳 豹子头误入白虎堂</p>
</body>
```

上段代码主要针对 p 元素使用 before 选择器，将 content 属性的属性值设置为图像路径，从而达到在每个图书章节前面显示图像的效果。运行效果如图 8-21 所示。

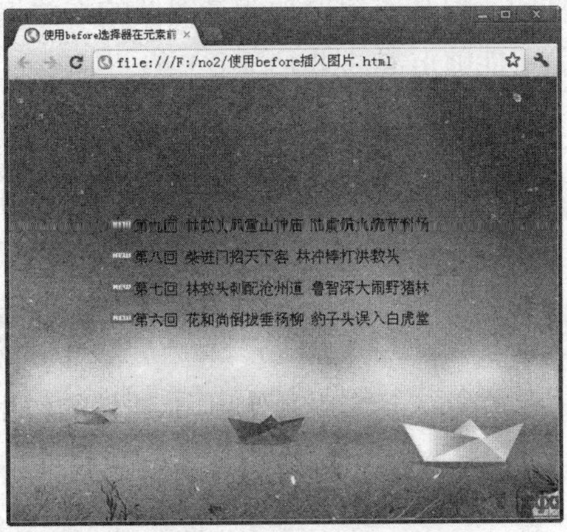

图8-21 显示图像文件效果图

8.3.2 插入图像文件的好处

用户可以使用 img 元素或 canvas 元素来插入一个图像文件，同样的，用户也可以使用选择器插入图像，这样可以明显地减少页面编写代码的时间，提高页面代码的运行效率。

在 Dreamweaver 中新建一个页面，扩展上节的示例，重新实现插入图像文件的功能。主要代码如下所示：

```
<style type="text/css">
p.news1:before{
    content:url(images/new.gif)
}
p.news2{
    background-image:url(images/new.gif);
    background-repeat:no-repeat;
    padding-left:20px;
}
</style>
<body>
<p class=”news1”>第十一回  梁山泊林冲落草  汴京城杨志卖刀</p>
<p class="news2">第十回  朱贵水亭施号箭  林冲雪夜上梁山</p>
<p>第九回  林教头风雪山神庙  陆虞候火烧草料场</p>
<p>第八回  柴进门招天下客  林冲棒打洪教头</p>
</body>
```

上段代码模仿图书连载，为新添加的章节添加图像文件。主要使用两种方式添加图像文件：一种是利用类名为“news1”的标题在后面追加图片文件；另一种是在样式表中把它作为元素的背景图像文件进行添加。运行效果如图 8-22 所示。

图8-22　采用两种方法添加图像文件

从上图 8-22 中可以看到，这两种方法的显示效果是一样的。但是，在打印的时候，如果设置不打印背景的话，使用 before 选择器添加的图像文件能够正常打印，但是使用追加背景图像的方法追加的图像文件就不能够正常打印了。

试一试　**读者可以亲自动手试一试，观察一下上述两种方法的相同点和不同点，加深对插入图像文件的这两种方式的理解和认识。**

8.3.3 将alt属性的值作为图像的标题来显示

在 img 元素中，使用 alt 属性的作用是指定当图像不能正常显示时所显示的替代文字内容。

在 Dreamweaver 中新建一个页面，实现将 alt 属性的值作为图像的标题来显示的功能。具体代码如下所示：

```
<style type="text/css">
img:after{
    content:attr(alt);
    display:block;
    text-align:center;
    margin-top:5px;
}
</style>
```

```
<body>
<img src="images/haha.jpg" alt="人民公园" width="250" height="200" />
</body>
```

上段代码中主要针对 img 元素使用 after 选择器，实现在图像文件后面添加标题，在 content 属性中将 img 元素的 alt 属性作为属性值，通过“attr(属性名称)”这种形式来指定内容。这样图像文件的标题文字就是 alt 属性中指定的文字了。运行效果如图 8-23 所示。

图8-23 alt属性值作为图像标题

注意

目前只有浏览器Opera 10对这个attr属性值提供支持。其他浏览器暂不支持此属性值。图8-23为浏览器Opera 10的显示效果。

8.4 使用content属性插入项目编号

前面两节分别介绍了使用 before 选择器和 after 选择器与 content 属性配合，在元素的前面和后面插入文字以及图像文件的方法。这一节介绍如何使用 content 属性来在项目前插入项目编号。

到目前为止，Firefox、Opera、Safari 浏览器都支持项目编号的功能，Internet Explorer 从 IE8 开始支持这个功能。

8.4.1 在多个标题前加上连续编号

从 8.2.2 节中可以知道，content 属性的取值 counter() 是计数器，用于插入排序标识。使用 content 属性的属性值 counter() 可以实现在多个标题前加上连续编号的功能。

在 Dreamweaver 中新建一个页面，主要代码如下所示：

```
<style type="text/css">
body{
    background-image:url(images/http_imgload21.jpg); background-repeat:no-repeat;
}
h1:before{
    content:counter(mycounter);
}
h1{
    counter-increment:mycounter;
}
</style>
<body>
<h1>灵根育孕源流出 心性修持大道生</h1>
<p>诗曰：混沌未分天地乱，茫茫渺渺无人见。自从盘古破鸿蒙，开辟从兹清浊辨。</p>
```

```
<h1>悟彻菩提真妙理 断魔归本合元神</h1>
<p>话表美猴王得了姓名，怡然踊跃，对菩提前作礼启谢。</p>
<h1>四海千山皆拱伏 九幽十类尽除名</h1>
<p>却说美猴王荣归故里，自剿了混世魔王，夺了一口大刀，逐日操演武艺，教小猴砍竹为标，削木为刀，治旗幡，打哨子，一进一退，安营下寨，顽耍多时。</p>
</body>
```

上段代码使用 before 选择器指定 content 属性的属性值“counter(计算器名)”，为了使用连续的自动编号，需要指定 counter-increment 属性，并且将它的属性值设置为 counter 属性值中指定的计算器名“mycounter”。运行效果如图 8-24 所示。

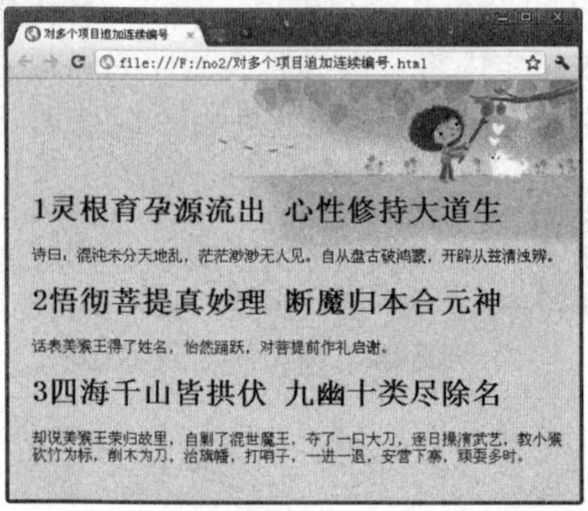

图8-24　多个标题前加上连续编号的效果

8.4.2 在项目编号中追加文字

使用 content 属性除了可以实现在多个标题前追加连续编号的功能外，还可以在项目编号中追加文字。

在 Dreamweaver 中新建一个页面，扩展上节中的示例，实现在项目编号中追加文字的功能。主要代码如下所示：

```
<style type="text/css">
h1:before{
    content:"第"counter(mycounter)"回 ";
}
h1{
    counter-increment:mycounter;
}
</style>
```

上段代码中使用 before 选择器的代码代替 8.4.1 节中 before 选择器的代码，文字之间不必使用“+”号连接。运行效果如图 8-25 所示。

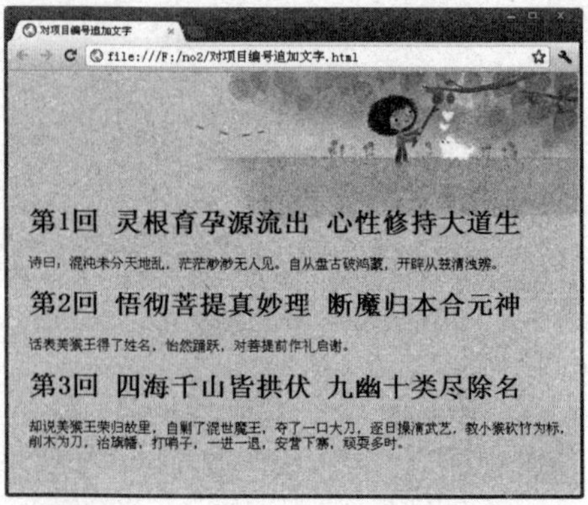

图8-25　项目编号中追加文字的效果

8.4.3 指定编号的样式

在上节的示例中，如果用户想要实现将项目编号的字体设置为蓝色，并且定义字体样式为“宋体”的功能，可以直接指定编号的样式。

在 Dreamweaver 中新建一个页面，扩展上节中的示例，实现为编号指定特定样式的功能。部分代码如下所示：

```
<style type="text/css">
h1:before{
     content: "第"counter(mycounter)"回 ";
     color:blue;
     font-size:30px;
     font-family:"宋体", Helvetica, sans-serif
}
h1{
     counter-increment:mycounter;
}
</style>
```

上段代码中使用 color 属性指定字体的颜色为蓝色，字体大小为 30 像素，并且指定字体样式为“宋体”。运行效果如图 8-26 所示。

图8-26　指定编号的样式效果图

8.4.4 指定编号的种类

使用 content 属性的属性值 counter() 不仅可以实现追加数字编号、在编号中追加文字、指定编号样式等功能，还可以实现追加字母编号、罗马数字编号等种类编号的功能。

在 Dreamweaver 中新建一个页面，在页面中指定编号的种类，实现追加字母编号的功能。主要代码如下所示：

```
<style type="text/css">
body{
     background-image:url(images/http_imgload26.jpg); background-repeat:no-
repeat;
}
h1:before{
     content:counter(mycounter,upper-alpha);
     color:blue;
     font-family:Arial, Helvetica, sans-serif
```

```
}
h1{
    counter-increment:mycounter;
}
</style>
<body>
<h1>请介绍个人资料</h1><p>个人资料详情</p>
<h1>请说明个人成就</h1><p>个人成就详情</p>
<h1>请写出工作经验</h1><p>工作经验详情</p>
</body>
```

上段代码使用 list-style-type 属性的值“upper-alpha”设置编号的种类，将编号种类指定为大写字母编号。运行效果如图 8-27 所示。

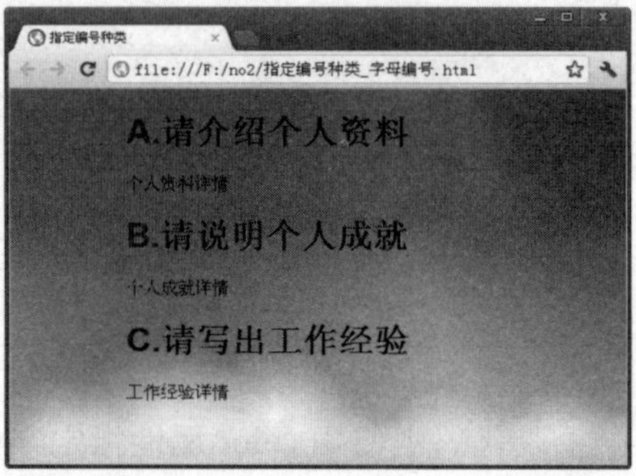

图8-27　大写字母编号效果图

试一试 **使用属性值“upper-roman”可以将编号种类指定为罗马数字编号。有兴趣的读者可以亲自动手试一试。**

8.4.5 编号嵌套

使用编号嵌套，可以在大编号中嵌套中编号，也可以在中编号中嵌套小编号，还可以在中编号嵌入大编号。

在 Dreamweaver 中新建一个页面，实现大编号嵌套中编号的功能。主要代码如下所示：

```
<style type="text/css">
h1:before{
    content:counter(mycounter,upper-roman)".";
}
h1{
    counter-increment:mycounter;
}
h3:before{
    content:counter(subcounter)"、";
}
h3{
    counter-increment:subcounter;
    margin-left:40px;
}
</style>
<body>
<h1>远古社会和传说时代</h1>
<h3>夏、商、西周的更替和制度</h3><h3>夏、商、西周的社会经济</h3>
<h1>清朝的统治</h1>
<h3>两汉的统治</h3><h3>两汉政治经济制度</h3>
</body>
```

上段代码实现了编号的嵌套功能，在页面中有两个大标题，每个大标题中都对应不同的中标题，使用content属性的属性值conteter()分别对大标题和中标题进行设置，指定大标题的种类为罗马数字编号，中标题的种类为数字编号。然后指定counter-increment属性，将它的属性值设置为counter属性值中指定的计算器名。运行效果如图8-28所示。

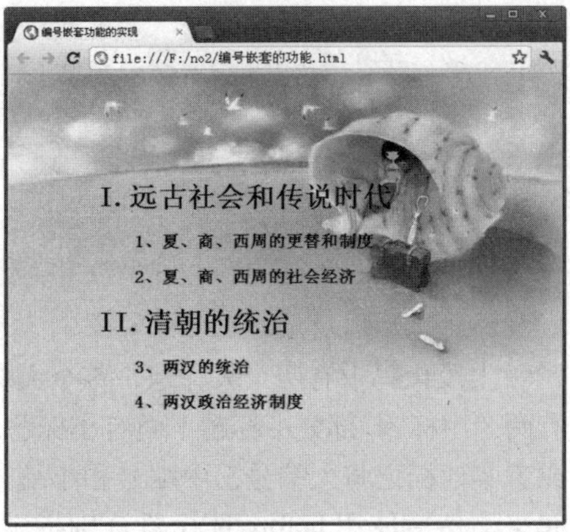

图8-28　大标题嵌套中标题的效果图

试一试

上述示例中，中标题的编号是连续的，如果需要将第二个大标题下的中编号重新排序，可以在大标题中使用“content-reset”属性将标题重置。读者可以亲自动手试一试，观察一下效果。

8.4.6 中编号中嵌入大编号

在中编号中嵌入大编号或在小编号中嵌入中编号，显示结果可以是“大编号 - 中编号”或“大编号 - 中编号 - 小编号”的形式。

在Dreamweaver中新建一个页面，实现将大编号嵌入到中编号，中编号嵌入到小编号的功能。主要代码如下所示：

```
<style type="text/css">
h1:before{
    content:counter(mycounter)".";
}
h1{
    counter-increment:mycounter;
    counter-reset:subcounter;
}
h3:before{
    content:counter(mycounter)"-"counter(subcounter)" ";
}
h3{
    counter-increment:subcounter;
    counter-reset:subsubcounter;
    margin-left:40px;
}
h5:before{
    content:counter(mycounter)"-"counter(subcounter)"-
"counter(subsubcounter)" ";
}
h5{
    counter-increment:subsubcounter;
    margin-left:60px;
}
</style>
```

```
<body>
<h1>远古社会和历史传说</h1>
<h3>夏、商、西周的更替和制度</h3><h3>夏、商、西周的经济和文化</h3>
<h5>夏、商、西周的经济</h4><h5>夏、商、西周的文化</h5>
<h1>秦朝的统治</h1>
<h3>两汉的统治</h3><h3>两汉政治经济制度</h3>
<h5>两汉政治的优势</h5><h5>两汉的制度</h5>
</body>
```

上段代码中有两个大标题，每个大标题下面都有两个中标题，部分中标题下面有小标题。使用“-”或者其他标记将大编号、中编号和小编号之间连接起来。然后使用 before 选择器分别指定 counter 属性的属性值，设置 counter-increment 属性的属性值为 counter 属性的计算器名，使用 counter-reset 属性重新定义编号。运行效果如图 8-29 所示。

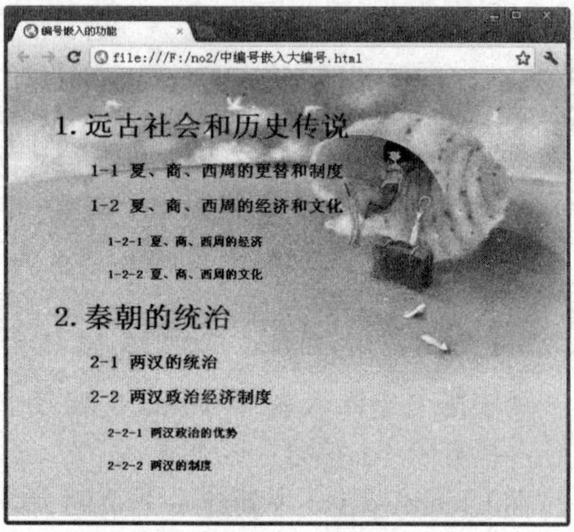

图8-29　编号多层嵌入效果图

8.4.7 在字符串两边添加嵌套文字符号

从前面几节的介绍中已经看到 content 属性功能的强大，除此之外，content 属性和 before 选择器或者 after 选择器配合使用，还可以实现在字符串两边添加嵌套文字符号的功能。

在 Dreamweaver 中新建一个页面，主要代码如下所示：

```
<style type="text/css">
span:before{
    content:open-quote;
}
span:after{
    content:close-quote;
}
span{
    quotes:"《""》";
}
</style>
<body>
<p>每一次都在徘徊孤单中坚强<br/>
每一次就算很孤单也不闪泪光<br/>
我知道 我一直有双隐形的翅膀<br/>
带我飞 飞过绝望<br/>
来自歌名-----<strong><span>隐形的翅膀</span></strong></p>
</body>
```

上段代码中使用 content 属性的属性值 open-quote 和 close-quote 以及属性 quotes 在字符串“隐

形的翅膀”的两边添加嵌套符号“《”和“》”。属性值 open-quote 用于添加开始的嵌套文字符号，属性值 close-quote 用于添加结尾的嵌套文字符号。然后，在元素的样式中使用 quotes 属性来指定使用什么嵌套文字符号。运行效果如图 8-30 所示。

提示　使用content属性的属性值open-quote与close-quote还可以在字符串两边添加诸如括号、单引号、双引号之类的嵌套文字符号。如果要添加双引号，则需要“\”转义字符。

图8-30　字符串两端嵌套符号的效果图

本章实例：设计窗内网网站首页

到目前为止，本章与选择器有关的基本知识和示例已经介绍完毕，这一节将前面几节介绍过的选择器结合起来，动手操作实现显示窗内网网站首页的功能。

具体步骤如下：

Step 1 首先将网站首页划分页面区域。采用目前比较主流的框架，分为上、中、下三个大的区域，其中，中间区域可以划分为左侧和右侧两个部分，框架如图 8-31 所示。

图8-31　整体页面布局

根据图 8-31 的布局设计，可以在页面中添加如下的 HTML 代码。

```
<body>
<div class="mainbg"></div>
<div class="main">
    <div class="left"></div>
    <div class="right"></div>
</div>
<div class="foot"></div>
</body>
```

Step 2 框架部分完成以后，首先完成页面顶部的内容。在页面的合适部分添加 div 元素和表单，用于存放导航部分搜索部分的信息，主要代码如下所示：

```
<P id=header>
   <a class=logo title="窗内网" href="#"><span>窗内网</span></a><span class=login>您好,<a href="#">注册</a> | <a href="#">登录</a> | <a href="#" target=_blank>帮助中心</a> | <a href="#">设为首页</a> | <a href="#">加入收藏</a></span>
</P>
```

```
<div id="menu">
    <ul>
      <li><a href="#" >学院首页</a></li>
      <li class=" noselected"><a href="#">讲师风采</a></li>
      <li class="noselected"><a href="#">图书推荐</a></li>
      <li class="noselected"><a href="#">个人中心</a></li>
      <li class="noselected"><a href="#">窗内论坛</a></li>
      <li class="noselected"><a href="#">窗内博客</a></li>
      <li class="noselected"><a href="#">我的空间</a></li>
      <li><span></span></li>
    </ul>
</div>
<ul><li><span></span></li></ul>
<div class="search">
 <form name="searchform_header" method="post" action="#">
    <input name="keywords" type="text" class="search_text" id="keywords"
placeholder="找好友聊聊" />
   <input name="button" type="button" class="sub" id="button" />
 </form>
</div>
```

Step 3 顶部页面代码已经完成，顶部代码需要的主要样式如下所示：

```
#menu li:first-child a:hover {
    background: url(../images/navsub.gif) no-repeat 10px 3px;
    padding-right: 20px;
    display: block;
    padding-left: 20px;
    font-weight: bold;
    font-size: 14px;
    float: left;
    padding-bottom: 0px;
    color:#fff;
    line-height:28px;
    padding-top:2px;
    text-align: center;
    text-decoration:none;
}
#menu li[class$="noselected"] a:hover {
    background: url(../images/spacer.gif) no-repeat 10px 3px;
    <!-- 其他样式可以参考上面 -->
}
```

上段代码分别定义了导航部分的链接选中和未选中时的两种样式，其中，使用 first-child 选择器定义导航部分第一个链接的样式，使用 [class$= “noselected”] 选择器定义导航未被选中时的样式。

Step 4 页面底部主要包含网站的版权信息，页面主要代码如下所示：

```
<div id=foot>
<P >
<a href="#">关于我们</a> | <a href="#">免责声明</a> |
<a href="#">广告合作</a> | <a href="#">知识产权</a> |
<a href="#">支付方式</a> | <a href="#">联系方式</a> |
<a href="#">加入我们</a>
</P>
<P><EM>Copyrights Reserved 2005-2010</EM> 窗内网(<EM>www.itzcn.com</EM>)
<br>豫 <EM>ICP08104500</EM>号   在线客服QQ群: <EM>33925615</
EM><br/></P>
</div>
```

Step 5 底部样式主要代码如下所示：

```
#foot p:first-child {
    color: #143c80;
    text-align: center
}
#foot p:first-child a:link {
    color: #143c80;
    text-decoration:none;
}
#foot p:first-child a:active {
    color: #143c80;
    text-decoration:none;
}
#foot p:first-child a:visited {
    color: #143c80;
    text-decoration:none;
}
#foot p:first-child a:hover {
    color: #FF6D00;
    text-decoration:none;
}
```

上段样式代码主要使用 first-child 选择器设置第一个 p 元素的样式，分别使用 hover 选择器、visited 选择器、active 选择器等定义鼠标滑动到某处和访问后或者激活时的样式。

Step 6 顶部部分和底部部分的代码全部完成以后，运行效果如图 8-32 所示。

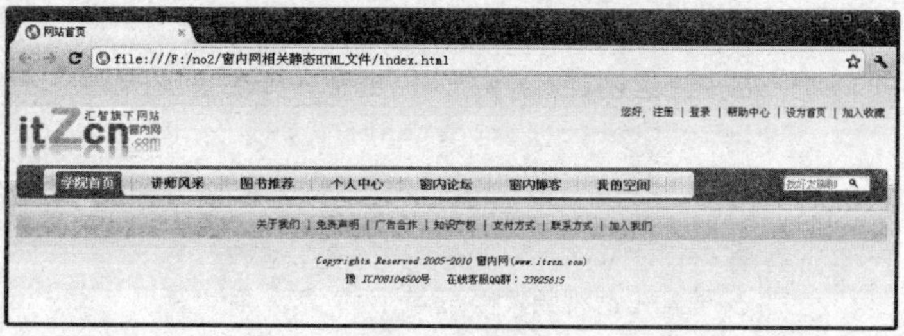

图8-32 页面顶部和底部的效果图

Step 7 中间部分是整个网站最核心的部分，它包括左侧的图书列表和右侧的会员登录、新手上路、会员排行等信息。左侧页面的主要代码如下所示：

```
<div class="news_tits">
<h1>精品就业班</h1>
```

```
<li class="boxin" id="diginav1"><a href="#">软件开发</a></li>
<li class="boxout" id="diginav2"><a href="#">Java阵营</a></li>
</div>
<div id="digi1" class="maincon" >
<ul>
<li>
<div style="float:left; padding-top:0px; text-align:center; margin-top:10px;"><img src="../images/a.jpg" width="100" height="100" border="0" onerror="this.src='./images/nopic.gif'" /></div>
<div style="text-align:left;">
<div><a href="#" class="index_special_name">C#2008从入门到精通</a> </div>
<div> 窗内网C#2008视频教程系统讲解了C#基础知识，并通过大量... 视频教程</div>
<div><a href="#"><img src="images/index_dingyue_bt.gif" border="0" /></a></div>
</div>
</li>
</ul>
</div>
<div class="index_left_bbs">
<div> <span>论坛精华</span> </div>
<div>
<ul>
<li>
<dt><a href="#">INSERT语句常见语法错误</a></dt>
<dt><a target="_blank" href="#">dongjielanyu</a></dt>
</li>
</ul>
</div>
</div>
<div class="index_left_blog">
<div> <span>博客精华</span> </div>
<div><!-- 博客精华列表 --></div>
<div>
```

Step 8 页面左侧的主要样式如下所示：

```
.mainleft {
    border:1px #CCC solid;
    position: relative;
    margin-top:8px;
    height:auto !important;
    min-height:290px;
}
.mainleft div:first-child li:after{
    content:"视频教程";
}
.index_special_name a:after{
    content:"视频教程";
}
```

```
.index_special_name a:active {
    font-size:14px;
    font-weight:bold;
    color:#000000;
    text-decoration:none;
}
```

上段代码使用 first-child 选择器、after 选择器、after 选择器等定义页面左侧图书列表的样式。

Step 9 右侧页面主要包括登录、新手上路、会员排行信息。页面的主要代码如下所示：

```
<div class="member_login">
 <form action="#" method="post">
  <ul>
   <p class="tit">会员登录</p>
    <li style="padding-top:10px;">用户名：<input type="text" name="username"
/>
   <p><input type="checkbox" name="cookietime" value="315360000"/>记住我</p>
   <li>密码：<input type="password" name="userpass" id="userpass" /><br />
     <p style="top:80px"><input type="image" id="submit" src="images/login.
gif" /></p>
   </li>
    <div class="member"><a href="#">忘记密码了？</a>
    <a href="#">新用户注册</a></div>
  </ul>
 </form>
</div>
<div class="right_xs">
 <ul>
  <p class="tit_xs">新手上路</p>
    <li style="line-height:20px;padding-top:8px;"> 1.  <a
href="#">如何注册窗内网会员</a></li>
    <li style="line-height:20px;">2.  <a href="#">登录窗内网</a></
li>
 </ul>
</div>
<div class="right_hyph_title">
  <ul>会员排行</ul>
 </div>
 <div style="margin-right:3px;"> 学分 </div>
 <div>
    <ul><li><a href="#">xiongjc</a><p style=\"width:70px;float:rig
ht;\">51289396分</p></li></ul>
 </div>
```

Step 10 右侧代码的主要样式如下所示：

```
form [type="text"]:focus{
    background-color:#FEC0DC;
}
[type="checkbox"]:checked {
```

```
        outline:1px solid red;
        border: medium none;
    }
    .right_xs ul p~li a:hover {
        color:#FF0000;
        text-decoration:none;
    }
    .right_hyph_content ul:first-line{
        font-size:16px;
    }
    .right_hyph_content ul:first-letter{
        font-size:24px;
        color:red;
    }
    .right_hyph_content li:nth-of-type(odd){
        background-color:#FFE8E8;
    }
    .right_hyph_content li:nth-of-type(even){
        background-color:#FEFED3;
    }
    .right_hyph_content div:nth-child(2) li {
        line-height:25px;
        height:25px;
    }
```

上段样式代码主要使用 focus 选择器和 checked 选择器定义会员登录部分输入框和复选框的样式；使用兄弟元素选择器定义与 p 元素同级的 li 元素的样式；使用 first-line 和 first-letter 选择器定义会员排行榜单第一名的样式，使用 nth-of-type 选择器的 odd 和 even 属性实现隔行分色的效果。

Step 11 到了这里，本案例的所有代码已经完成，再次运行该案例，整个页面的运行效果如图 8-33 所示。

图8-33　窗内网首页效果图

本章小结

本章采用理论和实践相结合的方式，先从 CSS 3 选择器开始介绍，依次介绍了属性选择器、结构化伪类选择器、伪元素选择器等。接着又通过如何使用选择器插入文字、插入图像文件、插入项目编号等示例，详细介绍了这些选择器的使用方法。最后以一个综合的动手操作案例结束本章。

选择器是 CSS 3 中很重要的组成部分，它实现了页面内对样式的各种需求，本章仅仅演示了这些选择器比较常用的功能和使用方法，其他的高级功能读者可自己去实践。

课后练习

一、填空题

（1）__________ 选择器为某个元素的第一行文字指定样式。

（2）使用before选择器插入图像文件的时候，需要使用属性值_________指定插入的图像路径。

（3）content 属性的属性值 _________ 表示插入 quotes 属性的后元素。

（4）如果用户想要指定编号种类为罗马编号，那么可以将属性 list-style-type 的属性值设置为 _________。

二、选择题

（1）如果用户只想在一个 span 元素或者某几个 span 元素前面插入文字，可以使用 _________。

A．after 选择器　　B．not 选择器　　C．before 选择器　　D．first-line 选择器

（2）下列选项中 __________ 不是常用的伪元素选择器。

A．first-line 选择器　　B．after 选择器　　C．[att$=val] 选择器　　D．first-letter 选择器

（3）如果用户想要匹配div元素之后和它同级的p元素，并且设置字体为蓝色，大小为14像素，下列选项 __________ 是正确的。

A．div~p{color:blue;font-size:14px;}

B．p[id=“div”]{color:blue;}

C．div:last-child{color:blue;}

D．p:first-child{color:blue; font-size:14px;}

（4）下面选项中，_________ 不是 content 属性常用的属性值。

A．values　　B．counter(name)　　C．attr()　　D．string

三、简答题

（1）列举出 CSS 3 中新增加的属性选择器以及它们的适用场合。

（2）列举 content 属性常用的属性值。

（3）简述如何在字符串的两边嵌套符号。

（4）举例说明什么情况下可以使用通用兄弟元素选择器。

第 9 章

CSS 3边框和背景样式

学习目标

- 掌握 CSS 3 中与边框相关属性的使用方法
- 掌握 CSS 3 中与背景相关属性的使用方法
- 掌握 CSS 3 中最常用的渐变属性的使用方法
- 了解 CSS 3 中与边框、背景和渐变相关属性在各种浏览器的兼容情况
- 了解如何让中央图像自动拉伸
- 熟练使用 border-radius 属性绘制圆角边框
- 熟悉如何在一个元素中显示多张背景图像
- 熟悉如何实现简单的线性渐变和径向渐变

9.1 边框样式

CSS 3 中的边框样式不仅能设置一些纯色或者几种简单的线条，而且可以使用图片设置边框样式和颜色，还可以添加阴影框，甚至可以实现创建圆角边框的功能。

本节将介绍 CSS 3 中的 border-image 属性、border-radius 属性、box-shadow 属性以及 border-color 属性。

9.1.1 border-image属性

border-image 属性是 CSS 3 中新增加的属性，它的功能非常强大，不仅解决了传统的使用背景图片设置边框样式的问题，提高了页面的运行速率，还可以模拟实现 background-image 属性的功能。

用户在使用 border-image 属性的时候，如果使用的是 Firefox 浏览器，需要在样式代码中写成“-moz-border-image”的形式；如果使用的是 Safari 浏览器或者 Chrome 浏览器，需要写成“-webkit-border-image”的形式；如果使用的是 Opera 浏览器，需要写成“border-image”或“-o-border-image”的形式。

border-image 属性的语法如下：

```
border-image:none | <image> [ <number> | <percentage>]{1,4} [ /<border-width>{1,4} ] / [stretch | repeate | round]{0,2}
```

其中常用参数含义如下所示：

- none 默认值，无背景图。
- image 使用绝对或相对路径定义背景图像。
- number 用于设置边框的宽度，就像 border-width 一样取值，可以设置 1-4 个值，表示上、右、下、左 4 个方向。其默认单位是 px。
- percentage 用于设置边框的宽度，主要是针对背景图像来说的。使用百分比表示。
- stretch、repeat 和 round 可选属性，用于设置边框背景图片的铺放方式。stretch 是默认值，表示拉伸，repeat 是重复，round 是平铺。

> **提示** border-image属性适用于所有的元素，但是当table元素的border-collapse属性设置的属性值为collapse时，border-image属性就无效了。

border-image 属性可以模拟 background-image 属性的功能，它们对图片的引用和排列方式的原理是一样的。为了更好地理解 border-image 属性，可以把其语法的属性表达形式分解为 4 个方面：

- border-image-source 引入图片，通过 url 设置背景图片的路径，也可以使用 none。
- border-image-slice 切割引入的图片，取值主要包括上面的 number 和 percentage。
- border-image-width 边框的宽度，可以使用 border-width 属性代替它。
- border-image-repeat 排列方式，有 stretch、repeat 和 round 3 种效果。

浏览器对于边框分割图像时，图像被自动分割为 9 个部分，和“九宫格”模型相似，其中每个部分都代表不同的边界（图 9-1），从而派生了很多的子属性。具体属性如下所示：

- border-top-left-image 定义左上角边框的背景图像。
- border-top-image 定义顶部边框的背景图像。
- border-top-right-image 定义右上角边框的背景图像。
- border-left-image 定义左侧边框的背景图像。
- border-right-image 定义右侧边框的背景图像。
- border-bottom-left-image 定义左下角边框的背景图像。
- border-bottom-image 定义底部边框的背景图像。
- border-bottom-right-image 定义右下角边框的背景图像。

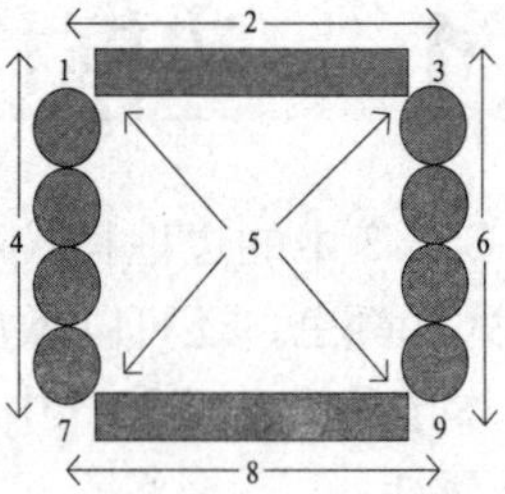

图9-1 图像被分割为9个部分

在图 9-1 中，border-top-left-image、border-top-right-image、border-bottom-right-image 和 border-bottom-left-image（即 1、3、9、7）四个边角的部分在 border-image 是没有任何展示效果的，常被称作盲区；而 border-top-image、border-right-image、border-bottom-image 和 border-left-image（即 2、6、8、4）四个部分在 border-image 中是展示效果的区域。

下面演示一个简单的示例，实现使用 border-image 属性设置边框图像的功能。主要代码如下所示：

```
<style type="text/css">
p{
    font-size:16px; margin-left:20px;
}
div{
    -webkit-border-image: url(../images/border1.jpg) 50 50 50 50;
    -moz-border-image: url(../images/border1.jpg) 50 50 50 50;
    -o-border-image: url(../images/border1.jpg) 50 50 50 50;
    height:365px;
    width:433px;
}
</style>
<body>
<div>
<h3><center>各种花的花语 你知道吗</center></h3>
<p>桔梗花的花语--真诚不变的爱</p>
<p>杜鹃花--为了我保重你自己，温暖的，脆的，强烈的感情 </p>
<p>纯洁蒲公英的花语--珍惜眼前的幸福</p>
<p>密蒙花--请幸福到来</p>
<p>风信子--永远的怀念 </p>
<p>丁香--回忆</p>
<p>白色菊花--真实坦诚 </p>
<p>香水百合--纯洁,高贵 </p>
<p>百慕达奶油花--坚韧.顽强</p>
</div>
</body>
```

上述示例中，主要使用 border-image 属性设置边框的图像，属性值 url 指定了图像的链接路径，然后使用 50、50、50、50 这四个参数指定边框所使用到的图像分割时的上边距、右边距、下边距以及左边距。运行上述示例，效果如图 9-2 和图 9-3 所示。

图9-2　Chrome浏览器的显示效果

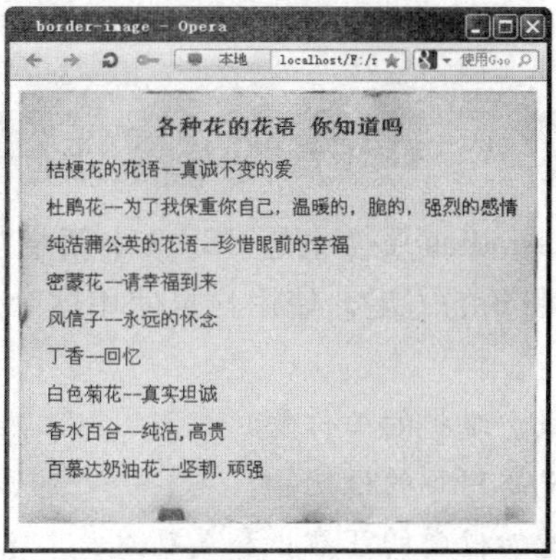

图9-3　Opera浏览器的显示效果

使用 border-width 属性或 border 属性可以定义边框的宽度，除此之外，还可以使用 border-image 属性自定义边框的宽度。

下面对上面的示例进行扩展，重新实现使用 border-image 定义边框图像的功能。主要代码如下所示：

```
<style type="text/css">
div{
    -webkit-border-image: url(../images/border1.jpg) 50 50 50 50/30px;
    -moz-border-image: url(../images/border1.jpg) 50 50 50 50/30px;
    -o-border-image: url(../images/border1.jpg) 50 50 50 50/30px;
    border-image: url(../images/border1.jpg) 50 50 50 50/30px;
}
p{font-size:16px; margin-left:20px;}
</style>
```

上段代码主要添加了使用 border-width 属性的属性值“30px”设置边框宽度的代码。可以看到，只添加了一个宽度为 30px 的参数。这是因为，在 CSS 3 中，如果图像分割时指定的四个方向的边框宽度相同，可以只写一个参数，其他三个参数省略。重新运行上面的示例，效果如图 9-4 和图 9-5 所示。

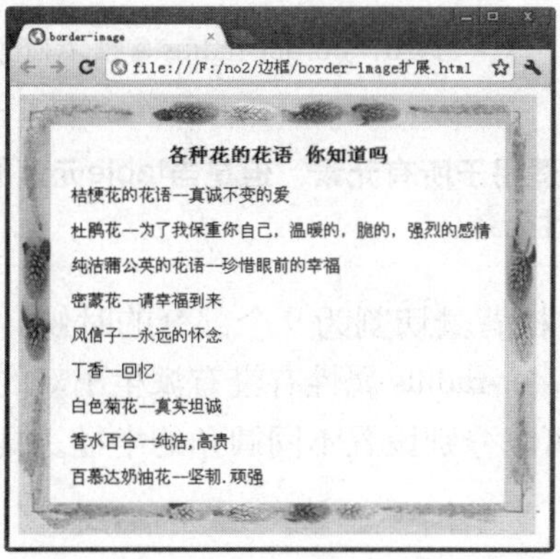

图9-4　Chrome浏览器实现的效果

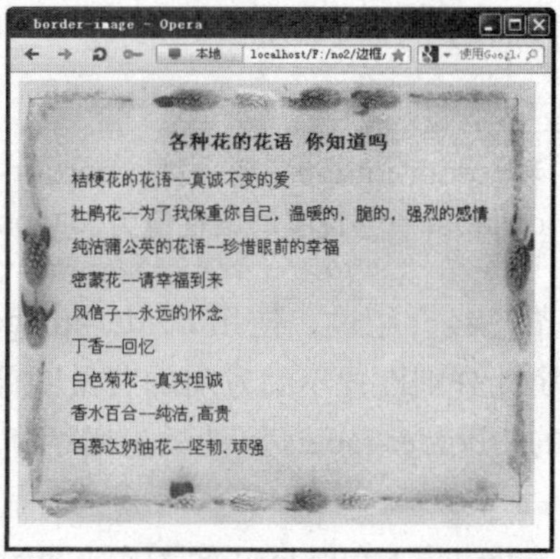

图9-5　Firefox浏览器实现的效果

提示

如果用户想要为边框的每个角都指定一张背景图像，就可以使用上面的border-image属性了。感兴趣的读者可以动手试一试。

9.1.2 border-radius属性

border-radius 属性也是 CSS 3 中新增加的重要属性之一，抛弃了传统的必须使用多张背景图片生成圆角的方案，使用户只使用这个属性就可以实现圆角生成的功能，而且它还有如下的优点：

- 减少维护的工作量。
- 提高网页的性能。
- 增加视觉的可靠性和美观度。

border-radius 属性的语法如下：

```
border-radius:none | <length>{1,4} [/ <length>{1,4} ]
```

参数 length 表示由浮点数字和单位标识符组成的长度值，不能为负值。可以设置 1~4 个值。

border-radius 是一种缩写的方法，如果“/”前后的值都存在，那么“/”前面的值设置其水平半径，“/”后面的值设置其垂直半径；如果没有“/”，表示水平半径和垂直半径相等。另外，设置的 4 个值是按照 top-left、top-right，bottom-right 和 bottom-left 的顺序来设置的。常见的形式如下所示：

- border-radius：[<length>{1,4}] 只有一个值，表示 4 个方向的值相等。
- border-radius：[<length>{1,4}] [<length>{1,4}] 只有两个值，表示 top-left 和 bottom-right 的值相等，top-right 和 bottom-left 的值相等。
- border-radius：[<length>{1,4}] [<length>{1,4}] [<length>{1,4}] 设置 3 个值，第一个值设置 top-left，第二个值设置 top-right 和 bottom-left，并且它们的值相等，第三个值设置 bottom-right。
- border-radius：[<length>{1,4}] [<length>{1,4}] [<length>{1,4}] [<length>{1,4}] 表示 4 个不同方向的值。

不同方向的半径值如图 9-6 所示。

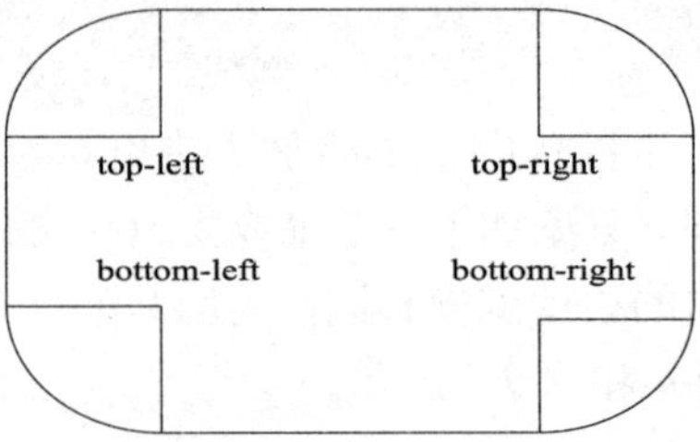

图9-6 border-radius属性不同方向的值

提示

和border-image元素一样，border-radius属性适用于所有元素，但是当table元素的border-collapse属性设置的属性值为collapse时，此属性无效。

上一节已经介绍过，使用 border-image 属性将边框背景切割为 9 个部分的时候，会派生出很多的新属性分别设置不同方向的背景图像。那么 border-radius 属性有没有派生出新的属性呢？答案是有的。border-radius 属性派生出了新的属性，可以分别设置不同圆角的半径。具体属性如下所示：

- border-top-left-radius 定义左上角的圆角。

- border-top-right-radius 定义右上角的圆角。
- border-bottom-right-radius 定义右下角的圆角。
- border-bottom-left-radius 定义左下角的圆角。

下面演示一个示例，使用 border-radius 属性设置背景图片的圆角效果。主要代码如下所示：

```
<style type="text/css">
#div1{
    background-image:url(../images/http_imgload5.jpg);
    width:600px;
    height:450px;
    border:1px dashed green;
    -moz-border-radius:20px;
    -webkit-border-radius:10px;
    border-radius:50px 100px;
}
</style>
<body>
<div id="div1"></div>
<div id="div2" style="position:absolute; left: 375px; top: 94px; width: 225px; height: 345px; font-size:16px;">
    康乃馨作为花卉名称，是英文Carnation一词的音译词，它是一种大量种植的石竹科、石竹属多年生植物，是玫瑰的一种。通常开重瓣花，花色多样且鲜艳，气味芳香。康乃馨是最受欢迎的切花之一，代表了健康和美好。可供作插花、胸花等。
    1907年，美国费城的贾维斯(Jarvis)曾以粉红色康乃馨作为母亲节的象征。而在欧洲，康乃馨曾被用来治疗发烧，在伊利莎白时代亦曾被用为葡萄酒与麦酒的香料添加剂，以代替价钱较贵的丁香。另有多个国家以康乃馨为国花：摩洛哥、摩纳哥、捷克、洪都拉斯、土耳其、西班牙。
</div>
</body>
```

上段代码主要使用 border-radius 属性设置圆角的半径值，它的值有两个，第一个值表示左上角和右下角的半径；第二个值表示右上角和左下角的半径。另外，可使用 border 的属性值“dashed”设置边框的种类。运行上面的示例，如图 9-7 所示。

图9-7 border-radius属性设置圆角的效果图

另外，用户在使用 border-radius 属性的时候，也需要根据不同的浏览器设置其使用的样式。如果使用的是 Firefox 浏览器，需要在样式代码中写成“-moz-border-radius”的形式；若使用的是 Safari 浏览器，需要写成“-webkit-border-image”的形式；若使用的是 Opera 浏览器，需要写成“border-radius”的形式；使用 Chrome 浏览器的时候，可以写成“border-radius”或“-webkit-border-radius”的形式。

试一试

更改上面的示例，使用border-radius属性设置多个圆角值，或分别设置水平方向和垂直方向的值，观察它们实现的圆角效果。

9.1.3 box-shadow属性

box-shadow 属性用来定义元素的阴影，它也是 CSS 3 中新增加的重要属性之一。box-shadow 有点类似于 text-shadow 属性，只不过 text-shadow 属性是为对象的文本设置阴影，而 box-shadow 属性是为对象实现图层阴影效果。

box-shadow 属性常用的语法如下所示：

```
box-shadow: inset x-offset y-offset blur-radius spread-radius color
```

常用的参数如下所示：

- 阴影类型 可选参数，如果不设置值，默认的投影方式是外阴影；如果取唯一值“inset”，表示投影方式是内阴影。
- x-offset 阴影水平偏移量，可以是正值和负值。如果是正值，则阴影在对象的右边；如果为负值，阴影在对象的左边。
- y-offset 阴影垂直偏移量，可以是正值和负值。如果是正值，则阴影在对象的底部；如果为负值，阴影在对象的顶部。
- blur-radius 阴影模糊半径，可选参数，只能是正值。如果值为 0，表示阴影不具有模糊效果，它的值越大阴影的边缘就越模糊。
- spread-radius 阴影扩展半径，可选参数，可以是正值和负值。如果为正值，则整个阴影都延展扩大；如果为负值，则整个阴影都缩小。
- color 阴影颜色，可选参数。如果不设置任何颜色，浏览器会取默认颜色。在 webkit 引擎的浏览器下，默认颜色为黑色，所以用户最好设置颜色。

提示 box-shadow属性和text-shadow属性一样，可以设置一个或多个投影，设置多个投影时必须使用逗号分隔。

在 Dreamweaver 中新建一个页面，在页面中添加一个 img 元素，通过设置多个颜色值实现图片的阴影效果。主要代码如下所示：

```
<style type="text/css">
img{
    height:300px;
    -moz-box-shadow:0 0 10px red,2px 2px 10px 10px yellow,4px 4px 12px 12px green;
    -webkit-box-shadow:0 0 10px red,2px 2px 10px 10px yellow,4px 4px 12px 12px green;
    box-shadow:0 0 10px red,2px 2px 10px 10px yellow,4px 4px 12px 12px green;
}
</style>
<body>
<img src="../images/border4.bmp" />
</body>
```

上段代码分别定义 X 轴和 Y 轴的值、阴影的大小以及阴影的颜色，通过多个颜色值显示阴影的效果。运行效果如图 9-8 所示。

当给同一个元素设计多个颜色阴影时，需要注意它们的显示顺序，越靠前的阴影将显示在最内层。例如上面的示例，由内到外依次显示的颜色是：绿色、黄色和红色。但是，如果内层的阴影太大，那么它后面的两个阴影都会被覆盖。将上面示例的最后一个颜色移动到最前面，运行效果如图 9-9 所示。

图9-8　阴影渐变效果图

图9-9　内层阴影覆盖外层阴影效果图

毫无例外，用户在使用 box-shadow 属性的时候，也需要根据不同的浏览器设置其使用的样式。如果使用的是 Firefox 浏览器，需要在样式代码中写成“border-radius”或“-moz-border-shadow”的形式；若使用的是 Safari 浏览器，需要写成“-webkit-border-shadow”的形式；若使用的是 Opera 浏览器，需要写成“border-shadow”的形式；使用 Chrome 浏览器或 Firefox 的时候，可以写成“border-radius”或“-webkit-border-radius”的形式。

注意　使用inset属性可以设置阴影效果为外阴影，但如果在img元素上直接使用此属性，那么没有任何效果。可以在img元素外面添加一个div元素，直接针对div元素使用box-shadow属性设置阴影。

9.1.4 border-color属性

在 CSS 3 中，border-color 的功能很强大，除了可以和 CSS 1 以及 CSS 2 中的 border-color 属性混合使用外，还可以为边框设置更多的颜色，比如给边框添加一个渐变颜色，或者显示边框的彩色效果。

border-color 的 4 种颜色属性：

- border-top-colors 定义元素顶部边框的颜色。
- border-right-colors 定义元素右侧边框的颜色。
- border-bottom-colors 定义元素底部边框的颜色。
- border-left-colors 定义元素左侧边框的颜色。

下面演示一个示例，使用上面的属性分别设置边框的颜色，主要代码如下所示：

```
<style type="text/css">
```

```
div{
    width:350px;
    height:250px;
    border:20px solid;
    border-radius:10px 15px 20px 35px;
    -moz-border-top-colors:#FF8C00 #FF83FA #EED2EE #ADFF2F #9370DB #00EE00
#0000EE #8B2323 #8B7B8B #9BCD9B #CD5C5C;
    -moz-border-right-colors:#FF8C00 #FF83FA #EED2EE #ADFF2F #9370DB
#00EE00 #0000EE #8B2323 #8B7B8B #9BCD9B #DDA0DD;
    -moz-border-bottom-colors:#FF8C00 #FF83FA #EED2EE #ADFF2F #9370DB
#00EE00 #0000EE #8B2323 #8B7B8B #9BCD9B #CD5C5C;
    -moz-border-left-colors:#FF8C00 #FF83FA #EED2EE #ADFF2F #9370DB
#00EE00 #0000EE #8B2323 #8B7B8B #9BCD9B #DDA0DD;
}
</style>
<body>
<div>
<h3><center>颜色英语大全</center></h3>
<p>red 红色    pink 粉红色    orange
橘红色</p>
<p>green 绿色    white 白色    black
黑色</p>
<p>blue 蓝色    snow 雪白色色    mauve
紫红</p>
<p>yellow 黄色    rubine 宝石红    gray
灰色</p>
<p>purple 紫色    amber 琥珀色    beige
米色 </p>
</div>
</body>
```

上段代码中，使用 9.1.2 节介绍过的 border-radius 属性设置边框不同程度的圆角，并且使用“-moz-border-top-colors”和“-moz-border-right-colors”等属性分别设置不同方向的边框颜色。运行上面的示例，效果如图 9-10 所示。

图9-10　border-color属性的效果图

使用 CSS 3 的 border-color 属性时，如果用户的 border 宽度设置了 Xpx，那么可以在这个边框上使用 X 种颜色，此时每一种颜色就是一个 px。如果用户的 border 宽度设置了 10px，而只运用了三、四种颜色，那么最后一种颜色将会填充到后面的宽度上。

9.2 背景样式

背景（background）属性大家并不陌生，它可以说是CSS 3中使用频率最高的属性。在CSS 3中，background属性除了保持以前的写法外，还可以在该属性中添加多个背景图像组，多个图像之间使用逗号隔开，极大地提高了用户体验。

在CSS 3中一些和背景有关的属性，如表9-1所示。

表9-1　background的属性

属性名称	描　述
background-clip	指定背景图像的显示范围或裁剪区域
background-origin	指定绘制背景图像时的起点
background-size	定义背景图像的尺寸
background-break	指定内联元素的背景图像进行平铺时的循环方式

9.2.1 background-clip属性

background-clip属性用来指定背景的显示范围或者背景的裁剪区域。它的语法如下：

```
background-clip: border-box | padding-box | content-box
```

其中主要的参数如下所示：

- border-box 默认值，背景从border区域向外裁剪，也就是超出部分将被裁剪掉。
- padding-box 背景从padding区域向外裁剪，超过padding区域的背景将被裁剪掉。
- content-box 背景从content区域向外裁剪，超过content区域的背景将被裁剪掉。

各种浏览器对background-clip属性的兼容不同，如果用户使用的是Firefox浏览器，需要将代码写成"-moz-background-clip"或"background-clip"的形式；如果用户使用的是Webkit引擎支持的浏览器，需要将代码写成"-webkit-background-clip"的形式，如果使用Opera浏览器，可以直接将代码写成"background-clip"的形式。

在Dreamweaver中新建一个页面，在页面中添加三个div元素，使用background-clip属性的不同属性值来实现裁剪背景的功能。主要代码如下所示：

```
<style type="text/css">
div{
  background-image:url(../images/car1.jpg);
  border:15px dashed green;
  width:440px;
  height:190px;
}
div.div1{
  background-clip:border-box;
  -moz-background-clip:border-box;
  -webkit-background-clip:border-box;
  -o-background-clip:border-box;
}
div.div2{
```

```
    background-clip:padding-box;
    -moz-background-clip:padding-box;
    -webkit-background-clip:padding-box;
    -o-background-clip:padding-box;
  }
  div.div3{
    background-clip:content-box;
    -moz-background-clip:content-box;
    -webkit-background-clip:content-box;
    -o-background-clip:content-box;
  }
  </style>
  <body>
  <div class="div1"></div><br/><br/>
  <div class="div2"></div><br/><br/>
  <div class="div3"></div>
  </body>
```

上段代码中，设置 background-clip 属性的属性值分别为：border-box、content-box 和 padding-box。运行上面的示例，运行效果如图 9-11、图 9-12 和图 9-13 所示。

图9-11　属性值border-box的效果图

图9-12　属性值padding-box的效果图

通过上面的三个图可以看到，使用 background-clip 属性的属性值 padding-box，把超过 padding 边缘的背景全部裁剪掉了；使用 background-clip 属性的属性值 content-box，超过内容边缘的背景直接被裁剪掉了。因为 background-clip 属性的默认属性值是 border-box，所以图 9-11 没有变化，可以把它作为参考图，与图 9-12 和图 9-13 进行比较。

提示

background-clip属性非常实用，但是，通常情况下，它不单独使用，常常和background-origin属性一块使用。

图9-13　属性值content-box的效果图

9.2.2 background-origin属性

到目前为止，如果要给图像定位，可以使用 background-position 属性，但是这个属性总是以元素的左上角为坐标原点进行图像定位。background-origin 属性是用来指定绘制背景图像时的起点，使用此属性可以任意定位图像的起始位置。它的语法如下所示：

```
background-origin: border-box | padding-box | content-box
```

其中主要的参数如下所示：

- border-box 默认值，从 border 区域开始显示背景。
- padding-box 从 padding 区域开始显示背景。
- content-box 从 content 区域开始显示背景。

background-origin 属性和 background-clip 属性一样，也有 border-box、padding-box 和 content-box 三个参数。那么它们的不同点到底是什么呢？

对于任何元素来说，它都会包含四个区域和边沿，即边界区域、边框区域、补白区域和内容区域，以及边界边缘、边框边缘、补白边缘和内容边缘，如图 9-14 所示。

对于 background-clip 来说：它主要用于判断 background 是否包含 border 区域。如果是 border 值，则背景裁剪的是整个 border 区域；如果是 padding 值，则背景会忽略 padding 边缘，而且 border 是透明的；如果背景图片有多个，对应的 background-clip 值之间使用逗号隔开。

对于 background-origin 来说：它主要用于决定 background-position 计算的参考位置。如果是 border 值，则在 border 边缘显示；如果是 padding 值，则背景图像的位置在 padding 边缘显示；如果是 content 值，背景图像会以内容边缘作为起点。多个背景图像对应的 background-origin 值使用逗号隔开。

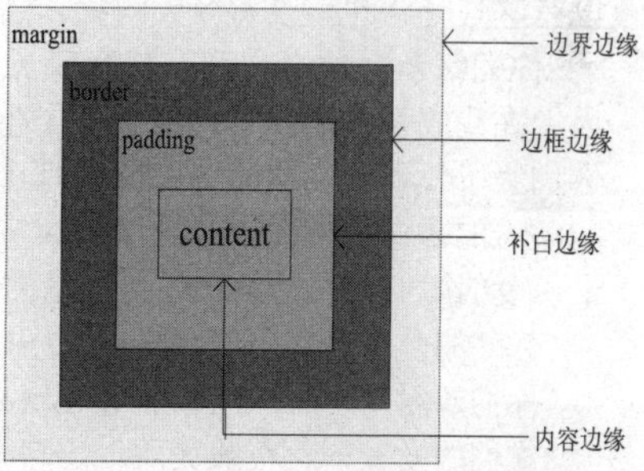

图9-14　四个边沿（缘）区域

> **提示** 使用background-origin属性的时候，需要考虑浏览器的兼容情况，前缀名可以参考background-clip属性，这里就不多做介绍了。

在 Dreamweaver 中新建一个页面，将 background-clip 属性和 background-origin 属性相结合，实现显示背景图像的功能。主要代码如下所示。

```
<style type="text/css">
div{
  background-image:url(../images/origin1.bmp);
  background-repeat:no-repeat;
  border:5px dashed lightblue;
  padding:10px;
  width:680px;
  height:600px;
  color:black;
  font-size:16px;
}
```

```
div.div3{
  -moz-background-clip:padding-box;
  -webkit-background-clip:padding-box;
  background-clip: padding -box;
  background-origin:content-box;
  -moz-background-origin:content-box;
  -webkit-background-origin:content-box;
}
</style>
<body>
<div class="div3">
<p style="width:550px; margin-left:60px; margin-top:90px;">
亲爱的爸爸妈妈：<br/><br/>
 你们好，当我展开这张叫情感的纸时，满脑子只有两个字：感恩。<br/><br/>
 在这个世界上，在芸芸众生中，我可以没有朋友、没有同学、甚至没有兄弟姐妹。但是，我不可以没有你们。在我的血脉里流动着你们的血，世界再也没有比这更伟大的了。<br/><br/>
 你们都借给了我"还不清的债"，可这些"债"却是不经意的"杰作"。可我还是非常的感谢你们，如果没有这些"债"也就没有今天的我。然而，"债"是以不同的方式降临的。<br/><br/>
 你们赋予我血肉之躯，养育我长大，教会我认识自己、认识世界。让我成为对世界，对人类有用的人。在我成长的过程中，我记下了生活中感觉幸福的一点一滴，感觉得到你们那无尽的关爱，感觉得到你们为了我默默的奉献……原来那个老是冲着自己发火的爸爸，其实是很爱自己的；在他重重的伪装下隐藏着的是深沉的爱。爱让我的世界充满了温暖，没有爱的生活就像冬天落光树叶；生活没有爱，即使最可爱的微笑都是勉强……尤其是你们无私的爱让我的生活充满阳光，微笑，迷人的醉意！<br/><br/>
 你们的爱——太阳般温暖<br/><br/>
 你们的爱——春风般和煦<br/><br/>
 你们的爱——百花般美丽。
 </p>
 </div>
 </body>
```

上面代码中，为了避免图像重复平铺到边框区域，将“background-repeat”属性的属性值设置为“no-repeat”，然后使用样式代码“background-clip:padding-box”将补白边缘的背景裁剪掉，最后将 background-origin 属性的属性值设置为“content-box”，背景图像的坐标点从 content 区域开始。运行上面的示例，效果如图 9-15 所示。

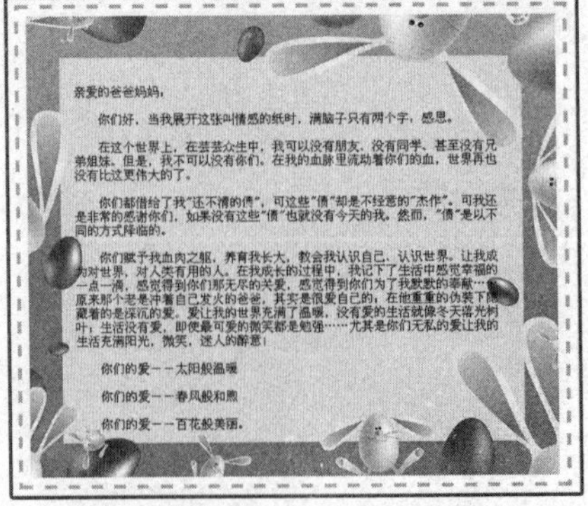

图9-15　背景图像显示的效果图

9.2.3 background-size属性

在 CSS 2 以及之前的版本中，无法控制背景图像的样式，如果要完整地显示背景图像，就需要设计好背景图片的大小。为了解决这个问题，CSS 3 中的 background-size 属性可以让用户随心所欲地控制背景图像的大小。

background-size 属性的语法如下所示：

```
background-size: auto | [ <length> | <percentage> ] | cover | contain
```

其中比较常用的参数如下所示：

- auto 默认值，保持背景图像原有的宽度和高度。
- length 由浮点数字和单位标识符组成的长度值。其单位为 px，不可为负值。
- percentage 百分值，可以是 0%~100% 之间的任何值，不可为负值。
- cover 保持图像本身的宽度和高度，当图像小于容器，又无法使用 background-repeat 来实现时，就可以使用 cover 将图像放大以铺满整个容器。这种方法会使背景图像失真。
- contain 保持图像本身的宽度和高度，当图像大于容器而又需要将背景图片全部显示出来时，就可以使用 contain 将图像缩小到适合容器的大小。这种方法也会使背景图像失真。

提示 **使用length或percentage设置图像的大小时，可以设置1个或2个值。如果只有一个值，第二个值会默认为auto，但是auto并不是指背景图像的原始高度，而是和第一个值相等。**

和 background-origin 属性一样，使用 background-size 属性的时候，需要考虑浏览器的兼容性，前缀名也可以参考 background-clip 属性，这里就不多做介绍了。

在 Dreamweaver 中新建一个页面，使用 background-size 属性设置背景图像的尺寸。主要代码如下所示：

```
<style type="text/css">
div{
  width:200px;
  padding:100px 100px 100px;
  background:url(../images/dog1.jpg) no-repeat;
}
div.no1{
  -webkit-background-size: 300px 100%;
  -o-background-size: 300px 100%;
  -moz-background-size:300px 100%;
  background-size:300px 100%;
}
</style>
<body>
<div class="no1"></div>
</body>
```

运行上面的示例，效果如图 9-16 所示。

试一试

更改上面的示例，设置background-size属性的值分别为contain、cover或百分比等，观察示例的运行效果。

图9-16　background-size属性设置图像的宽高

9.2.4 background-break属性

在 CSS 3 中，元素可以被分为多个盒子，background-break 属性指定了背景图像如何在这些盒子中显示。它常用的取值如下所示：

- continuous 默认值，下一行中的图像紧接着上一行中的图像继续平铺。
- bounding-box 背景图像在整个内联元素中进行平铺（把盒子之间的距离计算在内）。
- each-box 背景图像在每一行中进行平铺（为每个盒子单独绘制背景）。

到目前为止，仅有 Firefox 浏览器支持此属性，使用 Firefox 浏览器的时候，需要在样式代码中将其书写为“-moz-background-inline-policy”的形式。

在 Dreamweaver 中新建一个页面，在页面中添加 3 个 div 元素，每个 div 元素中增加一个 span 元素。主要代码如下所示：

```
<style type="text/css">
span{
  background-image: url(../images/a.bmp);
  padding: 0.2em;
  line-height: 1.5;
  color:black;
  font-size:16px;
}
div.div1 span{
  -moz-background-inline-policy: bounding-box;
}
div.div2 span{
  -moz-background-inline-policy: each-box;
}
div.div3 span{
  -moz-background-inline-policy: continuous;
}
</style>
<body>
<div class= "div1" ><span>    Java是一种可以撰写跨平台应用
```

```
软件的面向对象的程序设计语言，是由Sun Microsystems公司于1995年5月推出的Java程序设计语言和Java平台（即JavaSE, JavaEE, JavaME）的总称。Java 技术具有卓越的通用性、高效性、平台移植性和安全性，广泛应用于个人PC、数据中心、游戏控制台、科学超级计算机、移动电话和互联网，同时拥有全球最大的开发者专业社群。在全球云计算和移动互联网的产业环境下，Java更具备了显著优势和广阔前景。</span></div><br/>
    <div class="div2"><span>    ASP 是一项微软公司的技术，是一种使嵌入网页中的脚本可由因特网服务器执行的服务器端脚本技术。 指 Active Server Pages（动态服务器页面） ，运行于 IIS 之中的程序 。ASP.NET的前身ASP,它的简单以及高度可定制化的能力，也是它能迅速崛起的原因之一。</span></div><br/>
    <div class="div3"><span>    C#（C Sharp)是微软(Microsoft)为。NET Framework量身订做的程序语言，C#拥有C/C++的强大功能以及Visual Basic简易使用的特性，是第一个组件导向(Component-oriented)的程序语言，和C++与Java一样亦为对象导向(object-oriented)程序语言。）
    </span></div>
    </body>
```

上段代码中，使用 background-break 属性将它的属性值分别设置为“bounding-box”、“each-box”和“continuous”,实现背景图像不同平铺效果的功能。运行上面的示例,效果如图 9-17 所示。

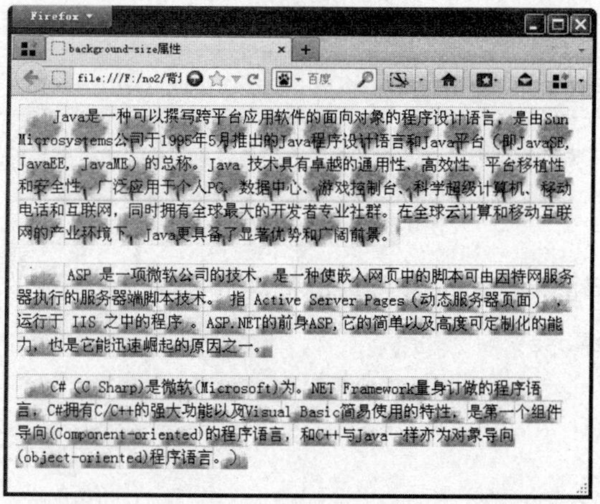

图9-17　background-break属性显示的效果图

9.3 渐变

渐变是从一种颜色到另一种颜色的平稳过渡。目前渐变主要包括线性渐变和径向渐变以及重复渐变。

详细介绍渐变之前，先了解一下目前主流的浏览器内核。它们主要有：Mozilla（例如 Firefox 等浏览器）、Webkit（例如 Safari、Chrome 等浏览器）、Opera（Opera 浏览器）、Trident（IE 浏览器）。

9.3.1 线性渐变

Webkit、Opera 和 Mozilla 引擎对于 CSS 3 属性，一般都采取同样的语法，但是对于渐变，某些部分它们无法达成一致，所以本节主要包括两个部分：第一部分介绍线性渐变在 Mozilla、

Opera 和 Webkit 引擎下的基本语法应用；第二部分介绍线性渐变在 Webkit 引擎下的第二种应用。

1. 在 Mozilla、Opera 和 Webkit 引擎下的应用

线性渐变的语法如下：

```
-moz-linear-gradient( [<point> || <angle>,], <start stop>,<end stop> [, <color stop > ]* )  //Mozilla引擎
-o-linear-gradient( [<point> || <angle>,], < start stop>,< end stop> [, < color stop > ]* )  //Opera引擎
-webkit-linear-gradient( [<point> || <angle>,], < start stop>,< end stop> [, < color stop > ]* )  //Webkit引擎
```

语法中主要有 4 个参数：第一个参数定义线性渐变的方向，可以使用参数 point 和 angle 表示。参数 point 表示起始方向，默认属性值为 top，top 表示从上到下、left 表示从左到右，如果定义为“left top”表示从左上角到右下角；参数 angle 定义渐变的角度，主要包括 deg（度，一圈等于 360deg）、grad（梯度，90 度等于 100grad）、rad（弧度，一圈等于 2*PI rad）。中间两个参数分别表示起始颜色和终点颜色，最后一个参数用来定义颜色步长，可以省略，如图 9-18 所示。

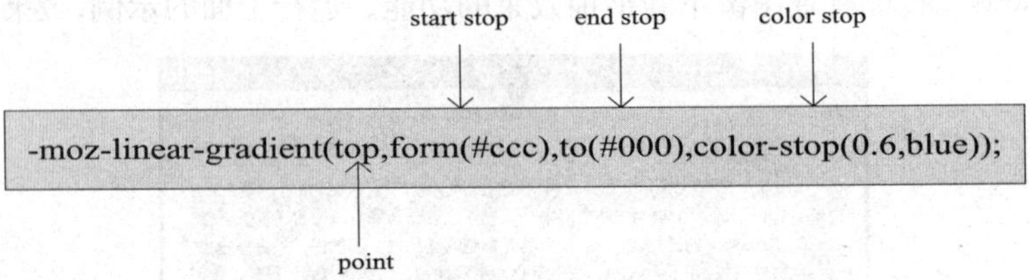

图9-18　线性渐变语法图

在 Dreamweaver 中新建一个页面，在各种浏览器下实现颜色渐变的效果，主要代码如下所示：

```
<style type="text/css">
div{
  margin-left:30px;
  margin-top:10px;
  width:300px;
  height:150px;
  background:-moz-linear-gradient(righ,red,yellow,blue,orange,green,rgba(255,0,0,0));  //Mozilla引擎
  background:-o-linear-gradient(righ,red,yellow,blue,orange,green,rgba(255,0,0,0));  //Opera引擎
  background:-webkit-linear-gradient(righ,red,yellow,blue,orange,green,rgba(255,0,0,0));  Webkit引擎
  }
  </style>
  <body>
  <div></div>
  </body>
```

上段代码中，主要使用“right”定义从右到左的水平渐变，颜色依次为红色、黄色、蓝色、橘红色和绿色，绿色逐渐变弱，并最终显示为透明。运行效果如图 9-19 所示。

提示

当指定角度时，用户一定要记住，渐变是沿水平线按逆时针方向旋转定位的。因此，设置0度，表示从左到右的线性渐变；设置90度，表示从下到上的渐变。

重新更改上面的示例，改变线性渐变的方向，为线性渐变的 linear-gradient 属性设置角度，主要代码如下所示：

```
<style type="text/css">
div{
  background:-moz-linear-gradient(43grad,black,yellow,blue,red,green,orange); //Mozilla引擎
  background:-o-linear-gradient(43grad,black,yellow,blue,red,green,orange); //Opera引擎
  background:-webkit-linear-gradient(43grad,black,yellow,blue,red,green,orange);    //Webkit引擎
}
</style>
```

重新运行上面的代码，运行效果如图 9-20 所示。

图9-19　从右到左颜色渐变的效果图

图9-20　设置角度后颜色渐变的效果图

2. 在 Webkit 引擎下的特殊应用

在 Webkit 引擎下实现颜色渐变的功能，其语法主要有两种，第一种语法前面已经介绍过，只需要将代码书写为“-webkit-linear-gradient”的形式。这里就不再多做介绍，下面介绍线性渐变在 Webkit 引擎下的第二种语法，如下所示：

```
-webkit-gradient(type,x1 y1,x2 y2,form(color value),to(color value),[color-stop()*])
```

在 Webkit 引擎下的浏览器中，参数的主要说明如下：

- type 表示渐变的类型，包括线性渐变（linear）和径向渐变（radial）。
- x1 y1 和 x2 y2 表示颜色渐变的两个点的坐标。x1、y1、x2 和 y2 的取值范围为 0%~100%，当它们取极值的时候，x1 和 x2 可以取值 left（0%）或 right（100%），y1 和 y2 可以取值 top（0%）或 bottom（100%）。
- form(color value) 函数，表示渐变开始的颜色值。
- to(color value) 函数，表示渐变结束的颜色值。
- color-stop() 定义颜色步长。color-stop() 函数包含两个参数值，第一个参数值指定色标位置，可以是数值或百分比，取值范围为 0~10（或者 0%~100%），第二个参数值指定任意的颜色值。一个渐变可以包含多个色标。

另外，关于参数 x1 y1 和 x2 y2，有 4 种情况可以考虑：

- 当 x1 等于 x2，y1 不等于 y2，实现径向渐变，调整 y1 和 y2 的值可以调整渐变的半径大小。
- 当 y1 等于 y2，x1 不等于 x2，实现线性渐变，调整 x1 和 x2 的值可以调整渐变的半径大小。
- 当 y1 不等于 y2，x1 不等于 x2，实现角度渐变（可以是线性渐变或径向渐变），当 x1、x2、y1 和 y2 取值为极值的时候接近径向渐变或水平渐变。
- 当 x1 等于 x2，y1 等于 y2，没有渐变，取函数 form() 的颜色值。

在 Dreamweaver 中新建一个页面，在 Chrome 浏览器下实现线性渐变的效果，主要代码如下所示：

```
<style type="text/css">
div{
  margin-left:65px;
  margin-top:10px;
  width:300px;
  height:150px;
  background: -webkit-gradient(linear,left top,left bottom,from(red),
to(orange),color-stop(0.5,yellow),color-stop(0.5,blue));
}
</style>
<body>
<div></div>
</body>
```

上段代码中，通过定义步长值设计二重渐变，从顶部到底部，先是从红色到黄色，再从橘红色到黑色渐变显示。运行上面的示例，效果如图 9-21 所示。

一个渐变可以包含多个色标，通过更改颜色步长的色标位置，还可以实现多重渐变的效果。更改上面的示例代码，主要代码如下所示：

```
<style type="text/css">
div{
  background: -webkit-gradient(linear,left top,left bottom,from(red),
to(orange),color-stop(0.3,yellow),color-stop(0.6,blue));
}
</style>
```

重新运行上面的示例，效果如图 9-22 所示。

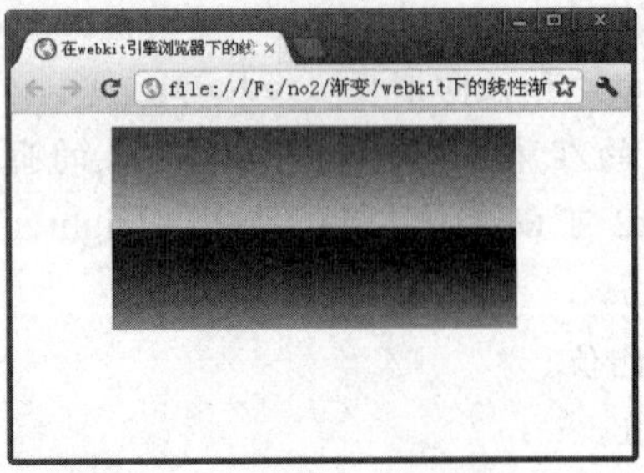

图9-21　二重渐变的效果图

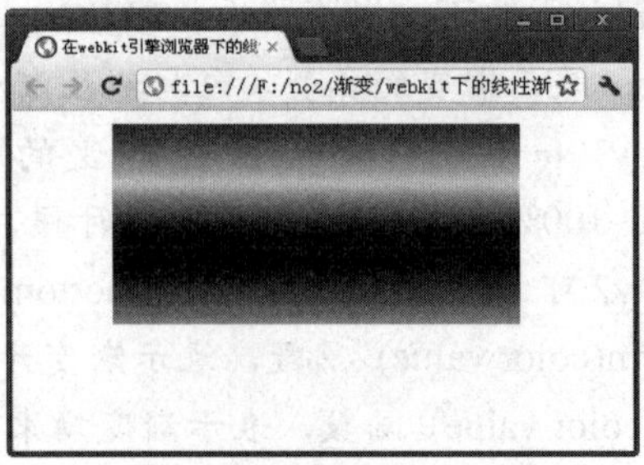

图9-22　多重渐变的效果图

注意

IE并不支持CSS 3的渐变，但它提供了渐变滤镜，可以用来实现一些简单的渐变效果。但是标准设计中不提倡使用IE滤镜设计页面效果，有兴趣的读者可以上网查找更多的资料。

9.3.2 径向渐变

从 12.6.1 节已经知道了线性渐变的基本语法，径向渐变和线性渐变类似，这一节主要分为两个部分：第一部分介绍径向渐变的通用方法（此语法已经在 Opera、Chrome 和 Firefox 等主流浏览器测试通过），第二部分介绍在 Webkit 引擎浏览器中（例如 Chrome、和 Safari 浏览器等）的另外一种方法。

1. Mozilla 引擎、Opera 引擎和 Webkit 引擎下的应用

径向渐变语法如下所示：

```
-moz-radial-gradient( [<point> || <angle>, ]? [<shape> || <size>,] ? <start stop>,<end stop>[,<stop>]* )  //Mozilla引擎
-o-radial-gradient( [<position> || <angle>, ]? [<shape> || <size>,] ? <start stop>,<end stop>[,<stop>]* )  //Opera引擎
-webkit-radial-gradient( [<point> || <angle>, ]? [<shape> || <size>,] ? <start stop>,<end stop>[,<stop>]* )  //Webkit引擎
```

其中比较常用的参数如下所示：

- point 表示渐变的起点和终点，可以使用坐标表示，也可以使用关键字，例如（0,0）或者（left top）等。
- angle 定义渐变的角度，主要包括 deg（度，一圈等于 360deg）、grad（梯度，90 度等于 100grad）、rad（弧度，一圈等于 2*PI rad）。默认为 0deg。
- shape 定义径向渐变的形状，包括 circle（圆）和 ellipse（椭圆），默认为 ellipse。
- size 定义圆或椭圆大小的点。其值主要包括 closest-side、closest-corner、farthest-side、farthest-corner、contain 和 cover 等。
- start stop 定义颜色起始值。
- end stop 定义颜色结束值。
- stop 定义步长，可以省略。其用法和上一节介绍的在 Webkit 引擎的 color-stop() 函数相似，但是该参数不需要调用函数，直接传递参数即可。第一个参数设置颜色，可以为任何合法的颜色值，第二个参数设置颜色的位置，取值为百分比或数值。

在 Dreamweaver 中新建一个页面，在页面中添加一个 div 元素。主要代码如下所示：

```
<style type="text/css">
div{
  margin-left:60px;
  margin-top:10px;
  width:300px;
  height:200px;
  background:-moz-radial-gradient(center,circle closest-corner,red,yellow,blue);
  background:-o-radial-gradient(center,circle closest-corner,red,yellow,blue);
  background:-webkit-radial-gradient(center,circle closest-corner,red,yellow,blue);
```

```
}
</style>
<body>
<div></div>
</body>
</html>
```

上段代码定义了一个径向渐变，形状为圆形。从中间向外由红色、黄色到蓝色渐变显示，并且设置渐变的尺寸为 closest-corner。运行效果如图 9-23 所示。

图9-23　径向渐变效果图

2. Webkit 引擎浏览器下的特殊应用

上节介绍线性渐变的时候，学习过 Webkit 引擎浏览器下线性渐变的两种语法应用，直接使用第二种语法可以定义渐变的类型为线性渐变（linear）和径向渐变（radial）。但是相对于线性渐变来说，径向渐变稍微复杂。另外，使用“-webkit-gradient”属性不仅可以定义渐变背景，还可以定义渐变边框、填充内容、漂亮的按钮以及设计图标等。

在 Dreamweaver 中新建一个页面，在页面中添加一个 div 元素，在 div 元素的样式中使用“-webkit-gradient”属性定义径向渐变的起点和终点并且设置起始点的长度。主要代码如下所示：

```
<style type="text/css">
div{
  margin-left:65px;
  margin-top:20px;
  border:2px solid #FCF;
  padding:4px;
  width:350px;
  height:200px;
  background: -webkit-gradient(radial,170 100,10,170
100,100,from(red),to(green));
  -webkit-background-origin:padding-box;
  -webkit-background-clip:content-box;
}
</style>
<body>
<div></div>
</body>
```

上段代码中，定义了一个坐标为（170,100）、半径为10的内圆，坐标为（170,100）、半径为100的外圆，它们是同心圆。从内圆红色到外圆绿色实现径向渐变，超出外圆半径部分显示为绿色，内圆半径显示为红色。运行上面的示例，效果如图9-24所示。

在同心圆中，当内圆半径小于外圆半径时，效果如上图所示；当内圆半径大于外圆半径时，实现内圆红色到外圆绿色的渐变，超出内圆半径为红色，外圆显示为绿色；当内圆和外圆半径相等时，则渐变无效。

既然有同心圆的效果，那非同心圆呢？可以不可以实现呢？当然可以。在上面的示例中，分别更改内圆和外圆的坐标，使它们的坐标不一致，此时它们就是非同心圆。主要代码如下所示：

```
<style type="text/css">
div{
  background: -webkit-gradient(radial,120 150,40,170
100,100,from(red),to(green));
  -webkit-background-origin:padding-box;
  -webkit-background-clip:content-box;
}
</style>
<body>
<div></div>
</body>
```

上段代码中，内圆圆心和外圆圆心距离大于两圆半径的差，会呈现锥形的径向渐变效果，其部分区域会被红色区域填充。重新运行上面的示例，效果如图9-25所示。

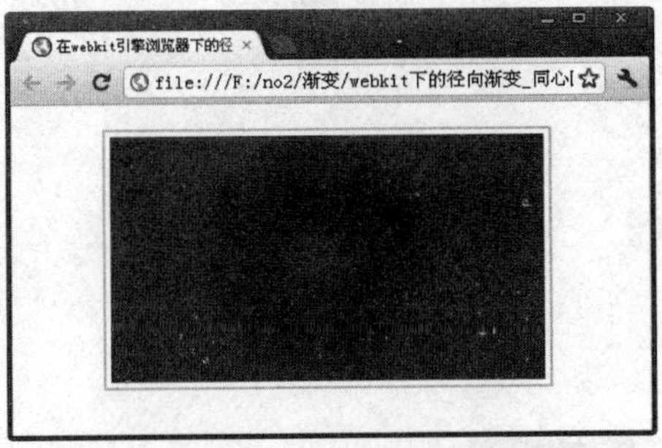

图9-24　径向渐变同心圆效果图

图9-25　非同心圆圆心距离大于半径差的效果图

当内圆圆心和外圆圆心距离小于两圆半径的差时，呈现锥形径向渐变效果；当内圆圆心和外圆圆心距离等于两圆半径的差时，不呈现渐变效果。

试一试　在同心圆和非同心圆中，在内圆和外圆中间90%的位置都可以添加一个或多个色标，实现多层径向渐变的效果。还可以使用函数rgba()设置颜色值的透明度，实现发散的圆形效果。

9.3.3 重复渐变

重复渐变是线性渐变和径向渐变的扩展，它主要包括线性重复渐变和径向重复渐变两种。它们的语法可以参考12.6.1节和12.6.2节，这里就不详细介绍了。

在 Dreamweaver 中新建一个页面，在页面中新增加两个 div 元素，分别用来显示线性重复渐变和径向重复渐变的效果。主要代码如下所示：

```
<style type="text/css">
div{
  margin-left:65px;
  margin-top:10px;
  width:300px;
  height:150px;
}
#div1{
  background:-webkit-repeating-linear-gradient(45deg, #ace, #ace 10%, #f96 
5px, #f96 10px);
  background:-moz-repeating-linear-gradient(45deg, #ace, #ace 5px, #f96 
5px, #f96 10px);
  background:-o-repeating-linear-gradient(45deg, #ace, #ace 5px, #f96 5px, 
#f96 10px);
}
#div2
{
  background:-webkit-repeating-radial-gradient(center,circle, #ace, #ace 
5px, #f96 5px, #f96 10px);
  background:-moz-repeating-radial-gradient(center,circle, #ace, #ace 5px, 
#f96 5px, #f96 10px);
  background:-o-repeating-radial-gradient(center, circle,#ace, #ace 5px, 
#f96 5px, #f96 10px);
}
</style>
<body>
<div id=" div1" ></div>A.线性重复渐变
<div id="div2"></div>B.径向重复渐变
</body>
```

运行上面的示例，效果如图 9-26 所示。

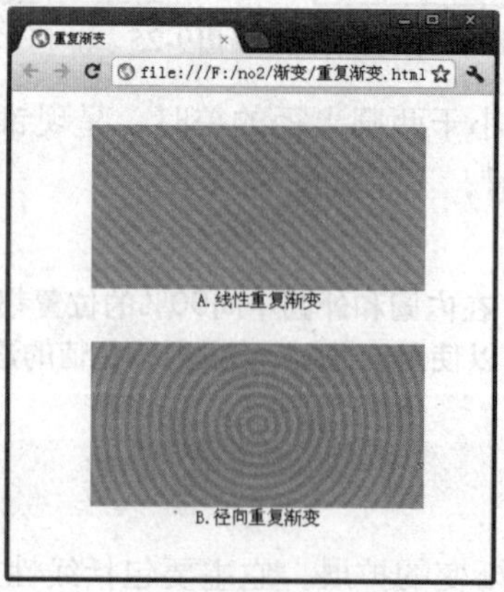

图9-26　线性渐变和径向渐变的效果图

本章实例 1：中央图像的自动拉伸

在 9.1.1 节中介绍过边框背景图片的三种平铺方式：stretch 拉伸，repeat 重复平铺，round 平铺。浏览器将边框所用的图像自动分割为 9 个部分后，位于中间部分的图像分配给了元素边框所包围的中间区域，在样式代码中，更改 div 元素的高度或宽度，或者随着 div 元素内容变化的同时，中间部分的图像会自动进行伸缩。

在 Dreamweaver 中新建一个页面，页面中添加一个 div 元素，为 div 元素添加相应的内容。主要代码如下所示：

```
<style type="text/css">
div{
  border:solid;
  border-image: url(images/borderimage.png) 18/5px stretch repeat;
  -webkit-border-image: url(images/borderimage.png) 18/5px stretch repeat;
  -moz-border-image: url(images/borderimage.png) 18/5px stretch repeat;
  width:300px;
  margin-left:50px;
  margin-top:30px;
}
</style>
<body>
<div>
张韶涵（AngelaChang），著名歌手、演员，亚洲百变天后，台湾乐坛"四大教主"之一。12岁时全家移民加拿大，曾参加"'中广'流行之星"歌唱比赛，并获得加拿大赛区第一名。2001年，参演《MVP情人》，自此进入演艺圈。
</div>
</body>
```

运行上面的案例，效果如图 9-27 所示。在页面中重新添加 div 元素的内容，中央图像会自动进行拉伸，重新运行上面的案例，效果如图 9-28 所示。

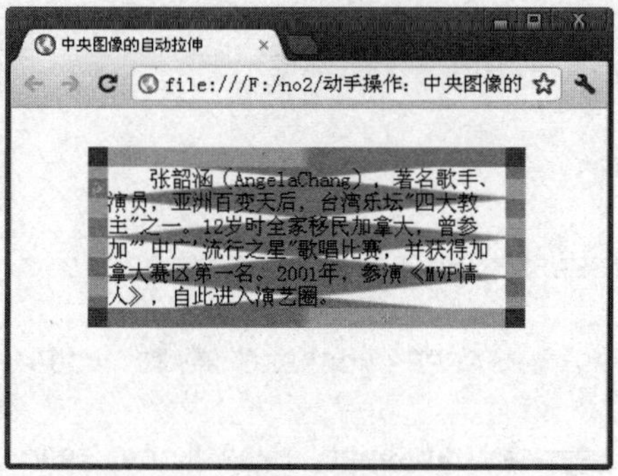

图9-27　图像自动拉伸效果图

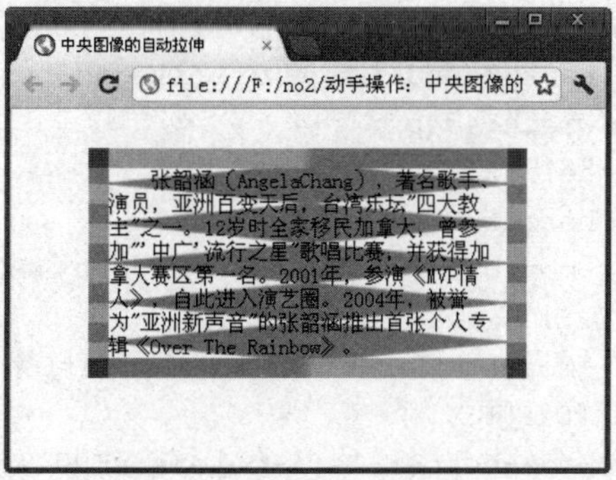

图9-28　添加内容拉伸效果图

实现了中央图像的自动拉伸功能后，再看上面的示例，示例指定图像以“stretch+repeat”的方式显示，将上下两条边的图像指定为拉伸显示，左右两条边中的图像指定为平铺显示，中央图像在水平方向上平铺显示，在垂直方向上拉伸显示。

当用户将边框图像的方式指定为 repeat 和 round 时都是平铺显示。它们到底有什么不同呢？可以更改上面样式的代码，将 repeat 属性值更改为 round，重新运行上面的案例，运行效果如图 9-29 和图 9-30 所示。

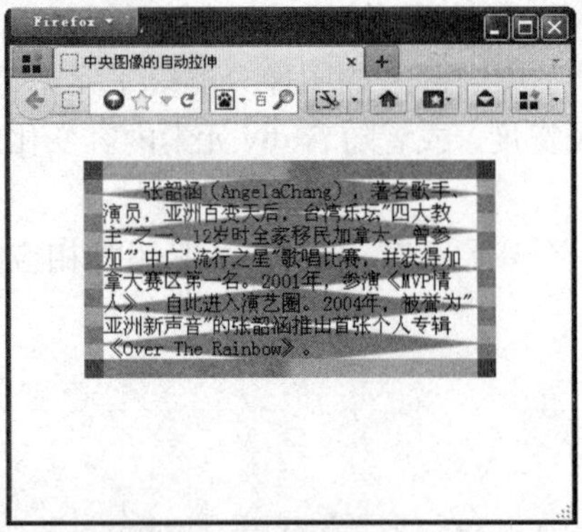

图9-29　repeat属性值的显示效果图

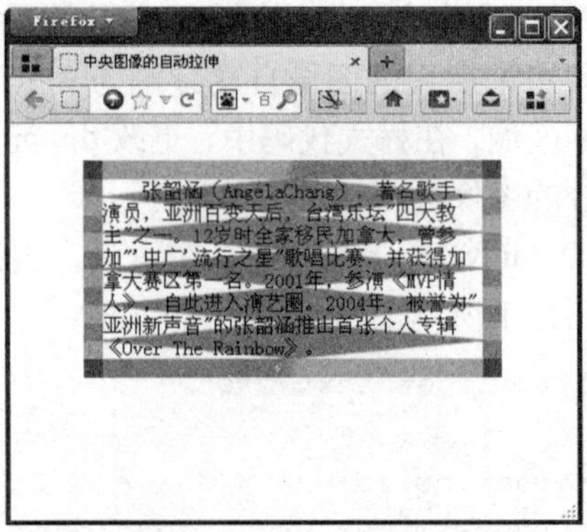

图9-30　round属性值的显示效果图

通过上面两个图的比较，可以看到：repeat 属性值是从中间开始，不断重复平铺到四周，在平铺的过程中保持背景图像切片的大小比例，这样在边缘区域可能会被部分隐藏显示。而 round 属性值会压缩（或伸展）背景图像切片的大小，使其正好在区域内显示。

注意

在Safari浏览器或Chrome浏览器（webkit引擎的浏览器）中，round和repeat属性没有明显的区分，但在不同引擎下的浏览器会看到不同的显示效果。

本章实例 2：绘制不同半径四个角的圆角边框

本节的动手操作将使用子属性实现绘制不同半径的圆角边框的功能。

在 Dreamweaver 中新建一个页面，实现使用 border-radius 属性的派生属性制作相框的功能。主要代码如下所示：

```
<style type="text/css">
#div1{
  background-image:url(images/bordercolor2.jpg);
  width:434px;
  height:350px;
  border:20px solid;
  -moz-border-top-colors:#F90 #B0FFB0 #FFA6FF #D69BEC #F33 #C09 #93C #FF0 #D3F0FE;
  -moz-border-bottom-colors:#F90 #B0FFB0 #FFA6FF #D69BEC #F33 #C09 #93C #FF0 #D3F0FE;
  -moz-border-left-colors:#F90 #B0FFB0 #FFA6FF #D69BEC #F33 #C09 #93C #FF0 #D3F0FE;
  -moz-border-right-colors:#F90 #B0FFB0 #FFA6FF #D69BEC #F33 #C09 #93C #FF0 #D3F0FE;
  border-top-left-radius:120px;
  border-top-right-radius:125px;
  border-bottom-right-radius:115px;
```

```
    border-bottom-left-radius:130px;
    <!-- 其他浏览器的border-radius属性的样式 -->
  }
  </style>
  <body>
  <div></div>
  </body>
```

上段代码中，使用 background-image 属性在 div 元素中添加一张背景图像，使用 border-top-colors、border-bottom-colors、border-left-colors 和 border-right-colors 属性分别设置不同方向边框的颜色，然后使用 border-top-left-radius、border-top-right-radius、border-bottom-right-radius、border-bottom-left-radius 属性分别设置边框各个角的圆角半径。运行上面的示例，效果如图 9-31 所示。

对于 border-radius 属性来说，它还有一个内半径和外半径的区别，当边框值较大时，效果就很明显。上面的示例中，设置边框的值为“20px”，当将 border-radius 半径值设置为小于或等于 border 的厚度时，边框内部就不具有圆角效果。重新修改上面的示例，主要代码如下所示：

```
  <style type="text/css">
  div{
    border-top-left-radius:20px;
    border-top-right-radius:15px;
    border-bottom-right-radius:35px;
    border-bottom-left-radius:30px;
    <!-- 其他浏览器的border-radius属性的样式 -->
  }
  </style>
```

设置圆角的半径分别大于、小于和等于边框的值，重新运行示例，效果如图 9-32 所示。

图9-31　不同半径的圆角显示效果

图9-32　设置圆角半径大于、小于以及等于边框值的效果图

从图 9-32 中可以看到 border-radius 属性的效果，当圆角半径的值大于边框值时，内部才会有圆角效果。这是因为 border-radius 的内径值等于外径值和边框厚度值的差，当它们为负值时，内径默认为 0。这也说明了 border-radius 属性的内外曲线的圆心不一定是一致的。只有当边框厚度为 0 时，内外曲线的圆心才会在同一位置。

试一试　**更改上面动手操作的案例，重新设置边框的厚度值和颜色，观察它们的效果。**

本章实例3：在一个元素中显示多个背景图像

在 CSS 3 中可以在一个元素里显示多个背景图像，还可以将多个背景图像进行重叠显示。本次动手操作实现在 div 元素中显示多个背景图像的功能。

在 Dreamweaver 中新建一个页面，在页面中添加一个 div 元素。主要代码如下所示：

```
<style type="text/css">
div{
  background-image:url(images/first44.jpg),url(images/first2.jpg),url(images/
first1.jpg);
  background-repeat: no-repeat, no-repeat,no-repeat;
  background-position:5% 100%,95% 0%,top;
  padding: 300px 0px;
}
</style>
<body>
<div></div>
</body>
```

上段代码中，主要使用 background-image 属性、background-repeat 属性和 background-position 属性配合使用实现了多个背景图像显示的功能。这些属性是在 CSS 1 中就已经存在的属性，但是在 CSS 3 中，通过逗号分隔，同时指定多个属性的方法，可以指定多个背景图像，从而实现在 div 元素中显示多个背景图像的功能。运行上面的案例，效果如图 9-33 所示。

图9-33　在一个元素中显示多个图像的效果图

提示 background-image属性指定图像文件时，是按在浏览器中显示图像叠放的顺序从上到下指定的，第一个图像是放在最上面的，最后指定的图像文件放在最下面。

将上面三个属性配合使用，可以实现某个元素的背景中显示多个图像文件的功能。允许多重指定配合多个图像文件一起利用的属性有：background-image、background-repeat、background-position、background-clip、background-origin 和 background-size。另外，通过多个 background-repeat 属性与 background-position 属性的指定，可以单独指定背景图像中的某个图像文件的平铺方式与放置位置。

试一试

本次动手操作只是使用某几个属性实现了在元素中显示多个背景图像的功能。感兴趣的读者还可以将上面的其他属性配合使用，实现背景图像显示的效果。

本章实例 4：为元素或模块设计背景图像

下面利用前面所学的部分属性实现为 div 元素设计背景图像的功能。

在 Dreamweaver 中新建一个页面，在页面中添加一个 div 元素，为 div 元素添加适当的内容。主要代码如下所示：

```
<style type="text/css">
body{
  background-color:#454545;
  margin:1em;
}
#div1{
  border:1px solid black;
  padding:10px;
  max-width:500px;
  margin:auto;
  text-shadow:black 1px 2px 2px;
  color:white;
  -webkit-border-radius:10px;
  -webkit-box-shadow:0 0 12px 1px rgbs(205,205,205,1);
  background:-webkit-linear-gradient(bottom,black,rgba(0,47,94,0.2),white)
,url(http://demos.hacks.mozilla.org/openweb/resources/images/patterns/flowers-
pattern.jpg);
}
#div1:hover{
  -webkit-box-shadow:0 0 12px 5px rgba(205,205,205,1);
  box shadow:0 0 12px 5px rgba(205,205,205,1);
  <!-- 其他浏览器的显示效果的代码 -->
}
</style>
<body>
<div id="div1">
<h2>计算机的由来</h2>
<p>一般人认为世界上第一台电子计算机，是美国1946年研制出的"电子数值积分计算机"
（ENIAC）但英国争辩说：第一台电子计算机的桂冠应属于英国1940年研制出来的"巨人"计算机。第二
次世界大战前，德国发明了一种机械式密码编码机" ENIC—MA谜广，它能够编制出无数种同一系列的密
码。这种密码十分复杂，德国人对它的保密性能十分自信，认为它所编制的密码几乎是不可破译的，因
此在军队的高级保密通信中广泛使用由它所编制的密码。</p>
</div>
</body>
```

上段代码中，主要使用 border-radius 属性设计边框的圆角效果，使用 box-shadow 属性设计 div 元素的阴影效果，使用 linear-gradient 属性设计 div 元素背景的线性渐变效果，从底部到顶

部由黑色渐变到白色，且使用函数 rgba() 设置背景的透明度。运行上面的案例，效果如图 9-34、图 9-35 所示。

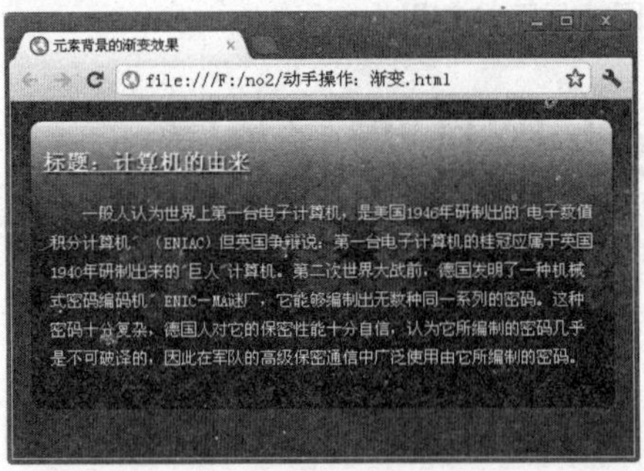

图9-34　div元素背景的渐变效果图

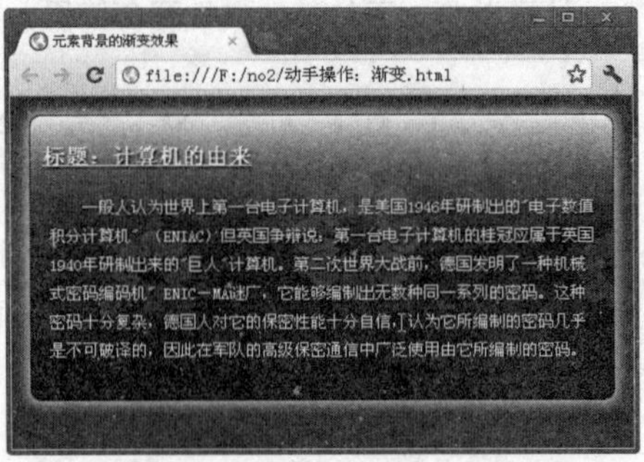

图9-35　鼠标悬浮时元素背景的渐变效果

本章小结

本章从 CSS 3 中新增加的边框属性开始学习，介绍边框新增加的 4 个属性的概念、使用方法和浏览器兼容情况。然后介绍背景和渐变的相关知识，包括新增加的背景属性、渐变常用属性，以及这些属性的使用方法和兼容情况等。

边框样式、背景样式以及渐变都是 CSS 3 中非常重要的内容。本章的每个小节后面都有动手操作，帮助读者深入了解边框、背景和渐变相关属性的使用方法。虽然本章实现的仅仅是部分功能，但是也足以说明这些属性在 CSS 3 中功能的强大。

课后练习

一、填空题

（1）__________ 属性可以设置边框的颜色。

（2）当 table 元素的 border-collapse 属性设置的属性值为 __________ 时，border-image 属性就会无效。

（3）__________ 属性用来指定背景的显示范围或者背景的裁剪区域。

（4）如果用户想要实现图像的阴影效果，并且设置阴影效果为内阴影，可以将 box-shadow 属性的属性值设置为 __________。

二、选择题

（1）下面的选项中，__________ 不属于边框背景图片的平铺方式。

A．stretch

B．repeat

C．background

D．round

（2）下面关于渐变说法的选项中，__________ 的说法是错误的。

A．线性渐变主要使用“-radial-gradient”属性，径向渐变主要使用“-linear-gradient”属性。

B．重复渐变主要包括线性重复渐变和径向重复渐变，它们是线性渐变和径向渐变的扩展。

C．渐变主要包括线性渐变、径向渐变和重复渐变。

D．如果用户使用 Firefox 浏览器并且想要实现线性渐变的功能，需要将代码写成“-moz-linear-gradient”的形式。

（3）下列选项中，__________ 的说法是错误的。

A．background-clip 属性用来指定背景的显示范围或者背景的裁剪区域。

B．background-size 属性用来设置背景图像的尺寸。

C．background-origin 属性和 background-clip 属性的属性值一样，它们没有什么区别，可以交换使用。

D．将 background-break 属性的属性值设置为 continuous，表示背景图像会在每一行中进行平铺。

（4）如果用户想要实现圆角的功能，可以使用 _________ 属性；如果用户想要实现阴影效果，可以使用 _________ 属性。

A．box-shadow、border-image

B．border-radius、border-color

C．box-shadow、border-radius

D．border-radius、box-shadow

三、简答题

（1）列举出 CSS 3 中新增加的与边框相关的属性以及它们的使用方法。

（2）列举出 CSS 3 中新增加的与背景相关的属性以及它们的使用方法。

（3）简述如何制作圆角边框。

（4）简述如何在元素中实现显示多个背景图像的功能。

（5）简述 Webkit 引擎的浏览器如何实现线性渐变和径向渐变。

第 10 章 CSS 3布局样式

学习目标

- 熟练掌握 columns 属性
- 理解并熟练掌握 box-sizing 属性
- 熟练掌握 overflow 属性
- 理解并熟练掌握盒子模型
- 熟悉掌握 outline 属性

10.1 单个盒子样式

盒子模型是比较抽象的东西，理解起来是比较麻烦的一件事，但是盒子模型在 CSS 样式中有着非常重要的作用。CSS 3 中的盒子模型布局对网页布局有很大的作用。

通常情况下，页面上所有容器的摆放顺序都按照载入的顺序排列。而使用 CSS 3 提供的盒子模型功能后，可以在不改变 HTML 结构的前提下随意改变容器的显示位置。

本节将详细讲述盒子模型的原理，并将盒子模型应用到实际案例中。

10.1.1 盒子模型简介

使用盒子模型，可以很轻松地创建适应浏览器窗口的流动布局或自适应字体大小的弹性布局，盒子模型为开发者提供了一种非常灵活的布局方式。盒子模型在 CSS 中是比较重要的属性。盒子模型分为外盒模型和内合模型，下面介绍 W3C 标准浏览器和 IE 传统浏览器（IE6 以下版本浏览器）的盒子模型原理。

CSS 中的盒子模型分为两种，第一种是 W3C 的标准模型，另一种是 IE 的传统模型，它们的相同之处都是对元素计算尺寸的模型，具体说就是对元素的 width、height、padding、border 以及元素实际尺寸的计算关系，它们的不同之处就是计算方法不一样。

W3C 的标准盒子模型的元素尺寸计算方法如下所示：

```
/*外盒尺寸计算（元素空间尺寸）*/
  Element空间高度 = content height + padding + border + margin
  Element 空间宽度 = content width + padding + border + margin
  /*内盒尺寸计算（元素大小）*/
  Element Height = content height + padding + border （Height为内容高度）
  Element Width = content width + padding + border （Width为内容宽度）
```

IE 的盒子模型计算方法如下所示：

```
  Element空间高度 = content Height + margin (Height包含了元素内容宽度，边框宽度，内距宽度)
  Element空间宽度 = content Width + margin (Width包含了元素内容宽度、边框宽度、内距宽度)
  /*内盒尺寸计算（元素大小）*/
  Element Height = content Height(Height包含了元素内容宽度，边框宽度，内距宽度)
  Element Width = content Width(Width包含了元素内容宽度、边框宽度、内距宽度)
```

为了更好地理解盒子模型，下面结合示例分析盒子模型，如图 10-1 所示。

在图 10-1 中，content 内容包括图片、文本、视频等；padding 的作用是设置内盒的外间距；border 的作用是设置内距的外边框；margin 的作用是设置围绕在边框外的边距大小。

图10-1　盒子模型示例图

从图 10-1 中可以看出，IE6 以下版本浏览器的宽度包含了元素的padding和border值，其内容的真正宽度是（width- padding-border）。用内外盒来说，W3C标准浏览器的内盒宽度等于IE6以下版本浏览器的外盒宽度。

10.1.2 overflow属性

在网页中，经常出现大小不固定的内容，这给页面样式的设置增加了难度，在CSS 3中可以使用overflow属性处理内容溢出的问题。本节将通过实例详细介绍使用该属性解决内容溢出的实现过程。

overflow属性用于设置因为内容过多而影响页面效果的情况，该属性的语法格式如下所示：

```
overflow : visible | auto | hidden | scroll
```

其中，visible（默认值）的作用是不剪切内容也不添加滚动条。假如显式声明此默认值，对象将以包含对象的window或frame的尺寸裁切；auto的作用是在必需时对象内容才会被裁切或显示滚动条；hidden的作用是不显示超出对象尺寸的内容；scroll的作用是显示滚动条。

接下来通过一个实例讲述overflow属性的使用方法，实例页面很简单，只需一个div元素，实例代码如下所示：

```
<div id="text">
        <ul>
    <marquee direction="UP" onmouseout="this.start();" onmouseover="this.stop();" style="margin-top:0px; padding:5px;width:95%;font-size:12px; LINE-HEIGHT: 20px; overflow:hidden” scrolldelay=200 scrollamount=4>
       欢迎光临中国<a href="http://www.itzcn.com" >计算机教程网</a>，我们将致力于创建权威原创计算机教程，努力营造互动学习交流平台，打造一流IT学习乐园，推进无纸化教学进程！！！<a href="#">视频教程</a>，将带您进入身临其境的视频教学氛围；<a href="#">在线课堂</a>，展现给您图文并茂的原创教程；如果在学习过程中有什么疑问，可以登录<a href="#">在线交流</a>栏目，在这里您可以得到权威人士的点拨和指导，当然您也可以为网友提供帮助，展现自己的智慧和才华；<a href="#">资源下载</a>，为您提供常用工具，最新软件；<a href="#">业界新闻</a>，了解IT最新动态，掌握更多IT资讯；<a href="#">图书推荐</a>最新计算机教程畅销图书重点推荐；更多精彩内容，敬请期待......您的支持是我们工作最大的动力！
    </marquee>
    <!--跑马灯/-->
    </ul></div>
```

上述代码创建了div元素，在该元素内添加了文本内容，在CSS中需要使用overflow属性处理文本内容，CSS代码如下所示：

```
<style type="text/css">
        #text
        {
            border:solid 1px #693;
            width:400px;
            height:120px;
            padding:8px;
            margin:160px 0 0 260px;
            font-size:13px;
            font-family:"宋体"、Aria;
```

```
            line-height:18px;
            color:red;
            overflow:auto;
            }
</style>
```

上述代码的运行效果如图 10-2 所示。

图10-2　overflow属性的运行效果

10.1.3 overflow-x和overflow-y属性

在 10.1.2 节中讲述了 overflow 的属性，下面讲述 overflow-x 和 overflow-y 的属性。

overflow-x 的属性的语法格式如下所示：

```
overflow-x:visible | auto | hidden | scroll
```

overflow-y 的属性的语法格式如下所示：

```
overflow-y:visible | auto | hidden | scroll
```

overflow-x 和 overflow-y 属性的参数请参考 10.1.2 节

通过一个实例来讲解 overflow-x 和 overflow-y 的用法，实例代码如下所示：

```
<div id="newtest1"><p>
这几天心里颇不宁静。今晚在院子里坐着乘凉，忽然想起日日走过的荷塘，在这满月的光里，总该另有一番样子吧。月亮渐渐地升高了，墙外马路上孩子们的欢笑，已经听不见了；妻在屋里拍着闰儿，迷迷糊糊地哼着睡歌。我悄悄地披了大衫，带上门出去。
</p>
<p>沿着荷塘，是一条曲折的小煤屑路。这是一条幽僻的路；白天也少人走，夜晚更加寂寞。荷塘四面，长着许多树，蓊蓊郁郁的。路的一旁，是些杨柳，和一些不知道名字的树。没有月光的晚上，这路上阴森森的，有些怕人。今晚却很好，虽然月光也还是淡淡的。</p>
<p>路上只我一个人，背着手踱着。这一片天地好像是我的；我也像超出了平常的自己，到了另一个世界里。我爱热闹，也爱冷静；爱群居，也爱独处。像今晚上，一个人在这苍茫的月下，什么都可以想，什么都可以不想，便觉是个自由的人。白天里一定要做的事，一定要说的话，现在都可不理。这是独处的妙处；我且受用这无边的荷香月色好了。</p>
</div>
```

上述代码为在页面中添加文本内容，使用 CSS 代码处理文本内容，CSS 代码如下所示：

```
#newtest1
{
width:350px;
height:350px;
border:thin solid black;
overflow-x:scroll;
overflow-y:scroll;
}
```

上述代码的运行效果如图 10-3 所示。

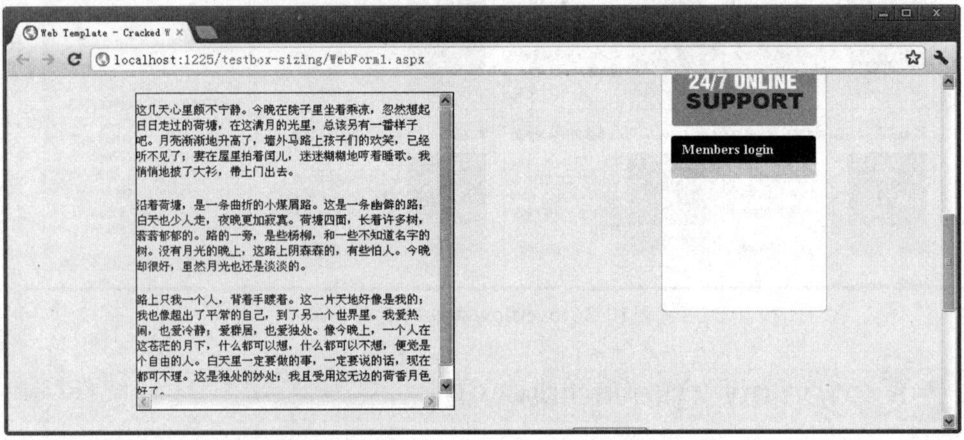

图10-3　overflow-x和overflow-y属性的运行效果

10.1.4 box-sizing属性

box-sizing 是 CSS 3 中的一个重要属性。为了更好地学习和理解 box-sizing 属性，需要先了解盒子模型原理。盒子模型原理请参考 10.1.1。

box-sizing 属性的语法格式如下所示：

```
box-sizing :content-box || border-box || inherit
```

其中，content-box 值为默认值。元素的宽度或高度等于元素边框宽度加上元素内边距，加上元素内容宽度或者高度即：

```
element Width/Height = border+padding+content width/height。
```

border-box 是指维持 IE 传统的盒子模型（IE6 以下版本），也就是说，元素的宽度 / 高度等于元素内容的宽度 / 高度。

为了更能形象地看出 box-sizing 中 content-box 和 border-box 两者的区别，如图 10-4 和图 10-5 所示。

box-sizing 虽然得到各种主流最新浏览器的支持，但有些浏览器还是需要加上自己的前 缀，Mozilla 需要加上 -moz-，Webkit 内核需要加上 -webkit-。所以 box-sizing 兼容浏览器时需要加上各自的前缀才能展现 box-sizing 属性的效果。

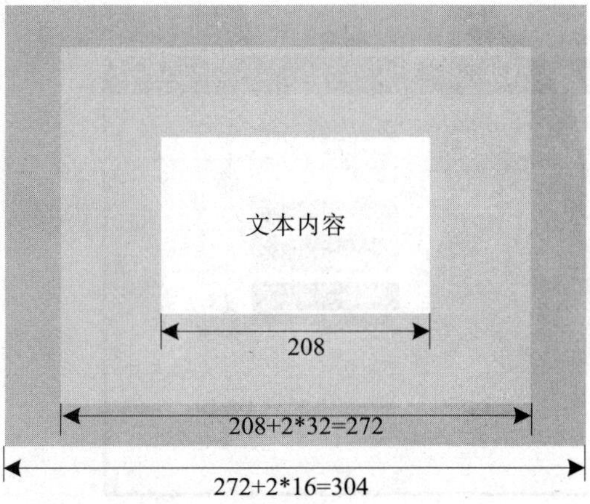

图10-4　content -box示例图

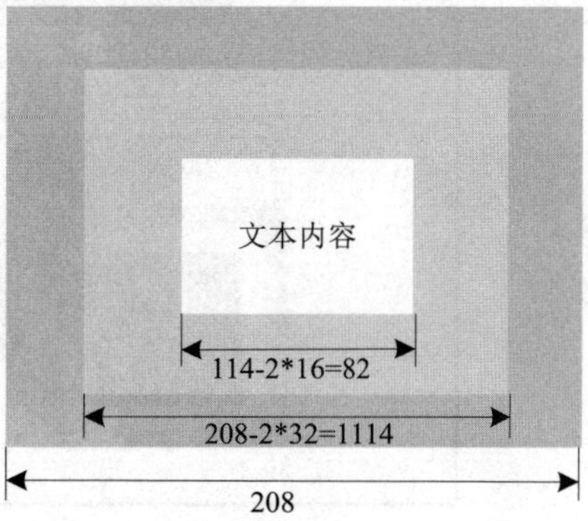

图10-5　border-box示例图

通过上面的讲解相信读者对box-sizing属性有了一个大概的了解，下面通过一个实例讲解box-sizing属性的用法。实例代码如下所示：

```
    <div class="imgBox" id="contentBox"><img src="images/09.jpg" alt="" /></
div>
     <div class="imgBox" id="borderBox"><img src="images/09.jpg" alt="" /></
div>
```

通过上述代码为页面添加了两张相同的图片，下面通过CSS样式设置box-sizing属性。CSS代码如下所示：

```
    .imgBox img{
     width: 140px;
     height: 140px;
     padding: 20px;
     border: 20px solid orange;
     margin: 10px;
    }
    #contentBox img{
     -moz-box-sizing: content-box;   /*Firefox3.5以上版本+*/
     -webkit-box-sizing: content-box; /*Safari3.2以上版本+*/
     -o-box-sizing: content-box;  /*Opera9.6以上版本*/
     -ms-box-sizing: content-box; /*IE8以上版本*/
     box-sizing: content-box;  /*W3C标准(IE9+, Safari5.1+,Chrome10.0+,Opera10.
6+都符合box-sizing的w3c标准语法)*
    }
    #borderBox img{
       -moz-box-sizing: border-box;  /*Firefox3.5+*/
       -webkit-box-sizing: border-box;  /*Safari3.2+*/
       -o-box-sizing: border-box; /*Opera9.6*/
       -ms-box-sizing: border-box; /*IE8*/
       box-sizing: border-box; /*W3C标准(IE9+, Safari5.1+,Chrome10.0+,Opera10.
6+都符合box-sizing的w3c标准语法)*/
    }
```

上述代码的运行效果如图 10-6 所示。

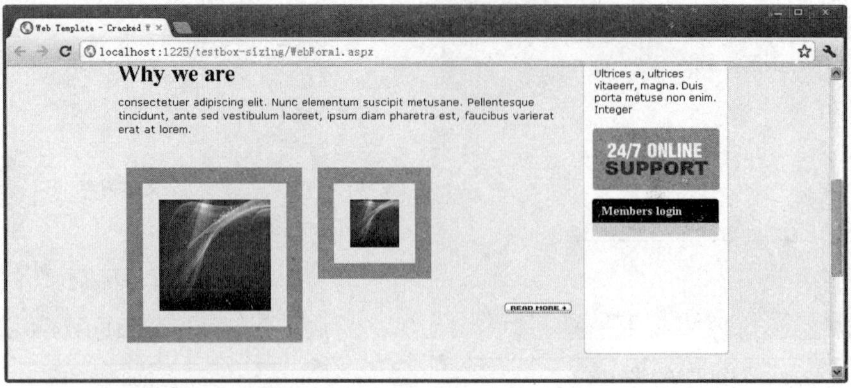

图10-6　box-sizing属性的运行效果

10.2 多列类布局

很多时候会选择多列显示的方法对网页中的文字进行排版，排版时为每列制定特定的层或段落。在 CSS 3 之前会选择使用 HTML 代码实现多列布局，这是很麻烦的事情。CSS 3 中对多列布局进行了定义，使用 CSS 3 样式可以简单地实现这种效果。

本节将详细讲述如何使用 CSS 3 中的新属性实现多列布局。

10.2.1 column-count属性

在网页中有时需要创建等高的文本列，实现这种效果就要借助 CSS 来巧妙地实现，在 CSS 3 中有比较简单的途径来实现这种等高的多列布局，实现这种等高多列的文本就需要使用 column-count 属性。

column-count 的作用是设置或检索对象的列数，设置等高的文本列，该属性的语法格式如下所示：

```
column-count:num                //num为整型
```

下面创建一个案例来演示 column-count 属性的用法，示例代码如下所示：

```
<div class="wrapper">
    <div class="inner">
        <h2>column-count</h2>
    <div class="cont">
        <div class="column-count">
    <p><strong>CSS即层叠样式表（Cascading Stylesheet）</strong>在网页制作时采用css技术，可以有效地对页面的布局、字体、颜色、背景和其他效果实现更加精确的控制。 只要对相应的代码做一些简单的修改，就可以改变同一页面的不同部分，或者页数不同的网页的外观和格式</strong>。</p>
    <p><strong>CSS3是CSS技术的升级版本，</strong>CSS3语言开发是朝着模块化发展的。以前的规范作为一个模块实在是太庞大而且比较复杂，所以，把它分解为一些小的模块，更多新的模块也被加入进来</p>
```

```
        <p>Grid布局应用很广泛，最简单的例子就是内容的分栏显示。
        对于左边这个布局复杂的三栏网页来说，如果使用CSS3Gird布局的话，我们只需这样写：
CSS3-Gird布局图中蓝色的线不会出现在实际的网页中。</p>
        <p>在网页制作时采用css技术，可以有效地对页面的布局、字体、颜色、背景和其他效果实现
更加精确的控制。 只要对相应的代码做一些简单的修改</p>
        <p>CSS3-Gird布局图中蓝色的线不会出现在实际的网页中。
        Grid布局应用很广泛，最简单的例子就是内容的分栏显示。</p></p>
                </div>
            </div>
        </div>
    </div>
```

上述代码设置了 div 元素以及文本内容，需要使用 CSS 样式将文本内容分成列，CSS 样式的代码如下所示：

```
    .wrapper {width:703px; padding:10px; margin:40px auto 0; border:1px solid
#333333;}
    .wrapper .inner {padding:5px 10px;}
    .wrapper .inner h2 {color:#333333; background:#DCDCDC; padding:5px 8px;}
    .wrapper .inner .cont {color:#333333; font-size:14px; line-height:180%;
text-indent:2em;}
    .wrapper .inner .cont p {margin-bottom:15px; line-height:180%;}
    .wrapper .inner .cont .column-count {-webkit-column-count:3;-moz-column-
count:3;}
```

上述代码的运行效果如图 10-7 所示。

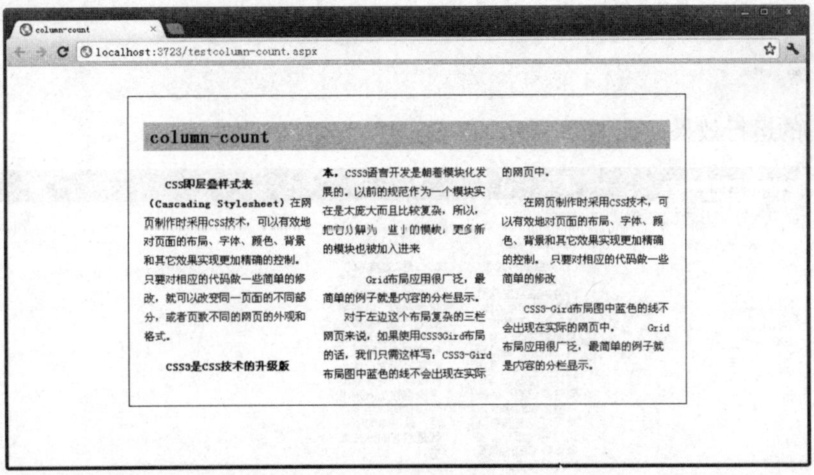

图10-7　column-count的运行效果

10.2.2 column-gap属性

在网页中，为了显示文本格式的美观程度需要将一段文本分成几列，每列之间需要设置间隔距离，接下来我们通过 column-gap 属性设置每列之间的间隔距离。

column-gap 是 columns 复合属性的一个子属性，该属性的作用是定义列之间的间隔宽度。该属性的语法格式如下所示：

```
column-gap: length
```

其中，length 表示由浮点数和单位标识组成的单位长度，length 不可为负数。

通过一个具体的实例详细介绍该属性实现列的间隔距离的过程。实例代码如下所示：

```
<div class="columns">
    <div class="title">columns-gap</div>
    <div class="column_gap">
  CSS即层叠样式表（Cascading Stylesheet在网页制作时采用CSS技术，可以有效地对页面的布局、字体、颜色、背景和其他效果实现更加精确的控制。 只要对相应的代码做一些简单的修改，就可以改变同一页面的不同部分，或者页数不同的网页的外观和格式
CSS3是CSS技术的升级版本，CSS3语言开发是朝着模块化发展的。以前的规范作为一个模块实在是太庞大而且比较复杂，所以，把它分解为一些小的模块，更多新的模块也被加入进来
Grid布局应用很广泛，最简单的例子就是内容的分栏显示。
    </div>
</div>
```

通过 CSS 样式设置文本间隔距离，实例代码如下所示：

```
    <style type="text/css">
    .columns{width:300px;}
      .columns .title{margin-bottom:5px; line-height:25px; background:#f0f3f9; text-indent:3px; font-weight:bold; font-size:14px;}
    .columns .column_gap{
    -webkit-column-count:2;
    -moz-column-count:2;
    -webkit-column-gap:40px;
    -moz-column-gap:40px;
}
    </style>
```

上述代码的运行效果如图 10-8 所示。

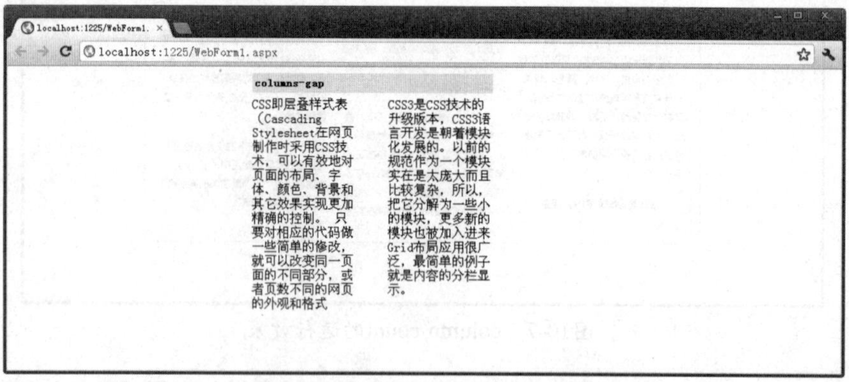

图10-8　设置列间距的运行效果

10.2.3 column-width属性

在网页中，为了显示文本格式的美观程度需要将一段文本分成几列，每列需要设置固定的宽度。本节将详细介绍如何设置每列的固定宽度。

column-width 属性是 columns 复合属性的一个子属性，该属性的作用是定义每列的固定宽度。该属性的语法格式如下所示：

```
column-width: length
```

其中，length 是由浮点数字和单位标识组成的长度，不可为负数。

下面通过一个实例介绍该属性的使用方法。将文本内容分为两列，每列之间的间隔距离是 10，每列的固定宽度是 140。示例代码如下所示：

```
<div class="columns">
    <div class="title">columns-width</div>
    <div class="column_width">
CSS即层叠样式表（Cascading Stylesheet在网页制作时采用CSS技术，可以有效地对页面的布局、字体、颜色、背景和其他效果实现更加精确的控制。 只要对相应的代码做一些简单的修改，就可以改变同一页面的不同部分，或者页数不同的网页的外观和格式
CSS3是CSS技术的升级版本，CSS3语言开发是朝着模块化发展的。以前的规范作为一个模块实在是太庞大而且比较复杂，所以，把它分解为一些小的模块，更多新的模块也被加入进来
Grid布局应用很广泛，最简单的例子就是内容的分栏显示。
对于左边这个布局复杂的三栏网页来说，如果使用CSS3Gird布局的话，我们只需这样写：CSS3-Gird布局图中蓝色的线不会出现在实际的网页中。
在网页制作时采用CSS技术，可以有效地对页面的布局、字体、颜色、背景和其他效果实现更加精确的控制。 只要对相应的代码做一些简单的修改
CSS3-Gird布局图中蓝色的线不会出现在实际的网页中。
Grid布局应用很广泛，最简单的例子就是内容的分栏显示。
</div>
</div>
```

通过 CSS 样式为上述代码中的文本内容设置每列的固定宽度，CSS 代码如下所示：

```
 <style type="text/css">
.columns
    {
        width:300px;
    }
. columns .title
    {
        line-height:25px; background:#f0f3f9; text-indent:3px; font-weight:bold; font-size:14px;
    }
.columns .column_width{
    -webkit-column-width:140px;
    -moz-column-width:140px;
    -webkit-column-count:2;
    -moz-column-count:2;
    -webkit-column-gap:10px;
    -moz-column-gap:10px;
}
    </style>
```

上述代码的运行效果如图 10-9 所示。

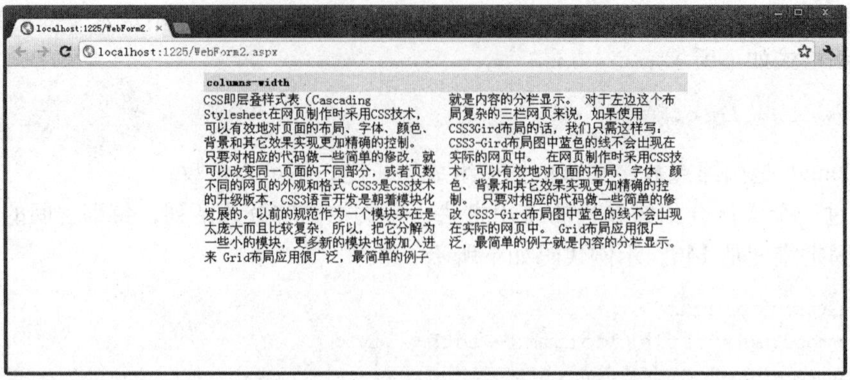

图10-9　columns-width属性的运行效果

10.2.4 column-rule属性

column-rule 是用来定义列与列之间的边框宽度、样式和颜色的属性，简单地说，它有点类似于 border 属性。但 column-rule 是不占用任何空间位置的，在列与列之间改变其宽度并不会改变任何元素的位置。这样的话，当 column-rule 的宽度大于 column-gap 时，column-rule 将会和相邻的列重叠，从而形成了元素的背景色；但有一点需要注意，column-rule 只存在于两边都有内容的列之间。

为了能更形象地理解 column-rule，可以把 column-rule 当作元素中的 border 来理解，因为 column-rule 同样具有 border 类似的属性：宽度为 column-rule-width，样式为 column-rule-style，颜色为 column-rule-color，不同的是，border 占有一定的空间位置，而 column-rule 不占空间的位置。

column-rule 属性语法如下所示：

```
column-rule:<column-rule-width> || <column-rule-style> || <column-rule-color>
```

其中，column-rule-width 的作用是定义 column-rule 的宽度，默认值为“medium”，不允许取负值。column-rule-style 的作用是用来定义 column-rule 的样式，其默认值为“none”，如果取值为默认值时，column-rule-width 值将等于“0”。column-rule-color 的作用是用来定义 column-rule 的颜色，其默认值为前景色 color 的值。

下面通过一个案例讲述 column-rule 的使用方法。

示例代码如下所示：

```
<div class="wrapper">
    <div class="inner">
        <h2>column-rule</h2>
    <div class="cont">
        <div class="column-count">
        <p><strong>CSS即层叠样式表（Cascading Stylesheet）</strong>在网页制作时采用CSS技术，可以有效地对页面的布局、字体、颜色、背景和其他效果实现更加精确的控制。 只要对相应的代码做一些简单的修改，就可以改变同一页面的不同部分，或者页数不同的网页的外观和格式</strong>。</p>
        <p><strong>CSS3是CSS技术的升级版本，</strong>CSS3语言开发是朝着模块化发展的。以前的规范作为一个模块实在是太庞大而且比较复杂，所以，把它分解为一些小的模块，更多新的
```

```
模块也被加入进来</p>
            <p>Grid布局应用很广泛，最简单的例子就是内容的分栏显示。对于左边这个布局复杂的
三栏网页来说，如果使用CSS3Gird布局的话，我们只需这样写：CSS3-Gird布局图中蓝色的线不会出
现在实际的网页中。</p>

            <p>在网页制作时采用CSS技术，可以有效地对页面的布局、字体、颜色、背景和其他效
果实现更加精确的控制。 只要对相应的代码做一些简单的修改</p>
            <p>CSS3-Gird布局图中蓝色的线不会出现在实际的网页中。Grid布局应用很广泛，最简
单的例子就是内容的分栏显示。</p>
              </div>
            </div>
        </div>
    </div>
```

上述代码的作用是在页面中添加需要处理的文字内容，通过 CSS 样式处理文字，CSS 代码如下所示：

```
    .wrapper {width:703px; padding:10px; margin:40px auto 0; border:1px solid
#333333;}
    .wrapper .inner {padding:5px 10px;}
    .wrapper .inner h2 {color:#333333; background:#DCDCDC; padding:5px 8px;}
    .wrapper .inner .cont {color:#333333; font-size:14px; line-height:180%;
text-indent:2em;}
    .wrapper .inner .cont p {margin-bottom:15px; line-height:180%;}
    .wrapper .inner .cont .column-count
    {
        -webkit-column-count:3;-moz-column-count:3;
           -webkit-column-rule-width:4px;
        -moz-column-rule-width:4px;
        -webkit-column-rule-style:double;
        -moz-column-rule-style:double;
        -webkit-column-rule-color:red;
        -moz-column-rule-color:#beceeb;
        }
```

上述代码的运行效果如图 10-10 所示。

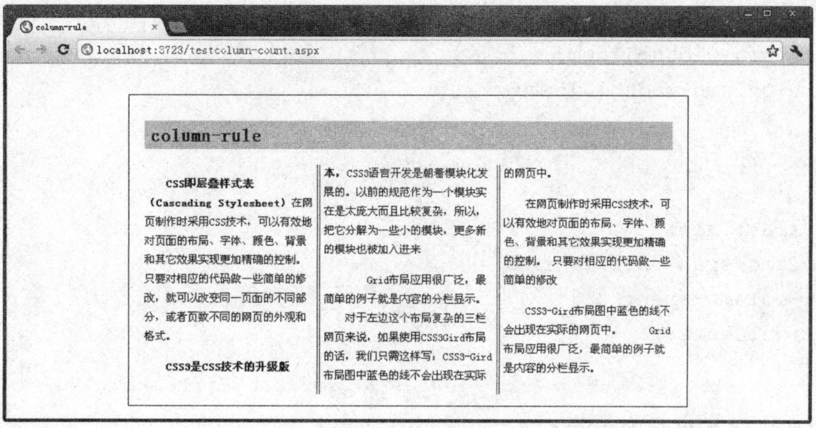

图10-10　column-rule的运行效果

10.2.5 column-span属性

在网页中，经常会遇到将一行标题横跨很多列，在 CSS 3 中只须设置 column-span 属性即可，该属性经常用于标记标题。该属性调用格式如下所示：

```
column-span: 1 | all
```

其中，1 表示横跨一列，all 表示横跨所有列。

下面以《荷塘月色》文章为例讲解使用 column-span 实现跨多列的过程。实例代码如下所示：

```
<div class="multicol">
<h2>朱自清 《荷塘月色》</h2>
<p>这几天心里颇不宁静。今晚在院子里坐着乘凉，忽然想起日日走过的荷塘，在这满月的光里，总该另有一番样子吧。月亮渐渐地升高了，墙外马路上孩子们的欢笑，已经听不见了；妻在屋里拍着闰儿，迷迷糊糊地哼着睡歌。我悄悄地披了大衫，带上门出去。</p>
<p>沿着荷塘，是一条曲折的小煤屑路。这是一条幽僻的路；白天也少人走，夜晚更加寂寞。荷塘四面，长着许多树，蓊蓊郁郁的。路的一旁，是些杨柳，和一些不知道名字的树。没有月光的晚上，这路上阴森森的，有些怕人。今晚却很好，虽然月光也还是淡淡的。</p>
<p>路上只我一个人，背着手踱着。这一片天地好像是我的；我也像超出了平常的自己，到了另一个世界里。我爱热闹，也爱冷静；爱群居，也爱独处。像今晚上，一个人在这苍茫的月下，什么都可以想，什么都可以不想，便觉是个自由的人。白天里一定要做的事，一定要说的话，现在都可不理。这是独处的妙处；我且受用这无边的荷香月色好了。</p>
<p>曲曲折折的荷塘上面，弥望的是田田的叶子。叶子出水很高，像亭亭的舞女的裙。层层的叶子中间，零星地点缀着些白花，有袅娜地开着的，有羞涩地打着朵儿的；正如一粒粒的明珠，又如碧天里的星星，又如刚出浴的美人。微风过处，送来缕缕清香，仿佛远处高楼上渺茫的歌声似的。这时候叶子与花也有一丝的颤动，象闪电般，霎时传过荷塘的那边去了。叶子本是肩并肩密密地挨着，这便宛然有了一道凝碧的波痕。叶子底下是脉脉的流水，遮住了，不能见一些颜色，而叶子却更见风致了。</p>
</div>
```

上述代码创建了文本内容，使用 CSS 样式可以对文本内容进行处理，CSS 代码如下所示：

```
.multicol p {line-height:1.5em;}
.multicol
{
  padding: 5px;
  column-width: 15em;
  -moz-column-width: 15em;
  -webkit-column-width: 15em;
}
.multicol h2
{
 column-span: all;
 -moz-column-span: all;
 -webkit-column-span: all;
 text-align:center;
}
```

上述代码的运行效果如图 10-11 所示。

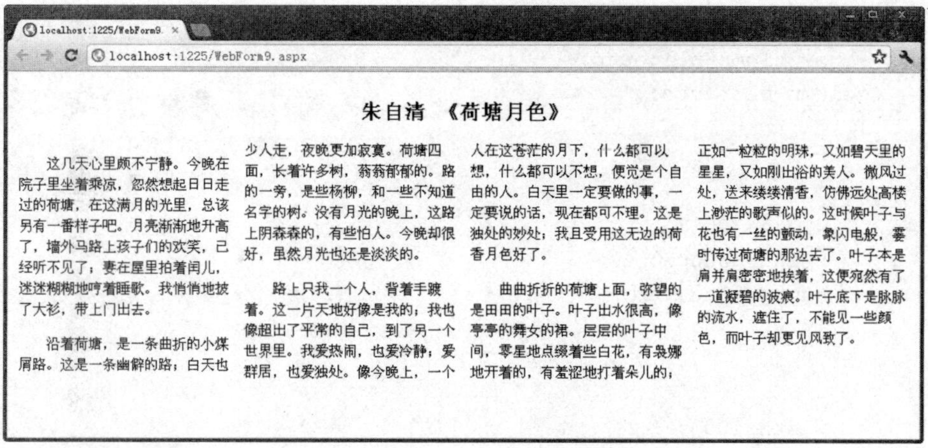

图10-11 column-span属性的运行效果

10.2.6 column-fill属性

如果网页中的元素上定义了 height 属性，同时也希望将内容分散到多列中，在 CSS 3 中可以使用 column-fill 属性实现这种效果，如果浏览器支持该属性，并且将值设置为 balance，则浏览器会根据内容较多的列来平衡列的高度，这时元素中定义的 height 属性无效。

column-fill 属性的作用是使栏目高度统一。该属性的语法格式如下所示：

```
column-fill:auto | balance
```

其中，auto 表示各栏目的高度随着其内容的多少而自动变化，balance 表示各栏目的高度将会根据内容最多的那栏的高度进行统一。

下面通过一个实例详细讲述 column-fill 的用法，实例代码如下所示：

```
        <div class="c1"><img src="images/09.jpg" style=" width:100%;
height:400px;"></div>
        <div class="c2"><img src="images/51.jpg" style=" width:100%;
height:120px;"></div>
```

上述代码在页面上添加了两张图片，通过 CSS 样式定义 column-fill 属性实现各列高度统一，CSS 代码如下所示：

```
    body
    {
        -webkit-column-count:4;
        -moz-column-count:4;
        column-count:4;
        -moz-column-gap:3em;
        -webkit-column-gap:3em;
        column-gap:3em;
        line-height:2.5em;
        -webkit-column-rule:dashed 2px gray;
        -moz-column-rule:dashed 2px gray;
        column-rule:dashed 2px gray;
```

```
    -webkit-column-fill:auto;
    -moz-column-fill:auto;
    column-fill:auto;
    }
   .c1
   {
       width:100%;
       height:500px;
       background:red;
       }
   .c2
      {
       width:100%;
       height:300px;
       background:#dddfff;
          }
```

上述代码的运行效果如图 10-12 所示。

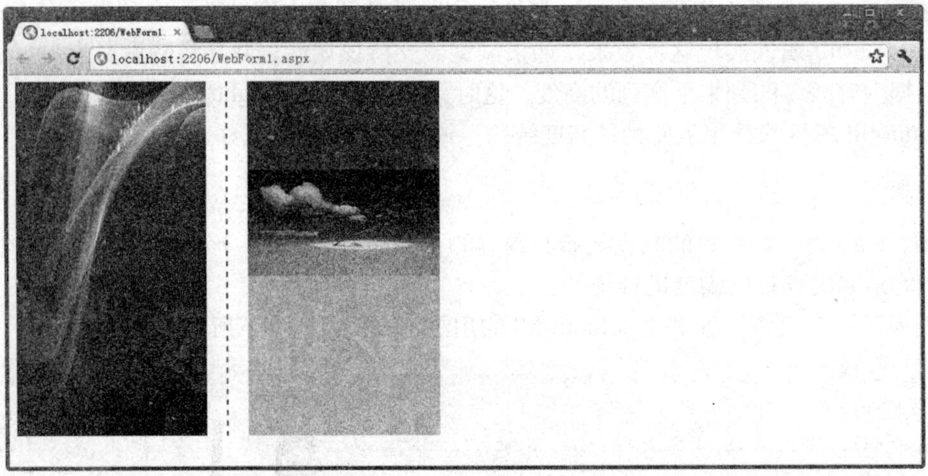

图10-12　column-fill属性的运行效果

10.2.7 columns属性

在前面介绍了 column-count、column-gap 和 column-width 等属性，每种属性都可以将文本内容设置成不同的格式。columns 是一个复合属性，设置内容的列数，每列间隔距离和每列长度都是 columns 属性的其中一种特性。

columns 复合属性语法格式如下所示：

```
columns:column-width,column-count
```

其中，column-width 和 column-count 的用法请参考 10.2.3 和 10.2.1 小节。

通过一个实例详细介绍 columns 复合属性的用法。实例代码如下所示：

```
<div class="columns">
    <div class="title">columns</div>
```

```
        <div class="col">
        CSS即层叠样式表（Cascading Stylesheet在网页制作时采用CSS技术，可以有效地对页面的布局、字体、颜色、背景和其他效果实现更加精确的控制。 只要对相应的代码做一些简单的修改，就可以改变同一页面的不同部分，或者页数不同的网页的外观和格式
    CSS3是CSS技术的升级版本，CSS3语言开发是朝着模块化发展的。以前的规范作为一个模块实在是太庞大而且比较复杂，所以，把它分解为一些小的模块，更多新的模块也被加入进来
    Grid布局应用很广泛，最简单的例子就是内容的分栏显示。
        </div>
    </div>
```

使用 columns 复合属性配合 CSS 样式设置文本内容格式，实例代码如下所示：

```
        <style type="text/css">
            .columns{width:300px; margin-left:300px;}
                .columns .title{line-height:25px; background:#f0f3f9; text-indent:3px; font-weight:bold; font-size:14px;}
            .columns .col{-webkit-columns:90px 3;}
    </style>
```

上述代码的运行效果如图 10-13 所示。

图10-13　columns复合属性的运行效果

10.3　outline属性

有时候在网页中需要在可视化图像周围添加一些轮廓线，以此突出图像。需要说明的是，这里所说的轮廓线与元素边框线不同，外轮廓线并不占用空间，而且是动态样式。

outline 属性定义块元素的轮廓线，在 CSS 2 的基础之上，CSS 3 对其进行了改善增强。outline 是一个复合属性，该属性对应的子属性如下所示：

- outline-color 定义轮廓边框的颜色。
- outline-style 定义轮廓边框样式。
- outline-width 定义轮廓宽度。
- outline-offset 定义轮廓偏移数值。

下面通过一个实例详细介绍 outline 属性，实例代码如下所示：

```
<div class="outline_style">是否可见背景外3像素的虚线形式的轮廓外框</div>
```

上述代码的作用是为页面添加了文本内容，使用 CSS 样式代码对其进行处理，CSS 代码如下所示：

```
    .outline_style{
    width:200px;
    height:80px;
    margin:50px;
    padding:15px;
    background:#f0f3f9;
    outline-width:5px;
    outline-color: #dddfff;
    outline-style:dotted;
    outline-offset:5px;
}
```

上述代码的运行效果如图 10-14 所示。

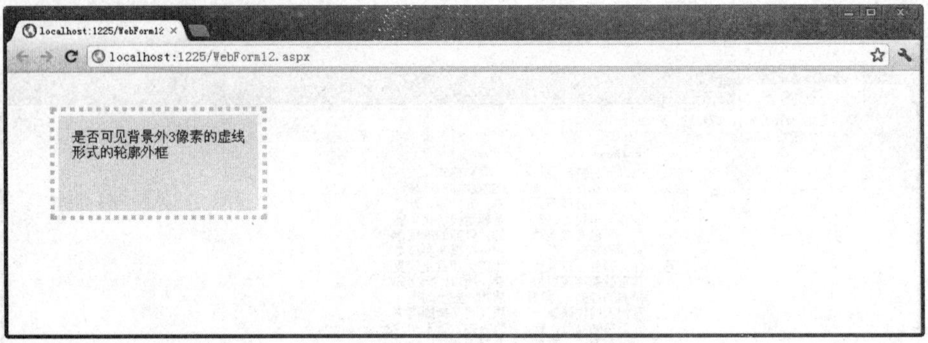

图10-14　outline属性的运行效果

本章实例：创建相册图片列表页面

在网页中，很多图片是并列显示的，在 CSS 2 中如果要实现这种效果，需要设置很多的样式，而在 CSS 3 中实现图片并列显示只需设置 columns 属性，简化了样式代码。

下面通过一个实例介绍 columns 属性的用法。实例代码如下所示：

```
<div id="zzjs_zzjs_3_1">
              <div id="text">
                <div class="test" >
    <p><img src="../images/01.jpg" style=" height:200px; width:200px;"/></p>
    <p><img src="../images/51.jpg" style=" height:200px; width:200px;"/></p>
    <p><img src="../images/02.jpg" style=" height:200px; width:200px;"/></p>
</div>
  <div class="test">
    <p><img src="../images/06.jpg" style=" height:200px; width:200px;"/></p>
    <p><img src="../images/07.jpg" style=" height:200px; width:200px;"/></p>
```

```
    <p><img src="../images/7.jpg" style=" height:200px; width:200px;"/></p>
</div>
</div>
```

上述代码创建了图片，使用CSS样式实现将网页上的图片并列显示，CSS代码如下所示：

```
<style type="text/css">
            #text
            {
                border:solid 1px #693;
                font-size:13px;
                height:350px;
                font-family:"宋体"、Aria;
                line-height:18px;
                color:Gray;
                overflow:auto;
                }
body{font:14px/1.5 georgia,serif,sans-serif;}
p{margin:0;padding:5px 10px;background:#eee;}
h1{margin:10px 0;font-size:16px;}
.test{
    width:628px;
    border:10px solid #dddfff;
    -webkit-columns:200px 3;
    -moz-columns:200px 3;
}
.test2{
    border:10px solid #000;
    -webkit-columns:200px;
    -moz-columns:200px;
}
</style>
```

上述代码的运行效果如图10-15所示。

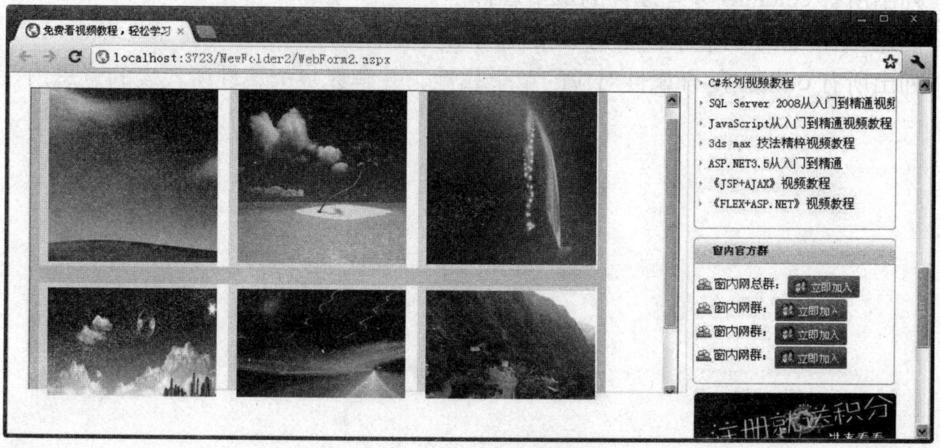

图10-15　图片列表的运行效果

本章小结

本章详细讲述了盒子模型的原理以及应用；使用 CSS 3 中的属性实现多列类布局；利用 outline 属性处理边框问题。在讲述理论知识的同时附有实际案例，让读者更加深入地了解所学知识。在本章最后将所学知识点综合应用到案例中，以便巩固所学内容。

课后练习

一、填空题

(1) CSS 3 中处理内容溢出使用的属性是 ________。

(2) CSS 3 中将文本内容分成多列使用的属性是 ________。

(3) CSS 3 中设置每列固定宽度使用的属性是 ________。

(4) CSS 3 中将标题横跨多行的属性是 ________。

(5) CSS 3 中 columns 复合属性对应的单属性有 ________ 个。

二、选择题

(1) 在 CSS 3 中，column-rule 属性所对应的单个属性有多少个 ________。

A．2 个　B．3 个　C．4 个　D．5 个

(2) 想要将标题横跨多列并且在中间显示可以使用哪种办法解决 ________。

A．outline-width　B．column-gap　C．column-count　D．column-span

(3) 在 CSS 3 中，若页面上的文字内容过多，采用哪种解决办法最快捷 ________。

A．box-sizing　B．column-span　C．设置 div 属性　D．overflow

(4) 在 CSS 3 中，设置每列之间的间隔距离使用哪种方法最快捷 ________。

A．column-width　B．column-rule-width　C．column-gap　D．设置 div 属性

三、简答题

(1) 简述 CSS 中盒子模型的原理。

(2) 列出所有 columns 复合属性的单个属性。

(3) 描述 W3C 标准的盒子模型与 IE 的盒子模型的区别。

(4) 列出所有 outline 复合属性对应的单个属性，并解释每个属性所代表的意思。

第 11 章

JavaScript语言基本概念

学习目标

- 掌握 JavaScript 语言的基本语法
- 掌握 JavaScript 中的数据类型、运算符和表达式
- 熟悉 JavaScript 对象的使用方法
- 熟悉数据的使用方法
- 掌握流程控制的各种方法
- 熟悉函数和变量的基本知识
- 掌握事件的处理方法

JavaScript 是一种直译式脚本语言，它支持内置对象，是弱类型、基于对象的语言。JavaScript 广泛应用于客户端前端，主要用于增强网页的动态功能。它的解释器通常被称为 JavaScript 引擎，是浏览器的一部分。本章主要学习 JavaScript 语言的基本概念。

11.1 JavaScript语法

程序设计语言的语法结构是一套基本规则，用来说明如何使用这种语言进行程序编写。JavaScript 同其他程序设计语言一样，也有自己的语法结构和规则。

11.1.1 大小写敏感

JavaScript 是对大小写敏感的一种语言，这就意味着在使用变量、关键字、函数以及其他标识符时，都必须保持大小写的一致。例如，变量名“mynum”“MYnum”“MyNum”“MYNUM”是完全不同的四个变量。

11.1.2 空格、制表符和换行

关键字、变量名、数字、函数名或者其他标识符中间的空格、制表符以及换行在 JavaScript 程序中是会被忽略的，因此可以使用这些分隔符来对齐程序语句，或将一条长语句分成几行编写，这样既使程序美观整洁，又增加了程序的可读性。但是，如果空格是属于字符串或者其他变量的一部分，则不能忽略。例如：字符串“abc”和“ab c”是两个不同的字符串。

11.1.3 分号为语句分隔符

JavaScript 中语句分隔符是分号（;），用分号分隔可将多个语句放在同一行内，例如：

```
var a = 5;
var b = 6;
var a = 5;var b = 6;var c=10;
```

JavaScript 中的分号可以省略，而用换行来代替。但是，为了养成良好的编程习惯，最好每条语句都使用一个分号“;”作为结束符。

11.1.4 常量

常量就是程序里直接显示出来的数值，即在使用过程中不会发生变化的量。原则上讲，常量是任何一种程序设计语言必不可少的一部分。下面是常量的一些例子。

```
30          //数字
0.8            //小数
"你好！"          //字符串
true        //布尔值--真
```

另外，初始化变量时在标识符前面加上关键字 const，即把该变量定义为一个常量。例如：

```
const NUM=100;//对象初始化
```

11.1.5 变量

变量是用来存储数据的，可以利用变量参与各种运算。JavaScript 是一个弱类型的语言，在声明和使用变量时，并不那么严格。JavaScript 中分不同的数据类型，它们的声明和使用也不尽相同。

变量属标识符的一种，其命名规则同标识符一样。一般地，变量命名时遵循的原则是：使用有意义的名称或者使用有意义的前缀。例如：

```
var name = "小明";  //定义name变量，表示名称
var age = 16;     //定义age变量，表示年龄
var price = 32.8;  //定义price变量，表示价格
book_price            //书的价格
book_name             //书名
```

11.1.6 标识符

标识符相当于一个名称。JavaScript 中标识符的命名规则：必须是以字母、下划线“_”或美元符“$”开始的字母、数字、下划线以及美元符号的任意组合。数字不能作为变量名的开头。

合法的标识符如：a，_num，b2，$int，all_num_1 等。

标识符只要满足命名规则就可以，但是有一点必须注意，不能和 JavaScript 的保留字重名。保留字将在下面进行详细介绍。

11.1.7 保留字

保留字也称作关键字，保留字在 JavaScript 中具有特殊意义，是 JavaScript 语言的一部分。因此，保留字不能用来作为标识符使用。

表 11-1 为 JavaScript 的保留字列表。

表11-1 JavaScript的保留字

abstract	boolean	break	byte	case
catch	char	class	const	continue
debugger	default	delete	do	double
else	enum	export	extends	false
final	finally	float	for	function
goto	if	implements	import	in
instanceof	int	interface	let	long
native	new	null	package	private
protected	public	return	short	static
super	switch	synchronized	this	throw
throws	transient	true	try	typeof
var	void	volatile	while	with

另外，除了表 11-1 列出的保留字以外，ECMAScript v5 标准中还有一些针对全局变量和全局函数的标识符，这些标识符也应当避免使用，如表 11-2 所示。

表11-2　避免使用的其他标识符

arguments	Array	Boolean	Date	decodeURI
decodeURIComponent	encodeURI	Error	escape	eval
EvalError	Function	Infinity	isfinite	Math
NaN	Number	Object	parseInt	RangeError
ReferenceError	RegExp	String	SyntaxError	TypeError
undefined	unescape	URIError		

11.1.8 注释

JavaScript 有两种注释符号，一种是单行注释，另一种是多行注释。注释可提高代码的可读性，JavaScript 不执行注释内容；注释的另一个功能是阻止代码的执行，这在代码调试中很有用。

单行注释以“//”开头，例如：

```
document.write(Date());   //输出日期
```

多行注释以“/*”开头，以“*/”结尾。

```
/*
函数功能：显示当前时间
将下面的代码嵌入页面中，可以实现页面上实现时钟功能，显示当前时间
*/
var myVar=setInterval(function(){myTimer()},1000);
function myTimer()
{
    var d=new Date();
    var t=d.toLocaleTimeString();
    document.getElementById(“demo”).innerHTML=t;
}
```

11.2 JavaScript中的数据类型

JavaScript 中有 5 种简单的数据类型，也称为基本数据类型，即 Undefined、Null、Boolean、Number 和 String 类型；还有 3 种引用数据类型，Object（对象）、Array（数组）、Function（函数）。

1. Undefined 类型

Undefined 类型是 JavaScript 语言的一大特点，是 JavaScript 独有的数据和数据类型。使用 var 声明变量但未对其进行初始化时，这个变量就是 Undefined 类型的变量。Undefined 类型只有一个值，它的值就是 undefined。例如：

var name;

此时，name 就是 Undefined 类型的变量，它的值就是 undefined。

2. Null 类型

Null 类型也是只有一个值的数据类型，这个特殊的值就是 null。null 值表示一个空的对象

指针。如果定义的变量要保存的数据是对象，则还未保存对象时应该明确将该变量保存为null值，这体现了null作为空对象指针的习惯，也进一步区分了null和undefined值的区别。

3. Boolean 类型

Boolean类型只有两个值：true和false。JavaScript中这两个值与数字值不是一回事，因此，true不一定等于1，false也不一定等于0。

4. Number 类型

这种类型表示整数和浮点数，还有一种特殊的数值，即NaN（非数值 Not a Number）。整数和浮点数不必再详细说明，这里只对NaN详细介绍一下。

NaN表示要返回的操作数不是数值。NaN本身有两个非同寻常的特点：一是任何涉及NaN的操作都会返回NaN；二是NaN与任何值都不相等，包括NaN本身。例如：

```
alert(NaN==NaN)   //结果为false
```

说明：JavaScript中有一个isNaN()函数，这个函数有一个参数，其功能是确定这个参数是否“不是数值”。

5. String 类型

String类型即字符串，是由单引号（'）或者双引号（"）括起来的字符序列。例如：

```
var str1="Hello!"
```

任何字符串的长度可以通过访问其length属性获得。例如：

```
alert(str1.length)     //输出结果为6
```

另外，除null和undefined值以处，其他任何类型都可以将其值转为字符串型，这就要用到常用的toString()方法。例如：

```
var Weight=59;
var strWeight=Weight.toString();    //字符串“59”
var OverWeight=true;
var strOverWeight=OverWeight.toString();  //字符串“true”
```

6. Object 类型

Object类型即对象类型，理论上Object类是所有类的父类，即所有的类都继承自Object类。对象其实就是一组数据和功能的组合。JavaScript的对象是通过“new”运算符来创建的，例如：

```
var cat = new Cat();
```

这里使用了“new”和“Cat”这个构造器函数创建了一个名为cat的对象。但是“Cat”这个构造器函数必须是事先存在。

对象是JavaScript中的重要概念，关于对象的定义、操作等详细内容请查看后面有关内容。数组和函数在后面会有专门的章节进行介绍，此处便省略了。

11.3 运算符和表达式

JavaScript 中的运算符和表达式的使用和其他程序设计语言非常相似，下面就来简要介绍一下 JavaScript 的表达式和运算符的相关知识。

11.3.1 运算符概述

运算符大部分都是用单个符号来表示的，如“+”“-”“*”“%”“=”等。但是也有其他形式的运算符，如关键字形式，“new”也算是一个运算符。JavaScript 的运算符按照性质可以大致分为几类，具体见表 11-3。

表11-3 JavaScript运算符类型

类　型	说　明
算术运算符	用于数学计算
关系运算符	比较操作数返回布尔值
逻辑运算符	对布尔型操作数进行布尔操作
赋值运算符	赋值给变量
字符串运算符	操作字符串
条件运算符	根据条件决定执行哪个语句
类型运算符	返回对象的类型或对象实例信息

另外，每个运算符都有各自的特点，优先级及运算规则也都各不相同，这些具体的规则和特性也将在后面分节进行详细介绍。

11.3.2 算术运算符

算术运算符在 JavaScript 中担任数学计算任务，比如加、减、乘、除、求余数（也称为取模）等，具体见表 11-4。

表11-4 算术运算符

运 算 符	说　明
+	加，两个操作数做加法运算
-	减，两个操作数做减法运算；单操作数时为取相反数
*	乘，两个操作数做乘法运算
/	除，两个操作数做除法运算
%	求模，两个操作数相除，返回所得余数
++	递加1，操作数加1
--	递减1，操作数减1

说明：对于递加“++”和递减“--”运算符来讲，可以放在操作数的前面，也可以放在操作数的后面。JavaScript 是一种弱类型的语言，在进行算术运算时，JavaScript 解释器具有类型转换的功能。在算术运算中，字符串值会被尝试着转换为数字，例如：

```
var a = "3";
var b = "4";
```

```
var c = a * b;  //c=12
var d=a++;  //d=3 a=4
var e=--b;  //e=3 b=3
```

11.3.3 关系运算符

所谓关系运算其实就是比较，比较的结果是一个布尔值，用来表示操作数之间是否满足关系运算符指定的关系。关系运算符主要作为判断条件用在条件控制语句中。表 11-5 为 JavaScript 的关系运算符。

表11-5 JavaScript的关系运算符

运 算 符	说　　明
==	等于，如果左右操作数相等返回true，反之返回false
!=	不等于，如果左右操作数不相等返回true，反之返回false
>	大于，如果左操作数大于右操作数返回true，反之返回false
>=	大于或等于，如果左操作数大于或者等于右操作数，返回true，反之返回false
<	小于，如果左操作数小于右操作数返回true，反之返回false
<=	小于或等于，如果左操作数小于或者等于右操作数返回true，反之返回false
===	恒等于，如果左右操作数值相同且类型也相同时返回true，否则返回false

特别说明：对于“===”恒等运算符，必须等式两边值相同并且类型也相同时，等式才成立，如果等式两边值相同，但是类型不同，做恒等比较结果仍为 false。如果等式两边是引用类型的变量，如数组、对象、函数等，必须两边引用的是同一对象时，恒等式才成立。

11.3.4 逻辑运算符

逻辑运算符是比较两个具有布尔操作数的关系，比较后同样返回一个布尔值结果。表 11-6 为 JavaScript 的逻辑运算符。

表11-6　JavaScript的逻辑运算符

运 算 符	说　　明
&&	逻辑与，左操作数和右操作数都为true就返回true，否则返回false
||	逻辑或，左操作数和右操作数任意一个为true就返回true，否则返回false
!	逻辑非，表达式为false就返回true，为true返回false

11.3.5 赋值运算符

最常见的赋值运算符是等号“=”。JavaScript 中不只有等号“=”这一个赋值运算符，还有更为复杂的赋值运算符。表 11-7 为 JavaScript 中赋值运算符。

表11-7 JavaScript的赋值运算符

运 算 符	说　　明
=	直接将右操作数赋值给左操作数
+=	连接或左右操作数相加，把结果赋值给左操作数

续表

运算符	说　　明
-=	左操作数减右操作数，所得结果赋值给左操作数
*=	左操作数乘右操作数，所得结果赋值给左操作数
/=	左操作数除以右操作数，所得结果赋值给左操作数
%=	左操作数除以右操作数，所得余数赋值给左操作数

例如：

```
var a = 3;
a += 2;      //a=5
var a = 3;
a /= 2;   //a=1.5
```

11.3.6 字符串运算符

JavaScript 的字符串运算符只有一个，就是“+”，它的作用是连接两个字符串。例如：

```
var str = "Java";
var str_long = str + "Script";     //结果是“JavaScript”
```

JavaScript 在进行字符串连接运算时，能够自动把数字等其他类型数据转化为字符型数据。例如：

```
var int_num = 1;
var str_long = int_num + "Script";     //结果为“1Script”
```

11.3.7 条件运算符(？：)

条件运算符是 JavaScript 中唯一的一个三目运算符，它的作用是根据条件决定执行哪个语句。条件运算符的语法格式如下：

```
条件 ？语句1 ：语句2
```

它的执行逻辑为：如果条件为真（true），则执行语句 1，否则执行语句 2。其中，语句 1、语句 2 也可以是复合语句。

11.3.8 类型运算符

类型运算符有两种：typeof 和 instanceof。

1．typeof

返回变量的类型。例如：

```
var num = 1;
alert(typeof(num));    //结果为Number
```

2．instanceof

如果对象是对象类型的一个实例，则返回 true，否则返回 false。

11.3.9 运算符的优先级

JavaScript 有很多运算符，在复杂的程序里通常都是组合起来使用的。那么当组合使用时，它们之间会遵循一个怎样的规则呢？运算符的优先级是一个表达式中运算符求值的优先顺序。

运算符的优先级在 JavaScript 程序编写中很重要，表 11-8 为 JavaScript 中常见的运算符优先级顺序（按照优先级从高到低进行排列）。

表11-8 JavaScript常见运算符的优先级

优先级	运算符	说明
1	() [] .	圆括号、方括号和点号
2	! - ++ -- typeof instanceof	非运算、求反、递增、递减、求数据类型、判断是否为实例
3	* / %	乘、除、求模
4	+ -	加、减
5	< <= > >=	关系运算符
6	== != ===	等于、不等于、恒等运算符
7	&&	逻辑与
8	||	逻辑或
9	= += -= *= /= %=	赋值运算符

11.3.10 表达式

表达式就是由常量、变量、运算符以及其他表达式组合而成的式子，JavaScript 解释器能够识别并计算出相应的值。下面就是几个简单的表达式。

```
"JavaScript is interest. "      //字符串表达式
false                     //布尔值表达式
var_num                        //变量表达式
null                  //空值表达式
3.14*2*2                  //小数表达式
(a<=b) && c>10                          //关系运算表达式
area=(a+b)*h/2                           //算术运算表达式
```

表达式还可以通过相互组合来形成新的表达式。表达式可以完成计算、处理字符、调用函数或者验证数据等操作。

11.4 JavaScript对象

对象可表示要研究的任何事物，它不仅能表示具体的事物，还能表示抽象的规则、计划或事件。JavaScript 是面向对象的语言。因此，这里先介绍一些 JavaScript 面向对象的概念。

11.4.1 JavaScript面向对象概念

JavaScript 对象是基于构造器函数创建的。使用构造器函数创建一个对象时，实际上是实例化了一个对象，或者是扩展了先前的对象。

构造器函数包含属性和方法两种基本的元素。属性用于存储对象的数据，方法是在对象内部调用的函数，用于实现一些功能或对属性进行访问更改。

11.4.2 对象的创建

JavaScript 的对象是通过“new”运算符来创建的，除了使用“new”外，还有用于初始化对象的构造器函数，如下面的代码所示。

```
var cat = new Cat();
```

这里使用了“new”和“Cat”这个构造器函数创建了一个名为 cat 的对象。但是“Cat”这个构造器函数必须是事先存在的。

下面的代码实现了一个名为 Dog 的简单的构造器函数。

```
function Dog(type, weight, name){
  this.dog_type = type;         //狗的类型
  this.dog_weight = weight;     //狗的重量，单位kg
  this.dog_name = name;      //狗的名称
}
```

注意 **类名通常以大写字母开头，而构造器函数相当于类，因此构造器函数也通常以大写字母开头。**

利用上述构造器函数创建对象的语句如下：

```
var dog = new Dog("宠物", 30, "杜宾");
```

上述的代码，创建了一个类型为“宠物”、重量为“30kg”、名称为“杜宾”的对象。创建对象后，便可以对其进行操作了。

另外，使用下面的语句还可以创建一个没有任何属性的空对象。

```
var obj = new Object();
```

JavaScript 还可以使用内部构造函数来创建对象，例如：

```
var date = new Date();//创建一个表示日期和时间的对象，Date为JavaScript内置对象
```

11.4.3 属性的设置和读取

JavaScript 通常用“.”运算符来实现属性的存取。“.”左边是表示该对象的引用名，右边是属性名称。例如 dog.weight。可以把对象的属性看成变量，因此可以将值存储到属性里，也可以读取属性值。例如：

```
//创建一个名为dog的对象
var dog = new Dog();
dog.dog_weight = 50;    //设置对象的重量属性
```

```
dog.dog_type = "大型"; //设置对象的类型属性
dog.dog_name = "狼狗";  //设置对象的名称属性
//使用alert函数读取属性
alert("狗的类型是: "+ dog.dog_type);
alert("狗的重量是: "+ dog.dog_weight + "kg");
alert("狗的名称是: "+ dog.dog_name);
```

以上代码中显示了从对象创建、对象属性设置及对象属性读取的过程。

11.4.4 对象的方法

对象的方法其实就是一个函数，可通过对象进行调用。对象方法可以实现单纯的功能，也能对对象的属性进行访问和设置，比如读取或者改变属性值。在方法中可以使用与构造器函数一样的方式来访问属性，即也可以使用"this"对象。例如，下面的代码是一个方法的定义。

```
//定义一个简单方法
function showDogInfo(){
  alert("狗的类型是: "+ this. dog_type);
alert("狗的重量是: "+ this. dog_weight + "kg");
alert("狗的名称是: "+ this. dog_name);
}
```

上面的代码定义了一个名为showDogInfo的方法，它的功能是使用提示框向用户显示对象的属性信息。

定义好方法后，就可以在程序中进行调用了。下面的代码就是一个使用方法的简单示例。

```
//创建对象
var dog = new Dog("宠物", 30, "杜宾");

//调用方法显示对象的信息
dog.showDogInfo();
```

11.4.5 对象的继承

继承是对象的一个很重要的特征。对象可以从实例化它的构造器函数中继承到属性和方法。例如，先看一个构造器函数示例。

```
//动物（Animal）构造器函数定义
function Animal(type , sound, food ){
  this.animal_type = type;     //动物的类型
  this.animal_sound = sound; //动物的声音
  this.animal_food = food;     //动物的食物
}
```

基于这个构造器函数实例化一个对象dog，那么dog对象中就会自动包含了属性animal_type、animal_sound和animal_food，这就是继承。继承并不仅限于属性的继承，还包括方法的继承。

在实例化dog对象后，可以用"."为这个对象增加新的属性。例如：

```
//实例化对象
var dog = new Animal("狗", "汪汪", "杂食");
//增加属性
dog.dog_type = "宠物";
dog.dog_weight = 30;
dog.dog_name = "杜宾";
```

以上代码中先基于 Animal 构造器函数实例化了一个名为 dog 的对象，随后用“.”增加了三个属性。这样一来，dog 对象就有了 6 个属性。与前面创建的 dog 对象相比，多出了三个属性，这是继承了构造器的 3 个属性。

如果为一个对象增加了新的属性，这个属性就只能在这个特定的对象中使用，在构造函数中以及其他由构造器创建的对象中都不能使用。例如：

```
//实例化对象dog
var dog = new Animal("狗", "汪汪", "杂食");
//增加属性
dog.dog_type = "宠物";
//实例化对象dog1
var dog1 = new Animal("dog1", "汪汪", "杂食");
alert(dog1.dog_type);
```

执行了上面的代码后，会显示“undefined”这个结果，如图 11-1 所示。这是因为 dog_type 属性只是在 dog 这个特定的对象里增加的，对象 dog1 并没有这个属性。

图11-1　提示属性未定

11.5 数组

数组是 JavaScript 数据类型的一种，由一个单独的名称表示，包含一系列数据。JavaScript 中数组也是对象，同样有自己的属性和方法。

11.5.1 创建一个数组

JavaScript 中数组使用 Array() 构造器来创建，如下所示。

```
var ary = new Array(num);
```

其中的 num 即为数组元素的个数，也可以理解为数组中可包含数据的个数。下面代码是创建一个拥有 3 个元素的数组。

```
var ary = new Array(3);
```

数组内的元素是按照顺序排列的，序号从 0 开始，比如上面创建的数组，3 个元素的元素序号分别为0、1、2。通常把这个序号称为数组元素的下标，借助这个下标就可以对数组的元素进行访问，如下所示。

```
ary[1];  //访问ary数组的第2个元素
```

11.5.2 给数组元素赋值

可以像给变量赋值一样对数组元素赋值。例如：

```
ary[0] = "a";
ary[1] = "b";
ary[2] = "c";
```

也可以在创建数组对象时，对数组元素进行初始化赋值，如下所示。

```
var ary = nelw Array("a","b","c");
```

11.5.3 使用length属性获取数组的长度

和字符串一样，数组也有长度属性，可以通过 length 属性来获取。数组的长度就是数组元素的个数。如下语句可以获得数组的长度。

```
ary.length
```

获得数组长度后，可以利用循环语句来对数组元素依次进行访问和赋值，这种应用在数组中很广泛。例如：

```
for( var i=0; i< ary.length; i++ ){
  alert(ary[i]);
}
```

JavaScript 中还可以动态的改变数组长度，例如下面的语句。

```
ary[3] = "d";  //扩充了ary的长度，使其变为4个元素
```

通过为指定下标的元素赋值，便可以增加数组的长度，数组会自动增加到下标指定长度。

11.5.4 多维数组

如果数组中的每一个元素，又是一个数组，那么就变成了二维数组。同样的道理，如果继续嵌套将成为多维数组。例如，通过初始化赋值的方式创建一个二维数组用于存放用户的姓名和年龄信息。

```
var ary = new Array(
  new Array("老张","32"),
  new Array("小王","20"),
  new Array("小李","24"),
  new Array("小陈","18")
);
```

对于上面的二维数组或者多维数组，可以使用并列的方括号“[]”来对数组元素进行访问，如下所示。

```
ary[1][1];    //访问数组中第1行第1列的数据，即小王的年龄20
```

JavaScript 支持多维数组。数组的应用非常广泛，读者可以在具体的学习和程序编写过程中仔细体会。

11.6 流程控制

在编写一个程序时，通常要根据特定的条件执行不同的操作，这就需要用到流程控制语句。流程控制语句包括判断语句和循环语句。

11.6.1 判断语句

JavaScript 中判断语句有以下 3 种形式。

1. if 语句

```
if语句的语法结构如下:
if( 条件表达式 ){
  语句或语句块;
}
```

在 JavaScript 里，如果需要执行的语句只有一句，也可以省略外面的大括号。例如：

```
if( i > 2 )
  a = i * 10;
```

2. if…else 语句

if...else 语句的语法结构如下：

```
if ( 条件表达式 ){
    语句或语句块;        //条件表达式为true时执行
}else{
语句或语句块;     //条件表达式为false时执行
}
```

例如：

```
if( i > 2 ){
  alert("变量i大于2。");
}else{
  alert("变量i小于或等于2。");
}
```

如果需要判断的情况比较复杂时，可能就需要使用嵌套来进行判断。if 语句和 if…else 语句都可以进行嵌套，两者也可以混合嵌套，但是要注意嵌套时的逻辑关系。例如：

```
<script language="JavaScript">
<!--
var city = "华盛顿";
if( city == "北京" ){
  alert("中国首都! ");
}else if( city == "东京" ){
  alert("日本首都! ");
}else if( city == "多伦多" ){
  alert("加拿大首都! ");
}else if( city == "华盛顿" ){
  alert("美国首都! ");
}else{
  alert("未知城市! ");
}
//-->
</script>
```

3. switch 语句

在 JavaScript 中，switch 语句也是一个经常使用的条件控制语句。switch 语句是根据一个固定表达式的值来进行条件控制的，它对于只有一个表达式但有多种结果的条件控制尤其有用。switch 语句的语法结构如下：

```
switch  ( 表达式 ){
  case 备选值1:
    语句或语句块;
    break;
  case 备选值2:
    语句或语句块;
    break;
  ...
case 备选值n:
    语句或语句块;
    break;
[default:
    语句或语句块;]
}
```

其中 default 标签是用来指定当所有的 case 标签所匹配的值都与表达式的值不符时默认的执行语句。default 标签不是必须的，可以省略（用 [ ] 括起来表示这部分内容可以省略）。

例如以下代码。

```
<script language="JavaScript">
<!--
var city = "华盛顿";
switch( city ){
  case "北京":
    alert("中国首都! ");
    break;
```

```
    case "东京":
      alert("日本首都！");
      break;
    case "多伦多":
      alert("加拿大首都！");
      break;
    case "华盛顿":
      alert("美国首都！");
      break;
    default:
      alert("未知城市！");
  }
  //-->
  </script>
```

读者可以运行后看看结果，也可自行编写后调试。

11.6.2 循环语句

1. 使用 while 语句

while 语句是一个比较简单的循环语句，它的规则是当给定的某个条件表达式为 true 时，重复执行一条语句或语句块，条件表达式为 false 时退出循环。while 语句的语法结构如下：

```
while( 条件表达式 ){
  语句或语句块;
}
```

例如以下代码：

```
<script language="JavaScript">
<!--
var i = 1;
var num = 10;
while( i < 5 ){
  i++;
  num = num * i;
}
alert("i="+i+",num="+num);
//-->
</script>
```

运行效果如图 11-2 所示。

图11-2　while循环示例

使用 while 时需要注意的一点是要能在合适的情况下结束循环，否则程序就会陷入无限循环当中去，这是编写程序过程中非常忌讳的。

可以使用关键字 break 跳出循环，参见后面对 break 的介绍。

2. 使用 do...while 语句

do...while 语句是一个和 while 类似的语句，do...while 语句的语法如下：

```
do{
  语句或语句块;
}while( 条件表达式 )
```

do...while 循环和 while 循环功能基本上是一样的，但是和 while 不同的是：do...while 语句不论条件表达式的值如何，都会执行一次循环体内的语句或语句块，随后再根据条件表达式来判断是否继续循环。下面通过对比理解 while 和 do...while 语句的区别。

（1）while 语句代码。

```
<script language="JavaScript">
<!--
var i = 1;
var num = 10;
while( i < 1 ){
  i++;
  num = num * i;
}
alert("i="+i+",num="+num);
//-->
</script>
```

上面的代码运行效果如图 11-3 所示。

图11-3　语句对比示例——while语句

（2）do...while 语句代码。

```
<script language="JavaScript">
<!--
var i = 1;
var num = 10;
do{
  i++;
  num = num * i;
}while( i < 1 )
alert("i="+i+",num="+num);
//-->
</script>
```

代码中使用了 do...while 语句，条件仍然是“i<1”，虽然表达式的值为 false，但是循环仍然会执行一次，运行效果如图 11-4 所示。

使用 do...while 语句和 while 语句一样，需要设置合适的结束条件或利用 break 语句结束循环，防止产生死循环。

图11-4　语句对比——do...while语句

3. 使用 for 语句

在 JavaScript 中，可以使用 for 语句来实现循环。for 语句的语法结构如下：

```
for( 初始化表达式; 条件表达式; 更新语句 ){
  语句或语句块;
}
```

for 语句的执行顺序如下。

（1）执行初始化表达式。在执行 for 语句时，首先会执行 for 语句中的初始化表达式。初始化表达式通常是声明一个变量并赋值。初始化表达式只执行一次，不会随着循环而多次执行。

（2）判断条件表达式。如果条件表达式的值为 false，则结束循环。如果条件表达式的值为 true，则开始循环。

（3）一次完整的循环的最后一步是执行更新语句。更新语句通常用来改变条件语句中的变量值，从而控制循环。

例如下面的代码。

```
<script language="JavaScript">
<!--
for( var i=0; i < 5; i++ ){
  document.writeln("i="+i+"<br>");
}
//-->
</script>
```

执行结果如图 11-5 所示。

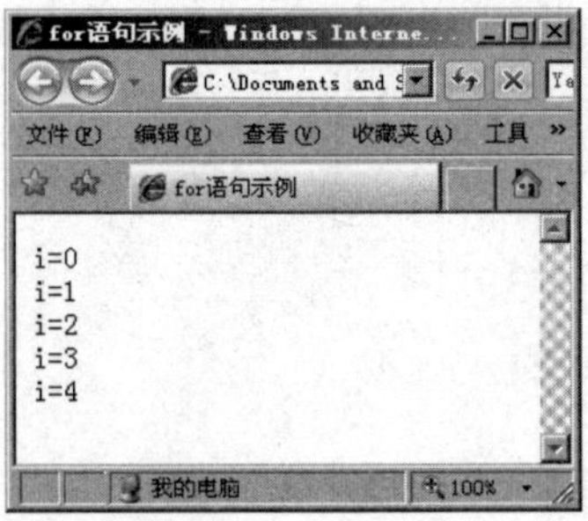

图11-5　for语句示例

值得注意的是，for 循环语句中，可以省略更新语句，但条件语句后的分号不能省略，否则会出错。同样，for 语句的另外两个部分（初始化表达式和条件表达式）也可以省略，但是必须要保留分号，否则同样会出错。

4. 使用 for…in 语句

JavaScript 中，对象可以有很多属性。for...in 语句就是用来对一个对象的属性进行循环访问的语句。for...in 语句的语法结构如下：

```
for( 属性名变量 in 对象名 ){
  语句或语句块;
}
```

for...in 语句没有类似 while 或 for 语句那样的条件表达式来控制循环的结束，for...in 语句会一直循环到对象的属性遍历完毕。因此，for...in 语句的循环次数就是对象的属性个数。使用 for...in 语句需要自己定义一个属性名变量，以便在循环语句里使用这个变量。例如下面的代码。

```
<html>
<head>
```

```
<title>for...in语句访问对象</title>
<script language="JavaScript">
<!--
//动物（Animal）构造器函数定义
function Animal(type , sound, food ){
  this.animal_type = type;
  this.animal_sound = sound;
  this.animal_food = food;
}
var dog = new Animal("dog", "汪汪", "杂食");
for( obj_p in dog ){
  document.writeln("对象属性"+obj_p+"的值是："+dog[obj_p]+"<br>");
}
//-->
</script>
</head>
<body>
</body>
</html>
```

代码中使用 for...in 语句通过自定义的 obj_p 变量来实现对属性的访问，循环输出新创建对象的属性值。运行结果如图 11-6 所示。

图11-6 for...in语句示例

在循环语句里使用的变量 obj_p 是用来代替当前循环中的对象的属性名称的，这个变量名可以自己定义，并没有特殊的要求。

5. 使用 with 语句

处理对象的属性不仅有 for...in 语句，with 语句也能够实现对属性的访问。使用 with 语句可以省略要重复输入的对象名称。在 with 语句的范围内，可以不用在每个属性前面加上要重复输入的对象名称。with 语句的语法结构如下：

```
with( 对象 ){
  语句或语句块;
}
```

例如下面的代码。

```
with( document ){
  writeln("第一行<br/>");
  writeln("第二行<br/>");
```

```
  writeln("第三行<br/>");
}
```

可以看到，使用了 with 语句后，writeln 方法前就不需要再添加 document 这个对象名字了。

6. break 和 continue 语句

break 语句是用来强制跳出循环的。continue 语句具有和 break 类似的终止循环的功能，但是 break 是跳出整个循环，而 continue 是结束本次循环，从循环开始的地方继续循环操作。例如，要过滤掉从 1 至 5 的所有整数中的 3 的倍数，不让这些数字参与累加运算，这时就需要使用 continue 语句，示例代码如下。

```
<script language="JavaScript">
<!--
var num = 0;
for( var i=1; i <=5; i++ ){
  if( i % 3 == 0 ){
    continue;
  }else{
    num += i;
  }
}
alert(num);
//-->
</script>
```

代码实现的是将从 1 到 5 的所有整数进行累加，但要过滤掉 3 的倍数。

11.7 函数

在很多的程序设计语言里，将有关联的若干条语句组合起来，形成一个独立的单元，这个单元被称为过程或函数。JavaScript 里被统称为函数。JavaScript 里的函数允许有返回值，也可以仅仅实现某种功能而没有返回值。

11.7.1 定义函数

JavaScript 中的函数以关键词 function 开头，语法定义如下：

```
function 函数名(参数){
  具体语句;
}
```

说明：函数名后面的括号内可以包含若干参数，也可以不带参数。如果是多个参数，多个参数间要用逗号“,”分隔。

例如，下面的代码定义了一个计算长方形面积的函数。

```
//计算长宽分别为a，b的长方形面积
```

```
function showResult(a, b){
  var result = a * b;
  alert("面积是："+ result);
}
```

11.7.2 调用函数

定义好函数后，就可以在需要的时候进行调用了。调用函数的方法是使用函数名称并在括号中包含着所要传入的参数值。调用语句要放在“<script>”和“</script>”标签里。调用函数的前提是这个函数必须事先定义，如果调用一个未定义的函数，会收到错误消息。例如：

```
showResult(5, 6);
```

函数的调用很灵活，可以使用不同的参数调用同一函数，这样可以得到不同的结果。

11.7.3 函数的返回值

函数不仅可以实现一些简单的功能，比如弹出一个提示框或在网页上输出一些内容等。有时，会需要把函数值返回调用它的地方。实现函数返回值的语句是“return”，语法如下所示。

```
return 返回值;
```

这条语句在函数需要返回值时使用。执行完返回语句后，函数就停止执行了。

return 语句也可以没有返回值，此时函数中的 return 语句的作用仅是停止函数的运行，退出函数。例如：

```
function myFunction(a,b)
{
if (a>b)
   {
        return;
   }
   return(a+b);
}
```

如果调用函数为 myFunction(5,3)，则此函数停止执行，不会有输出结果。如果调用函数为 myFunction(3,5)，则函数执行后的返回值为 8。

函数在 JavaScript 中使用很灵活，可以作为一个函数被调用，也可以作为对象的方法被调用，可以在 JavaScript 代码中使用，也可以在 HTML 页面中使用，灵活运用函数可实现各种复杂的功能。

11.8 变量的作用域

在 JavaScript 中使用变量时，变量的作用域是值得特别注意的地方。作用域是指可访问变量的集合。JavaScript 中，对象、函数都可看作变量，因此都存在作用域的问题。根据作用域范围的不同，变量分为全局变量和局部变量两种。

全局变量是指在函数体外声明的、可以在任何地方使用（包括函数内部）的变量。

局部变量是指在函数体内声明的、只能在函数体内使用的变量。

在函数内部声明的变量，其作用域仅限于该函数内部。局部变量在函数开始执行时创建，函数执行完后局部变量会自动销毁，因此不同的函数可以使用相同名字的变量。全局变量在页面关闭后销毁。函数参数只能应用于函数内容，因而也属于局部变量。如果使用变量时不注意其作用域，有可能会使程序产生错误，而且很难发现。

11.8.1 局部变量

局部变量是指在函数体内声明的变量，下面的代码中的函数里就使用了局部变量。

```
<script language="JavaScript">
<!--
function showAlert(name, age){
  var _alert = "您好，您的名字是"+name;
  _alert = _alert + "，您的年龄是"+age;
  alert(_alert);
}
//-->
</script>
```

代码中的“_alert”即为函数体内声明的局部变量。另外，函数的参数“name”和“age”也是局部变量。它们同样在函数结束以后就不存在了。声明变量要用到“var”（在 JavaScript 中声明局部变量时，var 是可以省略的，但是不建议省略掉）。例如：

```
var book_price = 50;
```

11.8.2 全局变量

全局变量是在函数体外声明的，声明后可以在任何的地方调用，既可以读取变量的值，也可以为其赋值。例如：

```
<script language="JavaScript">
<!--
var BOOKNAME = "JavaScript入门教程";
function showAlert(){
  alert("书名：" + BOOKNAME + "。");
}
showAlert();
//-->
</script>
```

代码中声明的“BOOKNAME”为全局变量，并赋初始值为“JavaScript 入门教程”，然后在函数 showAlert 里进行了调用。代码执行的结果如图 11-7 所示。

图11-7　全局变量示例

如果遇到全局变量和局部变量重名，局部变量会优先。但无论怎么改变局部变量的值，全局变量的值都不会受到影响。例如：

```
<script language="JavaScript">
<!--
var BOOKNAME = "JavaScript入门教程";
function showAlert(){
  var BOOKNAME = "JavaScript从入门到精通";
  alert("书名：" + BOOKNAME + "。");
}
showAlert();
alert("书名：" + BOOKNAME + "。");   //这里显示的是全局变量的内容
//-->
</script>
```

代码运行后，会先显示局部变量赋值后的书名，然后再显示全局变量赋值后的书名，全局变量的值并不会因为函数内同名的局部变量的重新赋值而发生改变，因为局部变量在函数调用结束后变量就销毁了，所以不会影响全局变量的初始赋值。

11.9 事件

JavaScript 与 HTML 之间的交互是通过事件来实现的。事件，就是文档或浏览器窗口中发生的一些特定的交互瞬间。

11.9.1 事件类型

与浏览器进行交互时浏览器就会触发各种事件，比如，当打开某个网页时，浏览器加载完成了这个网页，就会触发一个 load 事件；当单击页面中某个“地方”时，浏览器就会在那个“地方”触发 click 事件。根据触发事件的行为，事件可分为以下四种类型。

1. UI 事件

UI（User Interface）即用户界面，当用户与页面上的元素交互时会触发 UI 事件。

UI 事件中主要包括 load、unload、abort、error、select、resize 和 scroll 事件等。其中，load 事件是最常用的事件之一，它是页面完全加载完之后就会触发的事件。如经常会使用 window.onload=function(){} 这种形式。

2. 焦点事件

焦点事件会在页面元素获得或失去焦点时触发，主要包含以下两种事件：

- blur：在元素失去焦点时触发。这个事件不支持冒泡，所有浏览器都支持。
- focus：在元素获得焦点时触发。这个事件不支持冒泡，所有浏览器都支持。

3. 鼠标与滚轮事件

鼠标事件是 Web 开发中最常用的一类事件，因为鼠标是最主要的定位设备，它主要包含以下几种事件。

- click：用户单击鼠标左键或按下回车键时触发。
- dbclick：用户双击鼠标左键触发。

- mousedown：用户按下了任意鼠标键时触发。
- mouseover：用户在元素上移动鼠标时触发。
- mouseout：用户从一个元素上移开鼠标时触发。
- mouseup：用户释放鼠标键时触发。

4. 键盘和文本事件

键盘和文本事件主要包含以下几种：

- keydown：当用户按下键盘上的任意键时触发，按住不放时会重复触发。
- keypress：当用户按下 键盘上的字符键时触发，按住不放时会重复触发。
- keyup：用户用户释放键盘上的键时触发 。
- textInput：当文本显示给用户之前触发。这是唯一的文本事件。

11.9.2 事件句柄

很多动态性的程序都定义了事件句柄，当某个事件发生时，WEB 浏览器会自动调用相应的事件句柄。由于客户端 JavaScript 的事件是由 HTML 对象引发的，因此事件句柄被定义为这些对象的发生。

例如，要定义在用户单击表单中的按钮时调用事件句柄，只需把处理代码作为按钮的 HTML 标记的发生，实例代码如下：

```
<input type="checkbox" name="options" value="giftselect"
onclick=”giftselect=this.checked;”>
```

这段代码中，重点是发生 onclick。Onclick 的属性值是一个字符串，其中包含一个或多个 JavaScript 语句。如果其中有多条语句，必须使用分号将每条语句隔开。当指定的事件发生时，字符串的 JavaScipt 代码就会执行。

虽然可以在事件句柄中加入任意多条 JavaScript 语句，但是经常使用的是使用事件句柄属性来调用在 <script> 标记中所定义的函数。这样，大部分 JavaScript 代码都存放在优酷中，从而减少了 JavaScript 和 HTML 的混合。

需要注意的是，HTML 的事件句柄发生并不是定义 JavaScript 事件句柄的唯一方式，也可以在一个 <script> 标记中使用 JavaScript 代码来为 HTML 元素指定 JavaScript 事件句柄，再通过 HTML<script> 标记的 src 属性来引用该文件。

下面介绍几个最常用的事件句柄属性。

- onclick：所有类似按钮的表单元素和标记 <a> 与 <area> 都支持该句柄属性，当用户单击元素时就会触发它。
- onmousedown 和 onmouseup：这两个事件句柄和 onclick 非常相似，只不过分别在用户按下和释放鼠标按钮时触发，大多数文档元素都支持这两个事件句柄属性。
- onmouseover onmouseout：这两个事件句柄分别在移到和移出文档幸免于难时触发。
- onchange：<input>、<select> 和 <textarea> 元素支持这个事件句柄。在用户改变了元素显示的值或移出了元素的焦点时触发。
- onload：这个事件出现在 <body> 标记上，当文档及其外部内容完全载入时触发。

11.9.3 事件处理

产生事件后就需要处理，JavaScript 中对事件处理的方式有三种。

1. 以 HTML 事件属性处理

直接在 HTML 代码中添加事件处理程序，使用元素的事件属性来分配事件。例如：

```
<script>
  function showmsg(){
    alert("在HTML中添加事件处理程序")
}
</script>

<input id="btn1" value="显示" type="button" onclick="showmsg();">
```

在上面的代码中，事件处理是直接嵌套在元素里的，这样就致 HTML 代码和 JavaScript 耦合性太强，使得要修改 JavaScript 代码时就比较费时费力，尤其是代码的行数很多时，修改起来工作量就很大了，因此并不推荐使用这种方式。

2. 使用 HTML DOM 来分配事件

这种方式允许在 JavaScript 中给 HTML 元素分配事件。例如：

```
<input id="btn2" value="显示" type="button" >

<script>
  document.getElementById("btn2").onclick=function (){
    alert("在HTML元素中分配事件")
}
</script>
```

上面的代码中，事件处理部分都放在代码 <script> 标记中，这样就使得 HTML 代码与 JavaScript 代码的耦合性大大降低，在程序修改时会快捷很多。

3. 使用事件监听器来处理事件（DOM2 级事件处理））

这种方式是对特定的对象添加事件处理程序，主要涉及两个方法，用于处理指定和删除事件处理程序的操作，即 addEventListener() 和 removeEventListrner() 方法，addEventListener() 方法用于向指定元素添加事件句柄，而 removeEventListrner() 方法相反，用于移除添加的事件句柄。例如：

```
<input id="btn3" value="显示" type="button" >
<script>
var btn3=document.getEventById("btn3");
//最后一个参数设为false,即不在捕获阶段处理
btn3.addEnentListener("click",showmsg,false);
function showmsg(){
  alert("添加事件监听器来处理事件")
}
</script>
```

上面的代码可以看出，使用 addEventListener() 方法时，JavaScript 从 HTML 标记中分离开来，使得代码的可读性更强。另外，采用这种方式可以对同一元素添加不同的句柄；不仅可以对 HTML 中的元素添加句柄，对其他 DOM 元素如 window 对象也可以添加句柄进行事件处理。这种方式最直接，也最简便。

11.9.4 HTML标签与事件

JavaScript 是嵌入在 HTML 文档里的，因此 HTML 的标签是主要的事件对象。而页面与用户进行交互的一个重要标签就是“<input>”标签。“<input>”标签有一个“type”属性，通过改变这个属性的值便可以使这个标签成为各种类型的输入域，如文本输入框、单选框和复选框等。还有好多 HTML 标签也都具有各自的事件，常见标签以及每个标签具备的事件参见表 11-9。

表11-9　HTML标签及相关事件列表

HTML标签	描　述	事件列表
<a>	超链接	click mouseover mouseout
<img>	图像	abort error load
<area>	区域	mouseover mouseout
<body>	文档内容	blur error focus load unload
<form>	表单	submit reset
<textarea>	文本域	blur focus change select
<select>	下拉框	blur focus change
<input type="text">	文本框	blur focus changeselect
<input type="radio">	单选	click
<input type="checkbox">	复选	click
<input type="submit">	提交	click
<input type="reset">	重置	click

上表仅列出了常用的 HTML 标签的相关事件，其他标签的事件在这里就不再说明了。

11.9.5 常用事件

很多 HTML 标签都有事件处理程序，不同的标签也往往对应有不同的事件，其中有些事件是经常使用的，如 click、focus、onmousemove 等。下面详细介绍几种常用的事件。

1. click 事件

click 单击事件是任何类型的“<input>”标签都具有的事件，当鼠标在输入框或按钮上单击时，就会触发该事件。下面的代码是一个 click 事件的示例。

```
<input type="button" onclick="alert('按钮单击事件! ')" value="单击我">
```

输入框、单选框和复选框都有同样的效果。

2. blur 事件

blur 事件是指对象失去焦点后触发的事件，比如对设置了触发事件的输入框输入完毕后，将光标放到另一个输入框里面时就会触发该事件，或者光标原来停留在某单选框中，移到别的地方后同样会触发该事件。下面的代码是一个输入框的 blur 事件的示例。

```
<input type="text" onblur="alert('输入框失去焦点事件! ')">
```

运行后，在输入框中输入值，当用鼠标单击页面空白处时，就会触发事件，显示效果如图 11-8 所示。

图11-8 失去焦点示例

失去焦点事件 blur 和获得焦点事件 focus 是一对相反的事件。

3. change 事件

change 事件通常指当输入框的值发生了变化后，就会触发该事件。示例代码如下所示。

```
<input type="text" onchange="alert('输入框内容改变事件! ')">
```

运行后，在输入框中输入值，当光标移出输入框表示输入完毕，JavaScript 如果检测到输入框的内容发生了变化，就触发事件，显示效果如图 11-9 所示。

change 触发的条件与 blur 类似，都需要焦点移出对象后才会触发。

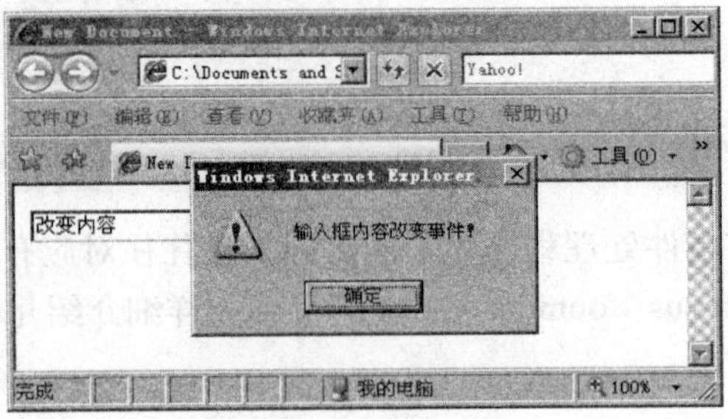

图11-9 change事件示例

4. select 事件

select 事件是指用鼠标在输入框内选中内容时，就会触发事件，示例的代码如下所示。

```
<input type="text" onselect="alert('你选择了一段文字！')" value="用鼠标选择我">
```

运行后，在输入框中输入值，然后用鼠标选中一段文字，此时就会触发该事件，显示效果如图 11-10 所示。

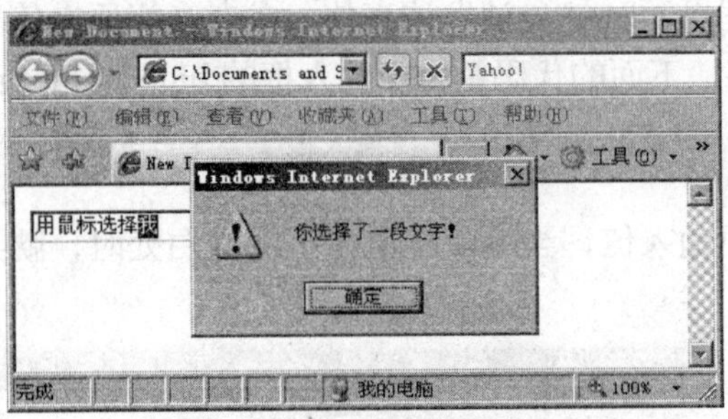

图11-10 鼠标select事件

5. focus 事件

与 blur 事件正相反，focus 事件是获得焦点时触发的事件，示例代码如下所示。

```
<input type="text" onfocus="alert('获得焦点！')">
```

运行后，当将光标移到输入框内，就会触发事件，显示效果如图 11-11 所示。

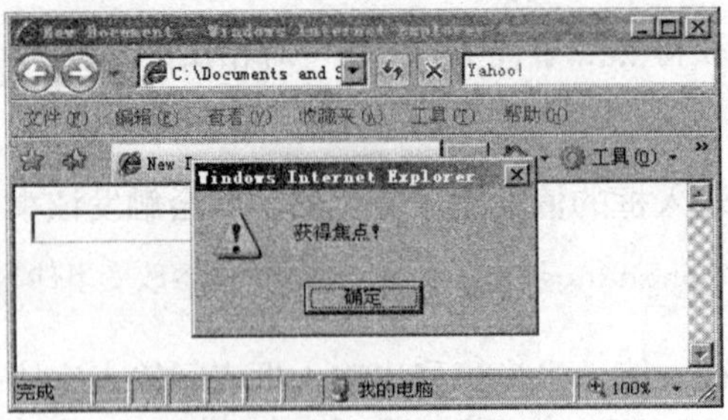

图11-11 获得焦点事件

6. load 事件

load 事件使用最多的时候是在“<body>”标签里，当页面所有内容全部加载完毕后就会触发该事件，示例代码如下所示。

```
<html>
<head>
<title>body的load事件</title>
</head>
<body onload="alert('页面加载完毕！')">
load示例<br>
load示例<br>
load示例<br>
load示例<br>
load示例<br>
load示例<br>
load示例<br>
load示例<br>
</body>
</html>
```

运行后，效果如图 11-12 所示。

图11-12　body的load示例

这里主要介绍这 6 种常见的事件，关于其他的事件可以查阅相关资料。

7. mousemove 事件

```
<html>
<head>
<title>鼠标移动事件</title>
<style type="text/css">
.style0{
background-color:#ffff00;
}
.style1{
   background-color:#00ffff;
}
</style>
</head>
<body>
<meta http-equiv="Content-Type" content="textml;charset=UTF-8">
<table width="576" height="79" border="1">
  <tr>
    <td  id="td1"  onmouseover=document.getElementById('td1').
```

```
className='style0';" onmouseout="document.get ElementById('td1').
className='style1';">
 <div align="center" class="STYLE2">主页</div></td>
<td><div align="center" class="STYLE2">HTML5</div></td>
<td><div align="center" class="STYLE2">CSS</div></td>
<td><div align="center" class="STYLE2">JavaScript</div></td>
  </tr>
</table>
</body>
</html>
```

读者可运行上面的代码，查看在鼠标移到和移出“主页”表项时颜色的变化。

本章小结

本章介绍了 JavaScript 语言中的基本内容，包括 JavaScript 中语法、数据类型、运算符和表达式、对象、数组、函数、事件、变量的作用域、流程控制等内容，通过对这些基本内容的学习，可以大致了解 JavaScript 脚本语言的基本结构与用法。

课后练习

（1）在 JavaScript 中，变量名“dog”和“Dog”是同一个变量吗？为什么？

（2）“a=b”与“a = b”这两条语句是一样的吗？

（3）JavaScript 数据数据类型有哪些？

（4）变量的赋值是如何实现的？请举例说明。

（5）变量的作用域怎么理解？

（6）JavaScript 中怎么定义数组，请举例说明。JavaScript 中数组下标的起始值是什么？

（7）定义函数要用什么关键字？

（8）什么是参数？有什么作用？

（9）JavaScript 中事件是什么？常用的有哪些事件？

（10）JavaScript 中创建对象的语句是什么？请举例说明。

（11）通过什么运算符实现对对象属性的访问？

（12）switch 语句的 default 标签作用是什么？是否可以省略？

（13）while 和 do...while 语句有什么区别？

（14）for 语句圆括号的三个部分分别是什么？

（15）for...in 语句的循环结束条件是什么？

（16）with 语句主要作用是什么？

（17）break 和 continue 都具有结束循环的功能，它们有什么区别？

第12章

浏览器对象模型与窗口内置对象

12

学习目标

- 了解浏览器对象模型
- 熟悉浏览器窗口的各种属性及其设置

用户都是通过浏览器的窗口来访问网页的，在制作网页时除了要考虑网页的内容外，也要考虑对窗口自身的应用。窗口对象 window 是浏览器的顶层对象，它包含多个子对象，如常用的 document、location、history 对象等都是窗口对象包含的子对象，它们之间有层次关系。要熟练运用 JavaScript，就必须熟悉这些对象之间的关系以及对这些对象的操作。

12.1 浏览器对象模型

为了能够达到一些特定的效果，通常需要使用 JavaScript 来控制窗口的动作，这就需要利用浏览器对象模型。浏览器对象模型是 JavaScript 对象的一个体系，每个对象所处理的范围不同，因此可以利用不同的对象来进行不同的控制。图 12-1 为浏览器对象模型图。

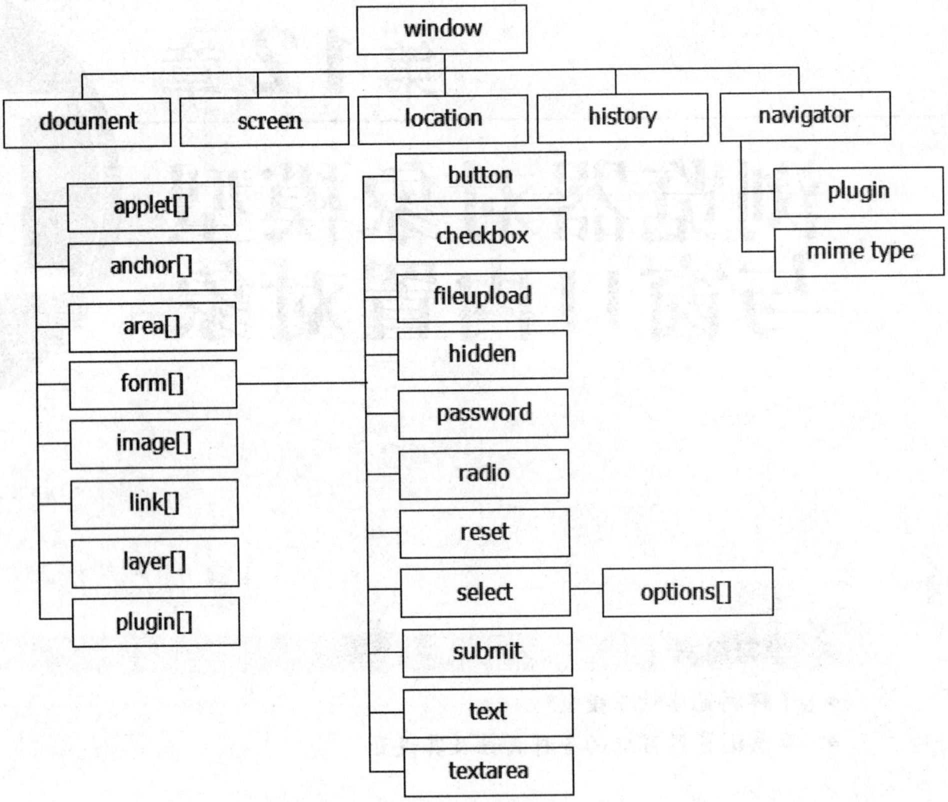

图12-1　浏览器对象模型图

可以看到，window 对象处于对象模型的第一层。在接下来的小节里，将详细讲解各个对象的应用。

12.1.1 窗口对象window概述

窗口对象包含了一些浏览器窗口信息的属性，比如窗口名称属性、窗口状态栏属性等等；窗口对象同时也包含了操作浏览器窗口的一些方法。窗口对象的常见属性，如表 12-1 所示。

表12-1　窗口对象的常见属性

属　　性	说　　明
defaultStatus	状态栏默认文字
document	文档对象的引用
frame[]	窗口中框架对象数组
history	历史对象的引用
location	定位对象的引用
opener	打开新窗口的窗口对象
parent	当前框架的父框架
self	当前窗口
status	状态栏文本
top	当前框架的最高窗口对象
window	当前窗口
name	窗口名称

窗口对象的常见方法，如表 12-2 所示。

表12-2　窗口对象的常见方法

属　　性	说　　明
alert()	显示一个提示框，只有一个“确认”按钮
blur()	窗口失去焦点
clearTimeout()	取消延时设置，与setTimeout()对应
clearInterval()	取消重复设置，与setInterval ()对应
close()	关闭窗口
confirm()	确认提示框，有一个“确认”和一个“取消”按钮
focus()	窗口得到焦点
open()	打开一个新窗口
prompt()	显示一个对话框，允许用户输入信息
setTimeout()	在设定好的时间后执行某个函数
setInterval()	以设定时间周期重复执行某函数
name	窗口名称

窗口对象的方法并没有全部列出，读者在以后的学习和实践中可以自行查询和试验。

12.1.2 打开和关闭窗口

在浏览网页时，可能需要单击某个图片或者某个按钮，打开指定的新窗口，或当操作完毕后，单击“关闭”按钮，关闭当前窗口。这样的效果经常会碰到，下面就来介绍如何打开和关闭窗口。

（1）使用 open() 方法打开新窗口。

打开新窗口的语法如下所示。

```
window.open("新窗口地址","新窗口名称","新窗口属性串");
```

这三个参数都是可以省略的，如果省略第一个地址参数，则会弹出一个空白页面窗口。例如下面一行代码执行时会弹出一个空白窗口。

```
<input type="button" onclick="window.open();">
```

open() 方法常见属性，如表 12-3 所示。

表12-3　open()方法常见属性

属　　性	说　　明
directories	包括目录按钮。可选值为yes和no
height	设置弹出窗口的高度
location	包括地址栏。可选值为yes和no
menubar	包含菜单条。可选值为yes和no
resizable	允许新窗口随意调整大小。可选值为yes和no
scrollbars	包含滚动条。可选值为yes和no
status	包含状态栏。可选值为yes和no
toolbar	包含标准工具条。可选值为yes和no
width	设置弹出窗口的宽度
top	当前框架的最高窗口对象
window	当前窗口
name	窗口名称

定义属性的语法如下所示。

属性 1= 属性值 1, 属性 2= 属性值 2... 属性 n= 属性值 n

（2）使用 close() 方法关闭窗口。

close() 方法没有需要设置的属性值，只要在使用关闭窗口的对象时调用 close() 方法即可。如果要关闭当前窗口，则使用如下语句即可。

```
window.close();
```

如果需要在父窗口里关闭弹出的新窗口，则需要改变一下打开窗口的代码，如下所示。

```
var newwindow = window.open("http://www.ds5u.com");
newwindow.close();
```

以上的代码，在弹出窗口时，将弹出窗口的对象赋值给一个变量 newwindow，因此可以通过这个变量使用弹出窗口的 close() 方法来关闭窗口。

12.1.3 使用延时设定

在网页里，除了通过用户的点击、鼠标的移动或者键盘等触发一些事件外，还可以设置在一段时间后自动运行的一些事件。JavaScript 允许通过窗口的延时方法来实现这样的效果，延时方法为 setTimeout()。setTimeout() 方法接受两个参数，第一个参数是需要执行的函数，第二个参数是延迟的毫秒数。代码如下所示。

```
setTimeout("alert('延迟10秒！')",10000);
```

在这个语句执行完毕后，会延迟 10 秒再执行 alert(‘延迟 10 秒’) 这个语句。用 setTimeout() 方法设置要延迟执行的函数只执行一次。

认识 setTimeout() 方法后，还需要了解的一个是与其对应的 clearTimeout() 方法，clearTimeout() 方法的目的是消除延迟。通常搭配起来使用。

12.1.4 使用时间间隔设定

另一个与 setTimeout() 方法类似的是 setInterval() 方法，这个方法是每隔一段时间会执行设定的某个函数，除非消除掉这个方法，否则会一直循环下去。setInterval() 方法同样有两个参数，一是需要执行的函数，另一个是时间间隔，同样以毫秒为单位。代码如下所示。

```
setInterval("alert('每隔10秒提示')",10000);
```

运行以上代码，每隔 10 秒会弹出一个提示框。要消除时间间隔设定，使用 clearInterval() 方法即可。

12.1.5 窗口的移动

窗口的移动分为两种方式，一是改变窗口与屏幕之间的相对位置，二是改变窗口内网页内容与窗口的相对位置。下面分别进行说明。

(1) 使用 moveTo() 方法移动窗口到绝对位置。

moveTo() 方法，接受两个参数，分别是窗口与屏幕在水平和垂直方向上的绝对位移，如下所示。

```
window.moveTo(100,100);
```

以上代码会使当前窗口移动到距离屏幕水平距离 100，垂直距离 100 的位置。

(2) 使用 moveBy() 方法移动窗口到相对位置。

moveBy() 方法，接受两个参数，分别是窗口与屏幕在水平和垂直方向上的相对位移，如下所示。

```
window.moveBy(100,100);
```

以上代码会让当前窗口在目前位置的基础之上，再往水平和垂直方向各移动 100 的距离。

(3) 使用 scrollTo() 方法滚动页面到窗口绝对位置。

当页面出现滚动条后，使用 scrollTo() 方法可以使得页面滚动到相对窗口的指定位置，以便显示页面指定位置内容。scrollTo() 方法接受两个参数，分别是页面相对与窗口在水平和垂直方向上的绝对位移。如下所示。

```
window.scrollTo(100,100);
```

运行以上代码会使页面滚动到相对于窗口水平和垂直方向都是 100 的位置。

(4) 使用 scrollBy() 方法滚动页面到窗口相对位置。

scrollBy() 方法能接受两个参数，分别是页面与窗口在水平和垂直两个方向上的相对位移。使用 scrollBy() 方法能在现有的页面与窗口的位置之上，再在水平和垂直方向上滚动指定位移。代码如下所示。

```
window.scrollBy(100,100);
```

以上代码是在现有页面与窗口位置的基础之上，再往水平和垂直方向各移动 100。

12.1.6 改变窗口尺寸

要改变窗口尺寸，同样有两种方式，一种是直接改变当前窗口尺寸为指定的尺寸；另一种是改变当前窗口的相对尺寸。下面分别进行说明。

（1）使用 resizeTo() 方法改变窗口绝对尺寸。

resizeTo() 方法接受两个参数，分别是窗口的宽和高，如下所示。

```
window.resizeTo(300,400);
```

以上代码是让当前窗口的尺寸大小改为宽 300、高为 400。

（2）使用 resizeBy() 方法改变窗口的相对尺寸。

所谓相对尺寸，是指在当前尺寸的基础上，再进行尺寸的增减。如下所示。

```
window.resizeBy(100,50);
```

以上代码是让当前的窗口尺寸宽减少 100，高减少 50。

12.1.7 使用状态栏

状态栏是显示在浏览器窗口底部的一个提示区域，在网页里，可以通过改变状态栏的文字来达到提示的目的。使用状态栏需要使用到 window 对象的 status 属性。代码如下所示。

```
<html>
<head>
<title>状态栏示例</title>
<script language="JavaScript">
<!--
window.status = "这里是状态栏提示文字";
//-->
</script>
</head>
<body>
设置状态栏。
</body>
</html>
```

以上的代码，设置了状态栏的文字为“这里是状态栏提示文字”，通过浏览器可查看效果，如图 12-2 所示。

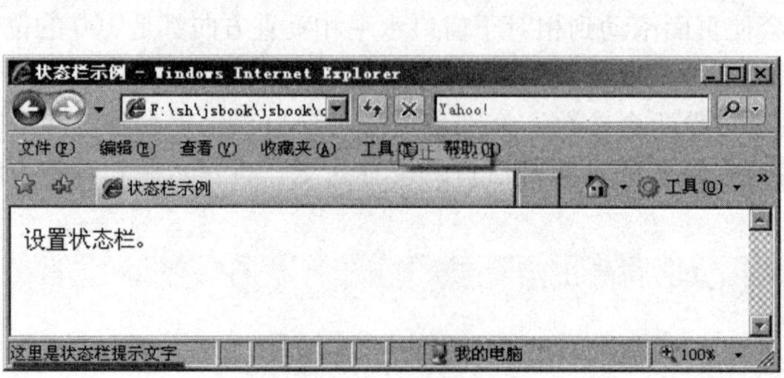

图12-2 状态栏示例

12.2 窗口内置对象

在窗口的使用中，有几个常用的内置对象起到了非常重要的作用，它们分别是 location 对象、history 对象、navigator 对象以及 screen 对象。它们分别对网页的定位、网页的历史、网页的导航以及屏幕方面进行操作和控制，实现了一些重要的功能。

12.2.1 location对象

通常在浏览器窗口里进行页面转换的方式主要是通过超链接来实现的，另外，还可以使用表单提交等方式。除了页面转换外，还有页面的刷新以及页面本身很多属性。这些都可以通过 JavaScript 的 location 对象来实现控制和获取。location 对象的属性，如表 12-4 所示。

表12-4　location对象常见属性

属　性	说　明
host	网页地址中主机名和端口的组合
href	网页地址
hostname	网页地址主机名称
pathname	网页地址的路径
port	网页地址的端口
protocol	网页地址的协议
search	网页地址的搜索或者查询部分

可以使用如下的语法来对属性进行访问。

```
location.属性名
```

比如让一个网页改变地址，则可以使用如下的语句。

```
location.href = "new.html";
```

以上代码是改变了网页地址，跳转到 new.html 页面。location 对象还有 reload() 和 replace() 两个方法。reload() 方法的意思是重新加载当前页面，相当于浏览器的刷新按钮。reload() 方法可以接受一个布尔型的参数，当参数为 true 或者默认为空时，页面重载，如下所示。

```
location.reload(true);
```

和

```
location.reload();
```

可实现同样的功能。

replace() 方法使用一个新的地址来替换当前的地址。使用 location 对象的 href 属性也可以达到同样的效果，但是二者不同的是，使用 href 属性改变的新地址，会自动添加到历史记录里；而使用 replace() 方法时，用新的地址替换了旧地址在历史记录里的项目。以下是 replace() 方法的一个示例。

```
location.replace("http://www.bhp.com.cn");
```

12.2.2 history对象

history 对象保存了当前浏览器窗口所打开文档的一个历史记录列表，使用 JavaScript 操作 history 对象，可以将当前浏览器页面跳转到某个曾经打开过的页面。history 对象有 3 个方法，如表 12-5 所示。

表12-5 history对象方法

方　法	说　明
back()	后退一个页面，相当于浏览器后退按钮
forward()	前进一个页面，相当于浏览器前进按钮
go()	打开一个指定位置地址

使用对象方法的语法如下所示。

```
history.方法名
```

例如：

```
location.back();    //将当前页面回退到上一个页面
location.forward();  //将当前页面前进到下一个页面
```

使用 go() 方法可以跳转到指定的历史记录页面。go() 方法接受一个参数，可以是正数或者负数，正数用来表明前进到前面若干个历史记录对应页面，负数则用来表明后退到历史记录里对应的若干个页面。如下所示。

```
location.go(-1);
```

等同于

```
location.back();
```

以上的两段代码都是实现了后退功能。如果要连续后退，则应该如下所示。

```
location.go(-2);
```

同样的道理，要前进若干个页面，只需要换成正数即可。

12.2.3 navigator对象

navigator 对象主要用来包含浏览器的信息。比如浏览器名称、版本等信息。navigator 没有方法，只有属性，常见属性如表 12-6 所示。

表12-6 navigator对象常见属性

属　性	说　明
appCodeName	浏览器代码名称
appName	浏览器名称
appVersion	浏览器版本
platform	操作系统
userAgent	用户代理
language	用户代理语言

以上属性是各种浏览器都兼容的通用属性，针对各个不同的浏览器，如 Internet Explorer 会有自己的特殊属性和方法，但是不建议使用。

12.2.4 screen对象

screen 对象主要用来获取当前计算机屏幕的一些属性，通常在需要对浏览器窗口进行尺寸或者位置控制时用到。screen 对象有若干属性，如表 12-7 所示。

表12-7　screen对象属性

属　性	说　明
width	屏幕宽度
height	屏幕高度
availWidth	屏幕的可用宽度，除去如任务栏等占据的位置
availHeight	屏幕的可用高度，除去如任务栏等占据的位置
colorDepth	当前屏幕颜色位数

例如：

```
<script language="JavaScript">
<!--
alert("屏幕宽度: "+screen.width);
//-->
</script>
```

代码运行后效果如图 12-3 所示。

图12-3　获取屏幕宽度

本章小结

本章主要介绍了 JavaScript 中的文档对象模型（DOM），然后又介绍了窗口常用的内置对象。通过 DOM 可以知道 JavaScript 怎么才能和页面一起工作。

课后练习

（1）打开窗口和关闭窗口使用什么方法？

（2）setTimeout() 方法和 setInterval() 方法有什么区别？

（3）窗口使用什么方法来移动？

（4）实现网页滚动的方法都有什么？

（5）改变窗口尺寸如何实现？

（6）location 对象、history 对象、navigator 对象以及 screen 对象分别都有什么作用？

（7）页面重载语句是什么？

（8）怎样获取计算机屏幕的宽度与高度？

第 13 章

表　单

13

学习目标

- 掌握表单 form 的基本知识
- 掌握表单基本元素的使用方法
- 了解示例表单的设计代码

对 JavaScript 的基本语法和对象操作有一定了解后，在实际中如何应用 JavaScript 就成为要解决的问题了。表单在网页中的运用非常广泛。表单的作用就是收集不同类型的用户输入，将其提交到服务器进行处理。表单的提交和处理都是由服务器端程序来完成的，而 JavaScript 主要用于在表单提交前实现用户和表单之间的交互，这样可以大大减轻服务器端的负担。本章将介绍 JavaScript 在表单中的使用，包括使用表单对象的方法与事件、使用表单元素两部分。

13.1 FORM对象

13.1.1 <form>标签

表单是由一对 HTML 标签 <form>…</form> 创建的。在一个页面里允许添加多个表单，但表单不允许嵌套。

下面是一个包含了两个表单的网页，代码如下所示。

```
<html>
<head>
<title>表单示例--显示两个表单</title>
</head>
<body>
表单一：<br/>
<form>
输入名称：<br/>
<input type="text"/>
<input type="submit" value="确定"/>
</form>
<hr/>
表单二：<br/>
<form>
选择城市：<br/>
<select>
<option>北京</option>
<option>上海</option>
</select>
<input type="submit" value="提交"/>
</form>
</body>
</html>
```

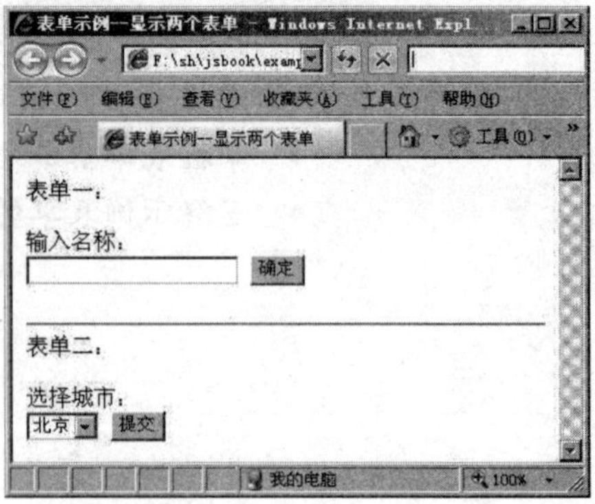

图13-1　显示两个表单

运行的结果如图 13-1 所示。

< form >标签还有许多可以使用的属性，如表 13-1 所示。

表13-1 <FORM>标签的属性

属 性	说 明
action	指定表单数据提交的目标URL地址。通常情况下，这个属性用来指定到一个服务器端的处理程序或一个email地址。如果action=" "，则会提交到当前页的地址
method	设定表单数据提交的方式，可以为GET和POST两种方式。默认为GET方式，在提交时会将表单的数据变成一个字符串，并传送到action指定的地址。POST方式则是将表单数据隔开后进行传递。通常推荐使用POST方式
target	用来指定接收和处理表单数据的窗口。在单一的HTML页面中可以使用_blank在新窗口显示服务器返回的处理结果。在多框架的页面中可以指定此属性值为任意一个框架名，那么会在指定框架中显示服务器返回的结果（关于框架和表单的应用将在后面进行详细介绍）
name	为表单指定一个名称
enctype	设置要传送的数据的格式。默认值为application/x-www-form-urlencoded，指定了一个表单的数据应该按照一个长字符串进行编码。另外的一个类型是multipart/form-data，该类型则是将每个域作为各自单独的部分编码，通常在上传文件的表单中使用。还有一个类型是text/plain，用来将表单数据提交到一个email地址

13.1.2 表单对象

回想一下前面提到的对象概念，在网页中的 HTML 表单，实际上就是 JavaScript 的 FORM 对象。有两种方式可以得到表单对象：一种是通过 document.forms[i] 的方式来得到表单对象（i 为从 0 开始的表单序号，一般以在 HTML 代码中出现的先后顺序为准）；另一种是通过表单的名字获取，如名称为 form1 的表单可以通过 document.form1 来得到这个表单对象。

得到表单对象后，就可以用 JavaScript 来动态修改表单的属性，如 target、action、method 等。

```
document.forms[0].action="http://www.163.com/";//改变表单对象数组的第一个
                                               //表单的action地址
document.forms[0].target="_blank";//改变表单对象数组的第一个表单目标窗口属性
```

当有 *n* 个 form 在同一个页面时，通过改变数组的下标就能得到相应的表单对象。

13.1.3 表单对象的方法和事件

表单对象的方法包括 submit() 方法和 reset() 方法，见表 13-2 所示。

表13-2 Form对象的方法

方 法	描 述
submit()	提交表单
reset()	重置表单

在获取表单对象后，便可以调用表单对象的submit()和reset()方法来实现表单的提交和重置。例如：

```
document.form1.submit();//表单提交方式之一
```

为了配合 submit() 和 reset() 方法，Form 对象还提供了 onsubmit 和 onreset 事件处理程序，见表 13-3。

表13-3 Form对象的事件

事　件	描　述
Onsubmit	在提交表单之前调用
Onreset	在重置表单之前调用

onsubmit 用来检测表单的提交，onreset 用来检测表单的重置。值得注意的是，onsubmit 和 onreset 是在单击 submit 按钮和 reset 按钮后才会触发，直接调用表单对象的 submit() 方法和 reset() 方法是不会触发的。

下面的示例将演示一个简单的例子，用于说明表单的方法和事件处理程序。文件 9-4.html。

```
<html>
<head>
<title>表单示例--表单方法与事件</title>
</head>
<script language="JavaScript">
<!--
//表单提交检测函数
function submitForm(){
  alert("表单无法提交！");
  return false;
}
//表单重置检测函数
function resetForm(){
  return confirm("您确定要重置表单吗？");
}
//-->
</script>
<body>
表单一：
<form name="form1" action="" onsubmit="return submitForm()"
onreset="return resetForm()">
输入名称：
<input type="text"/>
<input type="submit" value="确定"/>
<input type="reset" value="重置"/>
</form>
</body>
</html>
```

在上面的代码中定义了 submitForm() 和 resetForm() 两个函数。为了测试效果，当单击“提交”按钮触发 submitForm() 时，假设因为输入错误而无法提交表单，并给用户一个小小的提示，然后阻止表单的提交，效果如图 13-2 所示。

在单击“重置”按钮触发 resetForm() 时，使用了 confirm() 函数给用户显示一个带有提示信息的确认提示框，如图 13-3 所示。然后根据用户的单击获取用户的操作信息，从而判断是否重置表单元素。

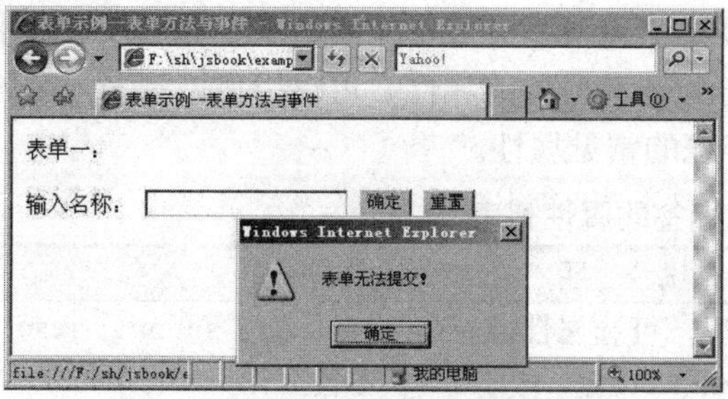

图13-2 表单的onsubmit事件处理程序

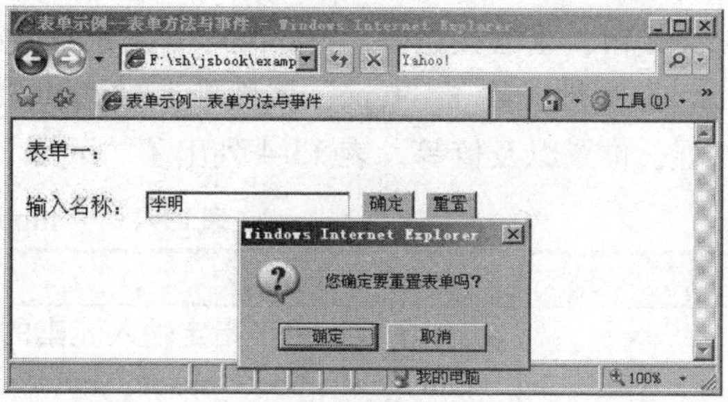

图13-3 表单的onreset事件处理程序

13.2 表单元素

使用表单的目的是将用户在表单里填写的数据提交到服务器。在访问网站时，能够接触到各式各样的表单，也有着不同的数据填写方式。如输入框、输入文本域、单选和复选框、下拉框等。这些都称为表单元素，下面就介绍表单里的表单元素及其使用。

13.2.1 给表单元素命名

表单元素中有输入框、文本输入域、单选框、复选框、下拉框、按钮等多种类型，它们都位于表单标签“<form>”和“</form>”之间。虽然有这么多类型，但是主要标签只有三个，分别是“<input>”标签、“<select>”标签和“<textarea>”标签。这三个标签通过设置不同的属性，能够变换成为若干种不同的类型。

给表单元素命名，主要是使用表单标签的name属性来实现。给表单元素命名的语法如下所示。

```
name="元素名称"
```

例如：

```
<input name="username" type="text">
<textarea name="content"></textarea>
<select name="city">
<option value="sh">上海</option>
<option value="bj">北京</option>
</select>
```

上面的代码中分别使用了三个标签“<input>”、“<textarea>”以及“<select>”，并使用name属性将三个元素命名为“username”、“content”以及“city”。

13.2.2 <input>标签

“<input>”标签用来创建不同类型的输入区域及按钮元素，比如输入框、单选框、复选框、提交按钮、重置按钮等。“<input>”标签能够实现这么多类型的表单元素，主要就是设置其中的“type”属性。除了“type”属性外，“<input>”标签还有另外的属性，可以用来控制输入区域的外观、位置以及值等。表 13-4 列出了“input”标签的常见属性。

表13-4　“input”标签的属性列表

属　性	说　明
type	类型属性，用于指定输入元素的类型，可选属性值有text、button、submit、reset、radio、checkbox、image、hidden和password等，HTML5中又增加了search、email、url三种类型。每个属性值代表的具体意义将在后续的小节里详细说明
size	用一个整数设置文本输入区域的长度
align	当type为image时图片的对齐方式。可选的属性值有absbottom、absmiddle、baseline、bottom、left、middle、right、texttop和top
name	元素的名称
src	当type属性为image时指定图片的路径
value	指定输入域的值
checked	当type属性值为radio或checkbox时，指定是否默认被选中
maxlength	用一个整数指定输入域最大可输入的字符长度

下面，结合实例对这些属性值做进一步的说明，创建一个由 input 标签实现的各种类型元素的列表示例，代码如下所示。

```
<html>
<head>
<title>input标签示例</title>
</head>
<body>
<form>
1.文本输入框：<br/>
<input type="text"><br/>
2.密码输入框：<br/>
<input type="password"><br/>
3.普通按钮：<br/>
<input type="button" value="按钮"><br/>
4.单选框组：<br/>
<input type="radio" name="radio1" value="r1">
<input type="radio" name="radio1" value="r2"><br/>
5.复选框组：<br/>
<input type="checkbox" name="check1" value="c1">
<input type="checkbox" name="check1" value="c2"><br/>
6.提交按钮：<br/>
<input type="submit" value="提交"><br/>
7.重置按钮：<br/>
<input type="reset" value="重置"><br/>
</form>
</body>
</html>
```

上面的代码中利用了“<input>”标签，通过为其设置不同的属性得到了不同类型的表单元素。运行后的效果如图 13-4 所示。

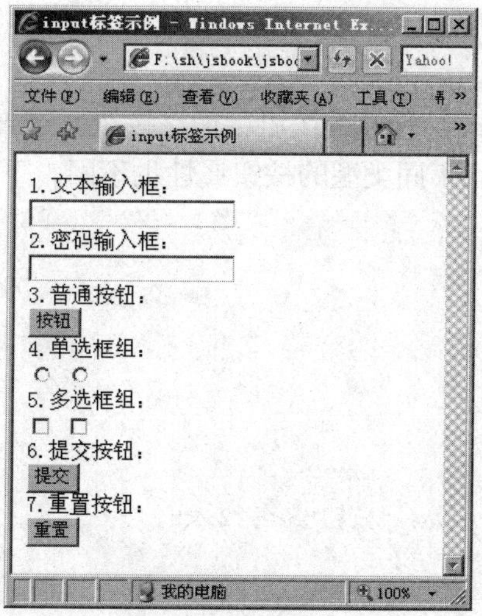

图13-4 input标签示例

13.2.3 文本框

文本框是使用得最多的一种数据输入的表单元素。文本框对应的标签是“<input>”，将 <input> 标签的 type 属性设置为“text”或不设置 type 属性，即得到一个普通的文本输入框，将 type 属性设置为“password”时，则为密码输入框。<input> 标签中还可以设置其他属性，如 size、maxlength、value 等。下面的示例代码运行效果如图 13-5 所示。

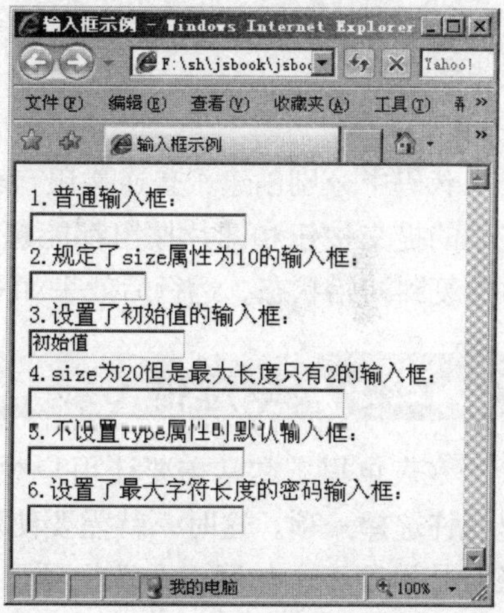

图13-5 输入框示例

```
<html>
<head>
<title>输入框示例</title>
</head>
<body>
1.普通输入框：<br/>
<input type="text"><br/>
2.规定了size属性为10的输入框：<br/>
<input type="text" size="10"><br/>
3.设置了初始值的输入框：<br/>
<input type="text" size="14" value="初始值"><br/>
4.size为30但是最大长度只有2的输入框：<br/>
<input type="text" size="30" maxlength="2"><br/>
5.不设置type属性时默认输入框：<br/>
<input><br/>
6.设置了最大字符长度的密码输入框：<br/>
<input type="password" maxlength="6"><br/>
</body>
```

```
</html>
```

13.2.4 按钮

按钮在网页里也有多种形式，有普通按钮、提交按钮、重置按钮、图形按钮等。按钮也是通过标签“<input>”来创建的。不同类型的按钮属性也不同。下面代码是一个按钮的列表。

```
<html>
<head>
<title>按钮示例</title>
</head>
<body>
<form>
1.普通按钮：<br/>
<input type="button" value="按钮"><br/><br/>
2.提交按钮：<br/>
<input type="submit" value="提交"><br/><br/>
3.重置按钮：<br/>
<input type="reset" value="重置"><br/><br/>
4.图片按钮：<br/>
<input type="image" src="button.gif"><br/>
</form>
</body>
</html>
```

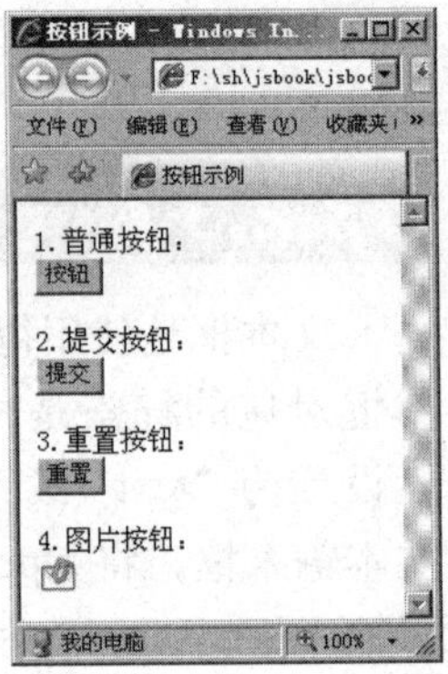

图13-6 按钮示例

代码中分别创建了普通按钮、表单提交按钮、重置按钮以及图片按钮。其中的提交按钮和图片按钮都能起到提交表单的作用，重置按钮是将表单恢复到初始状态。运行后效果如图 13-6 所示。

13.2.5 单选框

在表单里，常常需要让用户对某个选项进行选择，并在可选项中只允许选择一项。这时，就需要使用单选框。单选框通常不单个使用，经常是用若干个与同一个选择项目相关联的单选框构成单选框组来使用，如图 13-7 所示。

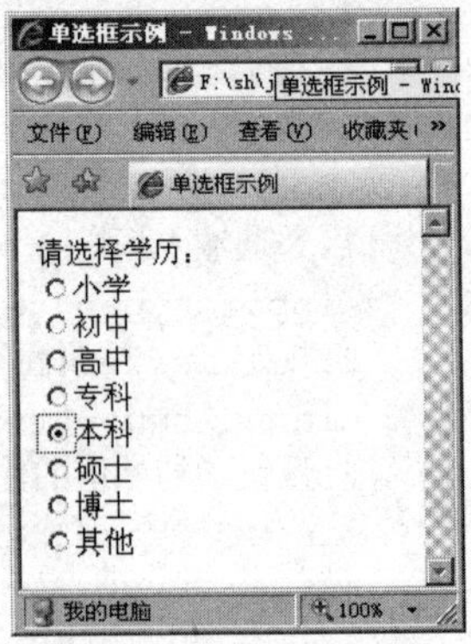

图13-7 单选框示例

图中的单选框组是用一组关联于同一个选择项目的单选框组合而成的，代码如下所示。

```
<html>
<head>
<title>单选框示例</title>
</head>
<body>
请选择学历：<br/>
<input name="grade" type="radio" value="1"/>小学<br/>
<input name="grade" type="radio" value="2"/>初中<br/>
```

```
<input name="grade" type="radio" value="3"/>高中<br/>
<input name="grade" type="radio" value="4"/>专科<br/>
<input name="grade" type="radio" value="5"/>本科<br/>
<input name="grade" type="radio" value="6"/>硕士<br/>
<input name="grade" type="radio" value="7"/>博士<br/>
<input name="grade" type="radio" value="0"/>其他
</body>
</html>
```

从上面的代码中可以看出，单选框是通过设置“<input>”标签的type属性值为radio而建的。而创建一组关联的单选框，则是利用了name属性。只要设置一组单选框的name属性值为同一个值，那么这些单选框就相互关联了。相互关联的单选框能保证同时只选择其中一个。单选框还可以设置value属性，被选中的单选框的value值将作为整个单选框组的值传递到服务器端，服务器端则根据单选框组的name属性来获取这个值。

有时，需要默认选项，要使用checked属性。加上了checked属性，则会让该选项成为默认选项。

```
<input name="grade" type="radio" value="0" id="grade0"
checked="true"/>
```

设置了checked属性的选项会默认被选中，给前面示例中的“本科”对应的单选框设置checked属性后，效果如图13-8所示。

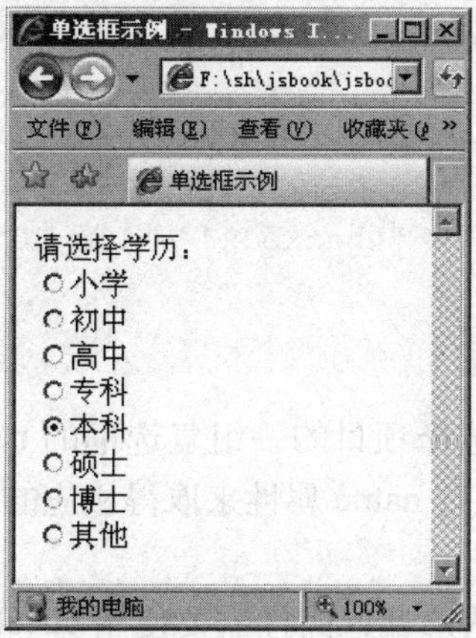

图13-8 给“本科”选项设置默认被选中

13.2.6 复选框

与单选框相对应的是复选框。顾名思义，复选框就是在同一个选择项目中可以选择多个内容。比如有一个关于个人兴趣的选择项目，选项有篮球、足球、围棋、唱歌、看书等，这样的选项是可以有多个选择的，因此这时就需要使用复选框。

复选框仍然使用“<input>”标签，只需把type属性设置为checkbox即可。图13-9所示的示例代码如下所示。

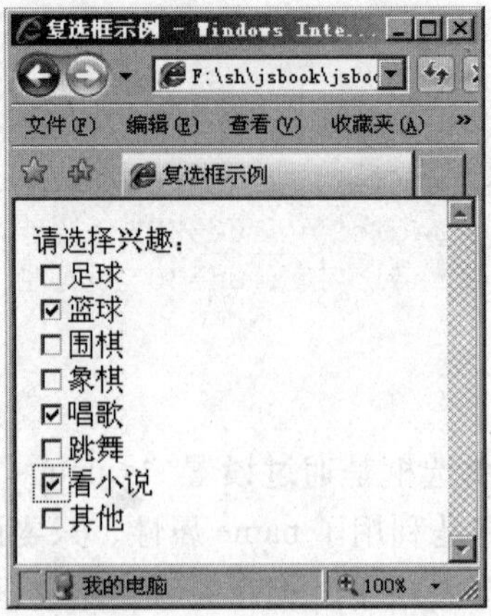

图13-9 复选框示例

```
<html>
<head>
<title>复选框示例</title>
</head>
<body>
请选择兴趣：<br/>
<input name="interest" type="checkbox" value="1" id="interest1"/>足球<br/>
<input name="interest" type="checkbox" value="2" id="interest2"/>篮球<br/>
<input name="interest" type="checkbox" value="3" id="interest3"/>围棋<br/>
<input name="interest" type="checkbox" value="4" id="interest4"/>象棋<br/>
<input name="interest" type="checkbox" value="5" id="interest5"/>唱歌<br/>
<input name="interest" type="checkbox" value="6" id="interest6"/>跳舞<br/>
<input name="interest" type="checkbox" value="7" id="interest7"/>看小说<br/>
<input name="interest" type="checkbox" value="0" id="interest8"/>其他
</body>
</html>
```

与单选框一样，对于同一个选择项目的一组复选框的name属性也要保持一致，这样才能保证在提交到服务器端后，能够通过name属性来取得相应的值。每个复选框也需要加上相应的文字来表示选项的意义。

如果需要让某个选项作为默认选项，同样需要使用checked属性。为了与HTML现行标准一致，也要给checked属性增加一个属性值true，如下所示。

```
<input name="interest" type="checkbox" value="0" checked="true"/>
```

设置了checked属性的选项会被默认选中，给上面代码中的“足球”和“唱歌”选项设置checked属性后，效果如图13-10所示。

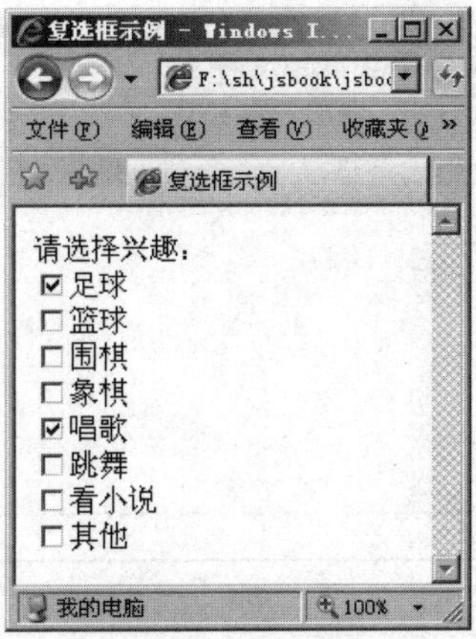

图13-10　选项设置默认被选中

13.2.7 多行文本域

在网页中，通常会有大量的文字需要输入，此时使用文本框已不能满足要求，这时就需要使用多行文本域。多行文本域使用的范围也非常广泛，比如在论坛发表一篇文章，文章的正文就需要使用多行文本域；在网上发送一封邮件，邮件的正文也需要使用多行文本域。

多行文本域的标签是“<textarea>...</textarea>”，多行文本域也有若干属性可以设置。<textarea> 标签中有三个重要的属性，如表 13-5 所示。

表13-5　多行文本域<textarea>重要属性列表

属　性	说　明
name	输入域元素的名称
cols	在文本域中显示的列数
rows	在文本域中显示的行数

其中 name 属性为 <textarea> 标签的名称，利用 cols 和 rows 这两个属性值可以控制多行文本域所占区域大小，示例代码如下所示。

```
<html>
<head>
<title>文本域示例</title>
</head>
<body>
1.留言内容1：<br/>
<textarea cols="10" rows="10"></textarea>
<hr>
2.留言内容2：<br/>
<textarea cols="50" rows="8"></textarea>
</body>
</html>
```

运行效果如图 13-11 所示。

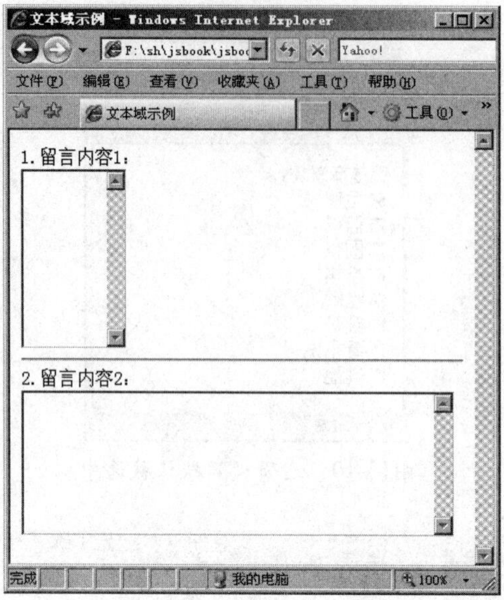

图13-11　多行文本域示例

13.2.8 选择列表

选择列表是用标签“<select>...</select>”创建的。使用“<option>”标签可以在选择列表里创建可选的项目。“<select>”标签也有三个主要属性，如表 13-6 所示。

表13-6　<select>标签的主要属性

属　　性	说　　明
name	选择列表的名称
multiple	设置选择列表是否可以选择多个项目
size	设置选择列表显示的行数，默认为1，即下拉列表

“<select>”标签用来创建空的列表，里面的选项要用“<option>”标签来创建。“<option>”标签也有自己的属性，如表 13-7 所示。

表13-7　<option>标签的主要属性

属　　性	说　　明
selected	该选项是否为默认选项，为可选属性
value	设置对应选项的值

下面结合具体的实例来加强对以上两个标签及属性的理解，代码如下所示。

```
<html>
<head>
<title>选择列表示例--设置默认值</title>
</head>
<body>
1、选择列表一<br/>
请选择城市：<br/>
<select name="city">
```

```
<option value="1">江苏-南京</option>
<option value="2" selected>北京</option>
<option value="3">广东-广州</option>
<option value="4">上海</option>
</select>
<hr>
2、选择列表二<br/>
请选择喜欢的书：<br/>
<select name="book" multiple="true" size="7">
<option value="1">JavaScript从入门到精通</option>
<option value="2" selected>如何使用Dreamweaver来制作网页</option>
<option value="3">Asp编程实例教程</option>
<option value="4" selected>CSS禅意花园</option>
<option value="5">全面掌握DIV布局</option>
</select>
</body>
</html>
```

代码中把选择列表一的第二个选项设置为默认值，列表二的第二个和第四个选项都设置成默认值，效果如图 13-12 所示。

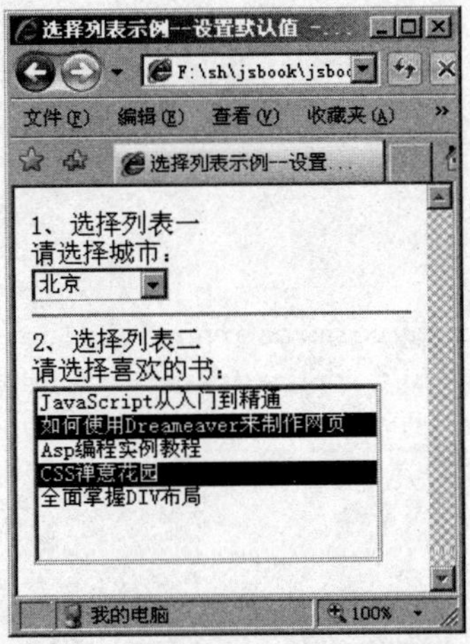

图13-12　给选择列表设置默认值

在单选列表中，如果为多个“<option>”设置了 selected 属性，由于只能选择一个，因此，会以最后一个设置了 selected 属性的“<option>”作为默认值，代码如下所示。

```
请选择城市：<br/>
<select name="city">
<option value="1">江苏-南京</option>
<option value="2" selected>北京</option>
<option value="3">广东-广州</option>
<option value="4" selected>上海</option>
</select>
```

运行效果如图 13-13 所示。

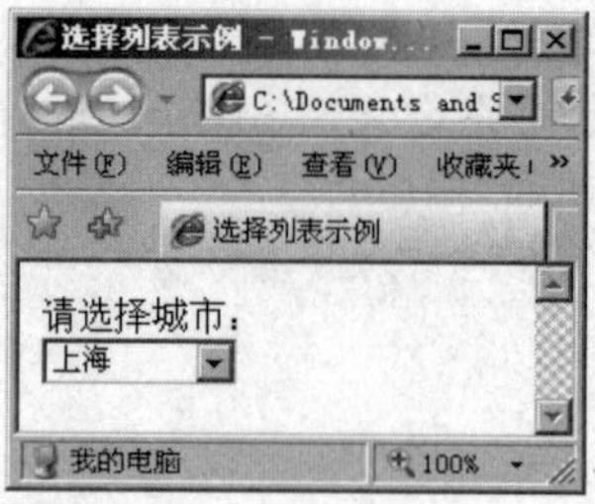

图13-13 选择列表示例

本章实例：表单验证

使用表单可以设置各种不同的格式，以便用户进行输入或选择。一般情况下，需要在客户端对表单中的数据进行初步的验证，以防止不正确的数据提交到远端服务器。表单的验证都很常见，比如登录系统时，用户名和密码通常是不允许为空的；在发送邮件时，邮件地址是不允许为空的；在输入年龄时，必须为数字的等。

以下是一个简单的表单验证示例，代码如下所示。

```
<html>
<head>
<title>表单验证示例</title>
<script language="JavaScript">
<!--
//表单验证
function checkForm(){
  var username = document.myform.username.value;
  var password = document.myform.password.value;
  if( username == "" ){
    alert("用户名不能为空！");
    return false;
  }
  if( password == "" ){
    alert("密码不能为空！");
    return false;
  }
}
//-->
</script>
</head>
<body>
表单一：<br/>
<form name="myform" onsubmit="checkForm();">
用户名：<br/>
<input type="text" name="username"/><br/>
密码：<br/>
<input type="password" name="password"/><br/>
```

```
<input type="submit" value="登录"/>
</form>
</body>
</html>
```

代码可以对一个登录表单进行验证，包括两个输入框，一个是用户名，一个是密码，两个都不允许输入空值。示例中使用了表单的 onsubmit 事件，使用了一个验证函数 checkForm 用于表单验证并返回验证结果。运行后效果如图 13-14 所示。

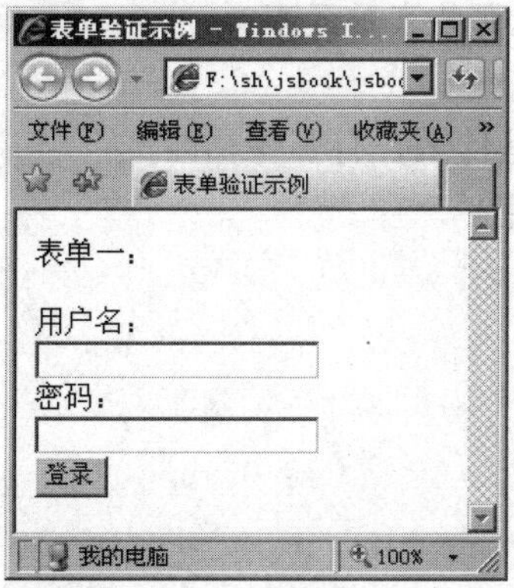

图13-14 表单验证示例

当不输入内容直接提交时，会提示不能输入空值。如果任何一个输入框为空，同样会弹出提示，并阻止表单的提交。提示效果如图 13-15 所示。

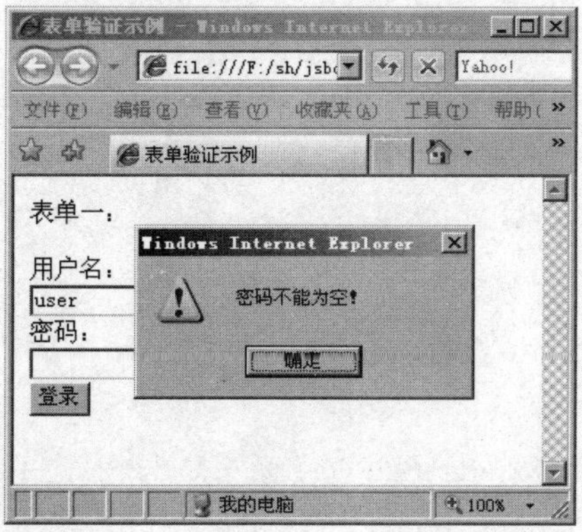

图13-15 只输入用户名不输入密码

本章小结

本章主要介绍了 JavaScript 中 FORM 表单的内容，对表单标签、表单内可选元素、属性设置以及表单对象的方法和事件进行了详细介绍，并以表单验证为例介绍了表单元素的综合应用。这是对页面进行操作的最重要的部分。

课后练习

（1）表单使用什么标签来创建？

（2）标签“<form>”的常用属性有哪些？

（3）JavaScript 获取表单对象的方法有几种？

（4）表单对象有哪些方法？

（5）表单对象有哪些事件处理程序？

（6）“<input>”标签可以创建哪些表单元素？

（7）“<input>”标签有哪些属性？

（8）创建多行输入域的标签是什么，有哪些属性？

（9）选择列表用什么标签创建？

参考文献

[1] 创客诚品, 孙彤, 曹阳. HTML CSS JavaScript从入门到精通[M]. 北京: 北京希望电子出版社, 2017.

[2] 凯瑞恩,梅洛尼. HTML+CSS+JavaScript入门经典 [M].3 版. 胡久林, 译. 北京: 人民邮电出版社, 2021.

[3] 表严肃. HTML 5与CSS 3核心技法[M].北京: 电子工业出版社, 2020.

[4] 陶国荣. HTML5+CSS3+JavaScript超详细通关攻略[M]. 北京: 清华大学出版社, 2020.

[5] 赵良涛. HTML +CSS+JavaScript网页制作实用教程[M]. 北京: 人民邮电出版社, 2020.

[6] 白泽. Web前端一站式开发手册：HTML5+CSS3+JavaScript[M]. 北京: 化学工业出版社, 2020.

[7] 安兴亚, 关玉欣, 云静, 等. HTML+CSS+JavaScript前端开发技术教程[M]. 北京: 清华大学出版社, 2020.

[8] 明日科技. HTML5+CSS3+JavaScript从入门到精通[M]. 北京: 清华大学出版社, 2020.

[9] 孟宪宁, 赵春霞, 包燕. HTML+CSS+JavaScript网页设计教程[M]. 西安: 西安电子科技大学出版社, 2020.

[10] 丁亚飞，薛燚. HTML 5+CSS 3+JavaScript案例实战[M]. 北京: 清华大学出版社, 2019.